Die Umwandlung von Kapitalgesellschaften

Daniel Klumpe

Die Umwandlung von Kapitalgesellschaften

Springer Gabler

Daniel Klumpe
Osnabrück, Deutschland

Dissertation, Fachbereich Wirtschaftswissenschaften der Universität Osnabrück, 2025

ISBN 978-3-658-51871-4 ISBN 978-3-658-51872-1 (eBook)
https://doi.org/10.1007/978-3-658-51872-1

Die Deutsche Nationalbibliothek verzeichnet diese Publikation in der Deutschen Nationalbibliografie; detaillierte bibliografische Daten sind im Internet über https://portal.dnb.de abrufbar.

Planung/Lektorat: Elisabeth Horz
Springer Gabler ist ein Imprint der eingetragenen Gesellschaft Springer Fachmedien Wiesbaden GmbH und ist ein Teil von Springer Nature.
Die Anschrift der Gesellschaft ist: Abraham-Lincoln-Str. 46, 65189 Wiesbaden, Germany

Geleitwort

Bereits der Titel der vorliegenden Dissertation verblüfft, und dies in zweierlei Hinsicht: Erstens ist erstaunlich, dass es ihn nicht bereits gibt, z. B. für ein Lehrbuch zum Umwandlungsrecht, und zweitens drängen sich für Fachvertreterinnen und -vertreter angesichts der offensichtlichen Komplexität des angesprochenen Gebiets sofort mehrere Fragen auf: Wie lässt sich dieses Thema ein- und abgrenzen, was genau steht also in der Arbeit inhaltlich im Fokus? Und, angesichts der Tatsache, dass es sich bei Umwandlungen um ein Gebiet an der Schnittstelle zwischen Rechtswissenschaft und Betriebswirtschaftslehre handelt: Mit welcher Methodik soll die Themenstellung bearbeitet werden?

Antworten auf die ersten beiden Fragen liefert die Einführung im Kapitel 1. Nach einer rechtlich orientierten Definition von Umwandlungen als Umstrukturierungsvorgänge von Unternehmen, die im bzw. vom Umwandlungsgesetz geregelt werden, erfolgt eine erste inhaltliche Abgrenzung: Untersucht werden danach *„nur Maßnahmen, im Zuge derer eine Vermögensübertragung stattfindet und an denen ausschließlich Kapitalgesellschaften als umzuwandelnde Rechtsträger beteiligt sind. Gegenstand der Betrachtung sind damit Verschmelzungen sowie Spaltungen in ihren drei Ausprägungen: Aufspaltung, Abspaltung und Ausgliederung"* (S. 1).

Des Weiteren beleuchtet Herr Klumpe die Umwandlungsthematik aus einer in der bisherigen Literatur eher vereinzelt eingenommenen, finanzwirtschaftlichen Perspektive. Ausgangspunkt ist die Interpretation von Kapitalgesellschaften als ökonomische (Rechts-)Institutionen zur Generierung zukünftiger, riskanter Zahlungsströme. Zwischen Kapitalgesellschaften erfolgende Vermögensübertragungen führen zur Neustrukturierung dieser Zahlungsströme und damit zu

„Finanzierungstransaktion[en]" (S. 2). Je nachdem, wie viele Kapitalgesellschaften nicht nur unmittelbar, sondern auch mittelbar von den Konsequenzen solcher Vermögensübertragungen betroffen sind, können die daraus resultierenden Neustrukturierungen mehr oder weniger komplex sein. Der Komplexitätsgrad nimmt also zu, wenn an der Finanzierung von Kapitalgesellschaften nicht nur Menschen (als Anteilseigner und/oder Gläubiger), sondern auch andere Kapitalgesellschaften beteiligt sind. In diesen Zusammenhang sind auch die verschiedenen Umwandlungsarten einzuordnen: Auch Verschmelzungen und die verschiedenen Unterfälle von Spaltungen, bei denen Vermögen zwischen den beteiligten Kapitalgesellschaften übertragen werden, führen zu den genannten Umstrukturierungen von Zahlungsströmen bei deren Anteilseignern. Vor diesem Hintergrund lautet eine entscheidende Erkenntnis für den Untersuchungsgegenstand der Dissertation: *„Die wesentlichen Schwierigkeiten im Zusammenhang mit Umwandlungen resultieren vor diesem Hintergrund daraus, dass sie grundsätzlich an allen Stellen solcher komplexen Finanzierungsstrukturen umgesetzt werden können. Die Elemente einer Umwandlung knüpfen damit regelmäßig an sich gegenseitig beeinflussenden Größen an und beeinflussen sich dementsprechend auch ihrerseits"* (S. 3).

Durch die gewählte finanzwirtschaftliche Perspektive beraubt Herr Klumpe schon in der Einleitung die bisherige Literatur weitgehend ihrer Grundlage, denn in der Tat *„[gibt] es bisher keine entsprechende geschlossene Darstellung von Umwandlungen"*, sondern es *„werden zur Bewältigung auftretender Probleme die einzelnen Voraussetzungen oder Elemente einer Maßnahme regelmäßig für sich betrachtet. Das führt im Ergebnis dazu, dass es bereits an einer adäquaten Einordnung einer Vielzahl grundlegender Zusammenhänge fehlt und es überdies zu einer unvollständigen Erfassung der betrachteten Umwandlungen kommt. Mögliche Konstellationen sind also in einem erheblichen Umfang bislang nicht oder nur oberflächlich behandelt worden"* (S. 4). Beispielsweise fehlte für die folgenden einzelnen Umwandlungsaspekte bisher eine im beschriebenen Sinne „geschlossene" Analyse:

- Umwandlungen, bei denen Anteile an der Übernehmerin im übertragenen Vermögen enthalten sind, insbesondere wenn der Wert des übertragenen Vermögens ohne diese Anteile negativ ist und/oder die Übernehmerin vor der Maßnahme Anteile an der Überträgerin hält.
- Abspaltungen und Ausgliederungen, bei denen im auf eine Übernehmerin übertragenen Vermögen eigene Anteile der Überträgerin enthalten sind.
- Umwandlungsfälle, an denen mehr als zwei Kapitalgesellschaften unmittelbar beteiligt sind, z. B. Verschmelzungen zweier Überträgerinnen auf eine Übernehmerin bei vor der Umwandlung bestehenden Verflechtungen zwischen den

Überträgerinnen oder Fälle von Auf- und Abspaltungen mit mehr als zwei Übernehmerinnen, „*in denen das Verhältnis der Werte der auf die Übernehmerinnen jeweils übertragenen Vermögen nicht mit dem Verhältnis ihrer jeweiligen Beteiligungsquoten an der Überträgerin vor der Maßnahme übereinstimmt*“ (S. 5).

Vor diesem Hintergrund wird das Untersuchungsziel formuliert, „*die sich mit der Umsetzung der Umwandlung von Kapitalgesellschaften vollziehenden wirtschaftlichen Vorgänge und ihre Ergebnisse allgemein, das heißt für alle in Frage kommenden Umwandlungsarten, für jeweils beliebige Übertragungsgegenstände und beliebige Ausgangskonstellationen zu ermitteln. Ausgehend davon, dass es sich bei Umwandlungen von Kapitalgesellschaften um Finanzierungstransaktionen handelt, die regelmäßig innerhalb komplexer Finanzierungsstrukturen stattfinden, soll also eine umfassende und allgemeingültige Darstellung der mit Umwandlungen einhergehenden Umstrukturierung der Finanzierungsbeziehungen von Kapitalgesellschaften erarbeitet werden, um damit die Grundlage zu schaffen für eine systematische und gesamtheitliche Ausgestaltung, Beurteilung und Anwendung von Umwandlungen betreffenden rechtlichen Regelungen*“ (S. 6). Die folgende, erfolgreiche Umsetzung dieser Zielsetzung findet auf Grundlage eines finanzierungstheoretisch fundierten Modells statt, das neben den unsicheren Realinvestitionsmöglichkeiten der Kapitalgesellschaften des betrachteten Verbundes auch zwischen diesen bestehende Beteiligungs- und Kreditbeziehungen einschließlich mehrstufiger und wechselseitiger Finanzierungsbeziehungen umfasst.

Im Hauptteil der Arbeit werden unter Anwendung dieses Modellrahmens die verschiedenen konkreten Umwandlungsfälle – Verschmelzungen, Abspaltungen, Aufspaltungen und Ausgliederungen zunächst mit jeweils zwei Kapitalgesellschaften und anschließend mit mehr als zwei Kapitalgesellschaften als umzuwandelnden Rechtsträgern – ausführlich analysiert. Für diese Fälle werden die formalen Bedingungen, die erfüllt sein müssen, damit die Umsetzung der zentralen umwandlungsgesetzlichen Vorgabe eines angemessenes Umtauschverhältnisses entspricht, hergeleitet und diese im Anschluss ausführlich zu den daraus resultierenden zu gewährenden Anteilen und umzusetzenden Kapitalveränderungen konkretisiert. Zwar ist dieser Schritt in der Literatur grundsätzlich bekannt, doch kenne ich keine bisherigen Beiträge, die der Genauigkeit und Tiefe der vom Verfasser durchgeführten Analyse auch nur ansatzweise nahekommen. Davon ausgehend werden die wirtschaftlichen Vorgänge und Ergebnisse der Maßnahmen ermittelt und dabei eine Vielzahl in der Literatur bisher strittiger oder überhaupt noch nicht gestellter Fragen ökonomisch beantwortet.

Mit seiner Untersuchung leistet Herr Klumpe im besten Sinne Grundlagenforschung, was angesichts der Tatsache, dass das aktuelle deutsche Umwandlungsrecht seit gut dreißig Jahren besteht, höchst erstaunlich ist. Meiner Auffassung nach wird mit dem von ihm vorgeschlagenen Modellrahmen erstmals eine wissenschaftliche Basis bereitgestellt, die eine umfassende Analyse der Wirkungen der alternativen Umwandlungsarten unter Beteiligung von Kapitalgesellschaften überhaupt erst ermöglicht. Vor diesem Hintergrund, zusätzlich aber auch aufgrund der ebenso komplexen wie hochinteressanten Ergebnisse bezüglich der für die Umwandlungen erforderlichen, ein angemessenes Umtauschverhältnis gewährleistenden Nominalkapitaländerungen bei den übernehmenden Gesellschaften stellt sich die Frage, wie nicht nur in Rechts- und Wirtschaftswissenschaft, sondern nicht zuletzt auch in der Umwandlungspraxis Umwandlungsfälle mit in der Dissertation aufgezeigten Aspekten überhaupt seriös behandelt bzw. durchgeführt werden konnten. Besonders hervorgehoben sei hier nur der Fall, dass im Übertragungsgegenstand Anteile der Überträgerin enthalten sind. Mir ist bisher keine Quelle bekannt, in der überhaupt explizit auf diesen Fall eingegangen wurde. Dagegen zeigt die vorliegende Arbeit eindrucksvoll, welche wesentlichen Konsequenzen diese Fallkonstellation implizieren kann. Innovativ und, wie die Ergebnisse der Modellanalyse zeigen, äußerst fruchtbar ist auch die Grundidee, von Beginn an den allgemeinen Fall von N Kapitalgesellschaften eines Gesellschaftsverbundes zu denken und zu modellieren. (Erst) dadurch wird insbesondere die Analyse von Umwandlungsvorgängen innerhalb von Konzernverbünden unter zusätzlicher Berücksichtigung weiterer externer Anteilseigner außerhalb des Verbunds ermöglicht.

Insgesamt ist Herrn Klumpe damit zu bescheinigen, dass er die wissenschaftliche Diskussion um die Umwandlung von Kapitalgesellschaften gewissermaßen vom Kopf auf die Füße gestellt hat; nach meiner Auffassung könnte seine Untersuchung einen Neustart der wissenschaftlichen Analyse, aber auch der praktischen Handhabung von Umwandlungsfällen auslösen. Ich bin überzeugt, dass die Dissertation die verdiente Aufmerksamkeit gewinnen und die zukünftige Forschung nachhaltig beeinflussen wird.

Osnabrück
im März 2026

Michael Wosnitza

Vorwort

Die vorliegende Schrift stellt die leicht überarbeitet Fassung meiner im Sommersemester 2025 vom Fachbereich Wirtschaftswissenschaften der Universität Osnabrück angenommenen Dissertation dar. Die Arbeit entstand im Rahmen meiner Tätigkeit als wissenschaftlicher Mitarbeiter am dortigen Fachgebiet Bilanz-, Steuer- und Prüfungswesen.

Dieses Vorwort möchte ich nutzen, um den Menschen zu danken, die auf verschiedene Weise ganz wesentlich zum erfolgreichen Abschluss meines Promotionsvorhabens beigetragen haben.

Mein erster und besonderer Dank richtet sich an meinen akademischen Lehrer und Doktorvater Herrn Professor Dr. Michael Wosnitza. Bereits in den Jahren meines Studiums hat er mir in seinen Lehrveranstaltungen das vermittelt, was schließlich zum Grundstein meiner Dissertation werden sollte. Danach hat er mich mit außergewöhnlichem Interesse und besonderem Einsatz bei der Entwicklung und Bewältigung des Themas begleitet. Auch wenn es zwischenzeitlich zu Rückschlägen kam, konnte ich mir seines vorbehaltlosen Beistands immer gewiss sein.

Herrn Professor Dr. Andreas Scholze gilt mein Dank für die freundliche Bereitschaft zur Übernahme der Zweitgutachtertätigkeit und für seine jederzeit außerordentlich wohlwollende Unterstützung.

Bei Herrn Professor Dr. Thomas Gaube bedanke ich mich für seine Tätigkeiten als Vorsitzender des Prüfungsausschusses.

Für das wertschätzende und produktive Umfeld danke ich dem gesamten Team des Fachgebiets Bilanz-, Steuer- und Prüfungswesen.

Und schließlich danke ich von Herzen meinen Freundinnen und Freunden. Ohne sie wäre ein Gelingen niemals möglich gewesen.

Osnabrück
im März 2026

Daniel Klumpe

Inhaltsverzeichnis

Abkürzungsverzeichnis

Abs.	Absatz
AG	Aktiengesellschaft
AktG	Aktiengesetz
Art.	Artikel
BGB	Bürgerliches Gesetzbuch
BGBl.	Bundesgesetzblatt
d. h.	das heißt
Diss.	Dissertation
EG	Europäische Gemeinschaft
f.	folgende
ff.	fortfolgende
Fn.	Fußnote
GmbH	Gesellschaft mit beschränkter Haftung
GmbHG	Gesetz betreffend die Gesellschaften mit beschränkter Haftung
Hg.	Herausgeber
HGB	Handelsgesetzbuch
i. V. m.	in Verbindung mit
IDW	Institut der Wirtschaftsprüfer in Deutschland
IDW HFA	IDW Hauptfachausschuss
IDW RS	IDW Stellungnahmen zur Rechnungslegung
KGaA	Kommanditgesellschaft auf Aktien
KStG	Körperschaftsteuergesetz

MgFSG	Gesetz über die Mitbestimmung der Arbeitnehmer bei grenzüberschreitendem Formwechsel und grenzüberschreitender Spaltung
MgVG	Gesetz über die Mitbestimmung der Arbeitnehmer bei einer grenzüberschreitenden Verschmelzung
Nr.	Nummer(n)
ÖGesAusG	Österreichisches Bundesgesetz über den Ausschluss von Minderheitsgesellschaftern (Gesellschafter-Ausschlussgesetz)
Rn.	Randnummer
S.	Satz, Seite
SE	Societas Europaea – Europäische Gesellschaft
SE-VO	Verordnung über das Statut der Europäischen Gesellschaft
SpruchG	Gesetz über das gesellschaftsrechtliche Spruchverfahren
u.	und
u. a.	und andere
UmwG	Umwandlungsgesetz
UmwStG	Umwandlungssteuergesetz
VAG	Gesetz über die Beaufsichtigung der Versicherungsunternehmen
vgl.	vergleiche
WpHG	Wertpapierhandelsgesetz
z. B.	zum Beispiel
zugl.	zugleich

Symbolverzeichnis

AE	Gesellschafter einer Kapitalgesellschaft
B_j	Wert des Vermögens der Kapitalgesellschaft j ohne die Summe der Werte der Beteiligungen an anderen Kapitalgesellschaften
e	e $\in N$ übernehmende Kapitalgesellschaft
f_j	sichere Zins- und Tilgungszahlung der Kapitalgesellschaft j
F_j	Wert des Fremdkapitals der Kapitalgesellschaft j
$F_{j,j'}$	Wert der sicheren Zins- und Tilgungszahlungen der Kapitalgesellschaft j' an die Kapitalgesellschaft j
$F_{m,j}$	Wert der sicheren Zins- und Tilgungszahlungen der Kapitalgesellschaft j an das Individuum m
F_j^A	Summe der Werte aller Ansprüche aus Fremdkapitalverträgen der Kapitalgesellschaft j
F_j^V	Summe der Werte aller Verpflichtungen aus Fremdkapitalverträgen der Kapitalgesellschaft j
g	neugegründete Kapitalgesellschaft
G	Menge von neugegründeten Kapitalgesellschaften
$k_{AE,j}$	Nennbetrag aller von einem Gesellschafter AE gehaltenen Anteile an der Kapitalgesellschaft j
k_j^{eA}	Nennkapital eigener Anteile der Kapitalgesellschaft j
$k_j^{eA(+)}$	Nennkapital neuer eigener Anteile der Kapitalgesellschaft j
$k_j^{eA(-)}$	Nennkapital vormaliger eigener Anteile der Kapitalgesellschaft j

k_j^{gA}	Nennkapital aller im Zuge einer Umwandlung gewährten Anteile an Kapitalgesellschaft j
K_j^I	Nennkapital der Kapitalgesellschaft j
K_j^{II}	effektives Nennkapital der Kapitalgesellschaft j
m	Individuum
M	Menge von Individuen
n	einem Verbund von Kapitalgesellschaften zugehörige Kapitalgesellschaft
N	Menge von einem Verbund von Kapitalgesellschaften zugehörigen Kapitalgesellschaften
nU	nach Umwandlung (hochgestellter Index)
p	Teilprojekt
P	Menge von Teilprojekten
t	Zeitpunkt
u	umzuwandelnde Kapitalgesellschaft
U	Menge von umzuwandelnden Kapitalgesellschaften
$\tilde{w}_j$	stochastischer Zahlungsstrom des Realinvestitionsobjektes j
s_j	sicherer Zahlungsüberschuss des Realinvestitionsobjektes j
v	v $\in N$ übertragende Kapitalgesellschaft
$\tilde{w}_j(z)$	Zahlungsüberschuss des Realinvestitionsobjektes j bei Eintritt des Umweltzustandes z
W_j	Wert des stochastischen Zahlungsstroms eines Realinvestitionsobjektes j / Wert des Realvermögens der Kapitalgesellschaft j
$x_{AE,j}$	Beteiligungsquote des Gesellschafters AE an der Kapitalgesellschaft j
x_j^{gA}	Summe aller Beteiligungsquoten an der Kapitalgesellschaft j, insoweit den Beteiligungen im Zuge einer Umwandlung gewährte Anteile zugrunde liegen
$x_{AE,j}^{gA}$	Beteiligungsquote des Gesellschafters AE an der Kapitalgesellschaft j, insoweit der Beteiligung im Zuge einer Umwandlung gewährte Anteile zugrunde liegen
$x_{M,j}$	Summe der Beteiligungsquoten aller an der Kapitalgesellschaft j beteiligten Individuen
Y_j	Beteiligungswert der Kapitalgesellschaft j
Y_j^P	Summe der Werte der Beteiligungen der Kapitalgesellschaft j an anderen Kapitalgesellschaften
z	möglicher Umweltzustand
Z	Menge von möglichen Umweltzuständen

$\mathbb{1}_N$	Vektor von Einsen
$\mathbf{E}_N$	Einheitsmatrix
$\mathbf{B}$	Vektor von Werten von Vermögen ohne die Werte von Beteiligungen an Kapitalgesellschaften
$\mathbf{F}^{\mathbf{A}}$	Vektor von Werten von Ansprüchen aus Fremdkapitalverträgen
$\mathbf{F}^{\mathbf{V}}$	Vektor von Werten von Verpflichtungen aus Fremdkapitalverträgen
$\mathbf{Y}$	Vektor von Beteiligungswerten
$\mathbf{W}$	Vektor von Werten von Realvermögen
$\mathbf{x}_M$	Vektor von Summen der Beteiligungsquoten von Individuen
$\mathbf{X}$	Beteiligungsquotenmatrix
α	übertragener Teil des Realvermögens
α^u	auf die Kapitalgesellschaft u entfallender übertragener Teil des Realvermögens
β_n	übertragener Teil der Ansprüche aus Fremdkapitalverträgen gegenüber der Kapitalgesellschaft n
β_n^u	auf die Kapitalgesellschaft u entfallender übertragener Teil der Ansprüche aus Fremdkapitalverträgen gegenüber der Kapitalgesellschaft n
γ_n	übertragener Teil der Verpflichtungen aus Fremdkapitalverträgen gegenüber der Kapitalgesellschaft n
γ_n^u	auf die Kapitalgesellschaft u entfallender übertragener Teil der Verpflichtungen aus Fremdkapitalverträgen gegenüber der Kapitalgesellschaft n
Δ	Veränderung (von)
Θ	Verwässerungsfaktor
λ_n	übertragener Teil der Anteile an der Kapitalgesellschaft n
λ_n^u	auf die Kapitalgesellschaft u entfallender übertragener Teil der Anteile an der Kapitalgesellschaft n
φ	übertragener Teil der eigenen Anteile der Überträgerin
φ^u	auf die Kapitalgesellschaft u entfallender übertragener Teil der eigenen Anteile der Überträgerin
$\boldsymbol{\beta}$	Vektor von übertragenen Teilen der Ansprüche aus Fremdkapitalverträgen
$\boldsymbol{\beta}^u$	Vektor von auf die Kapitalgesellschaft u entfallenden übertragenen Teilen der Ansprüche aus Fremdkapitalverträgen
$\boldsymbol{\gamma}$	Vektor von übertragenen Teilen der Verpflichtungen aus Fremdkapitalverträgen

γ^u	Vektor von auf die Kapitalgesellschaft u entfallenden übertragenen Teilen von Verpflichtungen aus Fremdkapitalverträgen
λ	Vektor von übertragenen Teilen der Anteile an Kapitalgesellschaften
λ^u	Vektor von auf die Kapitalgesellschaft u entfallenden übertragenen Teilender Anteile an Kapitalgesellschaften
$\mathbb{R}$	Menge der reellen Zahlen
$\mathbb{Z}$	Menge der ganzen Zahlen
$\sum$	Summenzeichen
T	transponiert
$>$	größer als
$<$	kleiner als
$\geq$	größer oder gleich
$\leq$	kleiner oder gleich
$\substack{\geq \\ <}$	größer, kleiner oder gleich
$\Rightarrow$	impliziert
$\Leftrightarrow$	ist äquivalent
$[\ ]$	abgeschlossenes Intervall
$\{\ldots\}$	Mengenklammern
$\mid$	Bedingung
$\lvert\cdot\rvert$	Anzahl der Elemente einer Menge
$\in$	Element von
$\notin$	nicht Element von
$\forall$	für alle
$\exists$	es existiert
$\wedge$	und
$\neg$	nicht (Negation)
$\subset$	echte Teilmenge
$\subseteq$	Teilmenge

Einführung 1

Diese Arbeit behandelt die Umwandlung von Kapitalgesellschaften. Betriebliche Umstrukturierungsvorgänge werden als Umwandlungen bezeichnet, wenn das Umwandlungsgesetz (UmwG) sie als solche regelt.[1] Untersucht werden dabei nur Maßnahmen, im Zuge derer eine Vermögensübertragung stattfindet und an denen ausschließlich Kapitalgesellschaften als umzuwandelnde Rechtsträger beteiligt sind. Gegenstand der Betrachtung sind damit Verschmelzungen sowie Spaltungen in ihren drei Ausprägungen: Aufspaltung, Abspaltung und Ausgliederung.

Im Mittelpunkt stehen dabei die wirtschaftlichen Vorgänge und Ergebnisse, zu denen es mit der Umsetzung von Umwandlungen kommt und über die Klarheit bestehen muss, damit eine widerspruchsfreie und sachgerechte Anwendung der umwandlungsgesetzlichen Vorgaben selbst sowie eine entsprechende Erfassung und Regelung im Rahmen anknüpfender Rechtsgebiete wie dem Bilanz- und Steuerrecht möglich sind.

Dabei wird der Auffassung gefolgt, dass Kapitalgesellschaften existieren, weil Menschen mit ihnen ihre Ziele erreichen wollen.[2] Vor dem Hintergrund, dass außenstehende Kapitalgeber mit dem Überlassen der von ihnen zur Verfügung gestellten Mittel Finanzierungstitel und damit insbesondere Anwartschaften auf zukünftige Zahlungen der von ihnen finanzierten Unternehmen erwerben,[3] haben die Eigenkapitalgeber einer Kapitalgesellschaft ihre in Anteilen verbrieften Beteiligungen also im Sinne ihrer finanziellen Ziele auf Grundlage der ihnen im Zusammenhang mit diesen Anteilen zufließenden (unsicheren) Zahlungen zu

---

[1] Vgl. Stengel in Semler/Stengel/Leonard (2021), § 1 UmwG, Rn. 1 f.

[2] Vgl. Neus (2018), S. 4; Schmidt/Terberger (1997), S. 40.

[3] Vgl. Franke/Hax (2009), S. 31.

D. Klumpe, *Die Umwandlung von Kapitalgesellschaften*,
https://doi.org/10.1007/978-3-658-51872-1_1

bewerten.[4] Die so ermittelten Werte werden damit zum Beurteilungsmaßstab für alle Transaktionen, die diese Beteiligungen mittelbar oder unmittelbar betreffen.

Veräußert eine Kapitalgesellschaft einen Teil ihres Vermögens unmittelbar entgeltlich an eine andere Kapitalgesellschaft, so spiegeln sich die Konditionen, zu denen das geschieht, in den Werten der an den beiden Kapitalgesellschaften gehaltenen Anteile wider. Diesen mittelbaren Auswirkungen einer Vermögensübertragung zwischen den Kapitalgesellschaften kann aber beispielsweise auch so begegnet werden, dass den Gesellschaftern der Überträgerin eine Beteiligung an der Übernehmerin eingeräumt wird. Eine entsprechende Umstrukturierung, also eine Vermögensübertragung, die mit einer zugleich stattfindenden Neuordnung der Beteiligungsverhältnisse einhergeht, wird dabei aber nur dann von den betroffenen Individuen akzeptiert, wenn es hinsichtlich der Werte der von ihnen gehaltenen Anteile keine Verschlechterungen gibt. Betrachtet man hierzu beispielsweise zwei Kapitalgesellschaften, mit denen ausschließlich Realinvestitionsobjekte verwirklicht werden und an denen jeweils ein Individuum alle Anteile hält: Unter der Voraussetzung wertadditiver Zahlungsströme kann es, wenn keine Bereicherungen zulasten anderer Berechtigter möglich sind, nur die eine Lösung geben, dass beide Individuen vor und nach der Maßnahme über Anteile mit insgesamt genau übereinstimmenden Werten verfügen. Im Zeitpunkt des Vorgangs vollzieht sich demnach die ausgehend von den Werten bestimmter Kapitalgesellschaftsanteile abschließend festgelegte Umstrukturierung der Finanzierung der von den beiden Kapitalgesellschaften ursprünglich verwirklichten Investitionen. Es geht hier also um eine Maßnahme, deren Umsetzung sich auf den Umfang und die Struktur eingesetzter Finanzierungsmittel auswirken, das heißt um eine Finanzierungstransaktion.[5]

Mit den eingangs genannten Arten von Umwandlungen enthält das Umwandlungsgesetz die rechtliche Regelung verschiedener in Frage kommender Vorgehensweisen, Vermögensübertragungen zwischen Kapitalgesellschaften durch eine Neuordnung der Beteiligungsverhältnisse abzuwickeln. Dass bei jeder Umwandlung die Werte bestimmter Eigenkapitaltitel der umzuwandelnden Kapitalgesellschaften für den Vorgang insgesamt maßgeblich sind, zeigt sich in den umwandlungsgesetzlichen Vorgaben zu einem angemessenen Umtauschverhältnis, die grundsätzlich sicherstellen sollen, dass die betroffenen Anteilseigner vor

---

[4] Vgl. Drukarczyk (1980), S. 179 ff.; Drukarczyk (1993), S. 19 f.

[5] Vgl. Rudolph (2006), S. 6.

und nach der Maßnahme über Finanzierungstitel mit sich insgesamt entsprechenden Werten verfügen.[6] Das gilt unabhängig von den jeweiligen strukturellen und formalen Besonderheiten und der wörtlichen Verwendung des Begriffes Umtauschverhältnis für alle im Rahmen dieser Arbeit betrachteten Umwandlungen.

Anders als in dem oben dargestellten Fall findet die unmittelbare Finanzierung von Kapitalgesellschaften regelmäßig nicht oder nicht ausschließlich durch Menschen statt. So kann das von einem Individuum initial zur Verfügung gestellte Eigenkapital einer weiteren Kapitalgesellschaft als Eigen- oder Fremdkapital zur Verwirklichung eines Realinvestitionsobjektes überlassen werden. Mit der Finanzierung von Kapitalgesellschaften durch andere Kapitalgesellschaften können durch den Aufbau mehrstufiger sowie mittel- und unmittelbarer wechselseitiger finanzieller Verflechtungen also grundsätzlich beliebig komplexe Finanzierungssysteme entstehen. Die Zahlungsströme und damit die Werte innerhalb eines solchen Systems verwirklichter Realinvestitionsobjekte können sich im Ergebnis in unterschiedlichen Umfängen mehrfach in einer Vielzahl von Finanzierungstiteln wiederfinden.

Die wesentlichen Schwierigkeiten im Zusammenhang mit Umwandlungen resultieren vor diesem Hintergrund daraus, dass sie grundsätzlich an allen Stellen solcher komplexen Finanzierungsstrukturen umgesetzt werden können. Die Elemente einer Umwandlung knüpfen damit regelmäßig an sich gegenseitig beeinflussende Größen an und beeinflussen sich dementsprechend auch ihrerseits. So wirkt sich der Wert von Kapitalgesellschaftsanteilen, die Bestandteil eines Übertragungsgegenstandes werden, darauf aus, welche Werte die für die Umsetzung eines angemessenen Umtauschverhältnisses zu gewährenden Anteile an einer übernehmenden Kapitalgesellschaft aufweisen müssen. Ist die Kapitalgesellschaft, deren Anteile transferiert werden, vor der Maßnahme an einer der umzuwandelnden Kapitalgesellschaften beteiligt, ist der Wert der gewährten Anteile aber zugleich bestimmend für die Werte der im Übertragungsgegenstand enthaltenen Anteile nach der Maßnahme.

Dass die maßgeblichen Werte der im Sinne eines angemessenen Umtauschverhältnisses zu berücksichtigenden Eigenkapitaltitel vor und nach einer Umwandlung mittelbar von weiteren Finanzierungsbeziehungen abhängen, ist für die Durchführung einer Maßnahme insbesondere dann von besonderer Bedeutung,

---

[6] Vgl. Bula/Thees in Sagasser/Bula (2024), § 9. Rn. 86; Drygala in Lutter (2024), § 5 UmwG, Rn. 27.

wenn dabei auch die unmittelbaren finanziellen Verflechtungen der umzuwandelnden Kapitalgesellschaften untereinander betroffen sind. Diese Finanzierungsbeziehungen sind im Zuge einer Umwandlung regelmäßig erheblichen Veränderungen unterworfen. Das wiederum wirkt sich direkt auf die Werte der Anteile aus, die nach einer Maßnahme an den umzuwandelnden Einheiten gehalten werden und beeinflusst damit, wie zu verfahren ist, damit die Umsetzung des Vorgangs einem angemessenen Umtauschverhältnis entsprechend erfolgt.

Wird bei einer gegeben Finanzierungsstruktur also die Entscheidung zur Durchführung einer bestimmten Art einer Umwandlung getroffen und dabei ein Übertragungsgenstand festgelegt, führt die Umsetzung der Maßnahme im Sinne eines angemessenen Umtauschverhältnisses ohne weiters Zutun zwingend zu einer eindeutig bestimmten (neuen) Finanzierungsstruktur. Die Bedingungen eines angemessenen Umtauschverhältnisses legen also unter den genannten Voraussetzungen – so wie es oben für den einfachen Fall zweier Kapitalgesellschaften mit zwei menschlichen Anteilseignern skizziert wurde – abschließend fest, wie die innerhalb einer beliebig komplexen Finanzierungsstruktur verwirklichten Investitionen nach der Maßnahme finanziert sind.

Aus dem bis hier Gesagten ergibt sich, dass für eine abschließende Beurteilung von Umwandlungen immer zunächst zu klären ist, an welche wirtschaftliche Situation eine Maßnahme anknüpft. Es ist also präzise zu ermitteln, welche Zahlungsanwartschaften vor der Maßnahme mit welchen Finanzierungstiteln verbunden sind. Davon ausgehend ist eine Untersuchung der Elemente einer Maßnahme als Bestandteil des Vorgangs insgesamt durchzuführen. Es muss also herausgearbeitet werden, welche Zahlungsanwartschaften im Zuge der Maßnahme von welchen Finanzierungstiteln gelöst werden und ob und gegebenenfalls inwieweit sie in der Folge anderen Finanzierungstiteln zugeordnet werden beziehungsweise ob und inwieweit es dazu kommt, dass neue und zusätzliche Zahlungsanwartschaften entstehen, die Finanzierung bestehender Investitionen also komplexer wird. Erst anschließend ist es möglich, eine Umwandlung in ihren Bestandteilen und insgesamt einzuordnen und zu beurteilen.

Diesbezüglich ist festzustellen, dass es bisher keine entsprechende geschlossene Darstellung von Umwandlungen gibt. Stattdessen werden zur Bewältigung auftretender Probleme die einzelnen Voraussetzungen oder Elemente einer Maßnahme regelmäßig für sich betrachtet. Das führt im Ergebnis dazu, dass es bereits an einer adäquaten Einordnung einer Vielzahl grundlegender Zusammenhänge fehlt und es überdies zu einer unvollständigen Erfassung der betrachteten Umwandlungen kommt. Mögliche Konstellationen sind also in einem erheblichen Umfang bislang nicht oder nur oberflächlich behandelt worden.

Als in diesem Sinne problematisch zu beurteilen sind hier beispielsweise allgemein die Fälle, in denen eine übertragende Kapitalgesellschaft vor einer Umwandlung Anteile an einer übernehmenden Kapitalgesellschaft hält und dabei insbesondere Konstellationen, in denen die Überträgerin nicht Alleingesellschafterin der Übernehmerin ist. So sind die Konsequenzen des vor einem solchen Hintergrund stattfindenden Transfers eines Übertragungsgegenstandes, der ausgenommen die Werte der in ihm enthaltenen Anteile an einer Übernehmerin einen negativen Wert aufweist, bisher nicht zufriedenstellend geklärt. Das gleiche gilt hinsichtlich der Problematik, ob und gegebenenfalls inwieweit sich Verschmelzungen und Abspaltungen, die ausgehend von einer solchen Ausgangssituation umgesetzt werden, wirtschaftlich entsprechen. Auch die Frage, welche Auswirkungen unmittelbar wechselseitige Beteiligungsverhältnisse zwischen übertragenden und übernehmenden Kapitalgesellschaften insbesondere bei Verschmelzungen sowie bei Auf- und Abspaltungen haben, ist weitestgehend unbeantwortet.

Bisher fast vollständig außer Acht gelassen sind die im Zusammenhang mit Abspaltungen und Ausgliederungen relevanten Fälle, in denen Anteile, die vor einer Umwandlung als eigene Anteile von einer übertragenden Einheit gehalten werden, im Zuge der Maßnahme auf eine übernehmende Einheit übergehen und bei dieser nach der Maßnahme einer Beteiligung an der Überträgerin zugrunde liegen.

Ungeklärt sind in weiten Teilen auch die besonderen Schwierigkeiten, die nur bei Umwandlungen mit mehr als zwei umzuwandelnden Kapitalgesellschaften auftreten können. Im Zusammenhang mit Verschmelzungen betrifft das vor allem die mit den finanziellen Verflechtungen der Überträgerinnen untereinander einhergehenden Problematiken. Diesbezüglich fehlt es dabei nicht nur an einer zutreffenden Erfassung der wirtschaftlichen Konsequenzen entsprechender Maßnahmen; ausgeblendet werden hier bereits die grundlegenden Fragen, die sich in solchen Fällen hinsichtlich der Anwendung der einschlägigen umwandlungsgesetzlichen Vorgaben stellen. Im Zusammenhang mit Aufspaltungen und Abspaltungen mit mehr als zwei übernehmenden Kapitalgesellschaften sind hier insbesondere Fälle angesprochen, in denen das Verhältnis der Werte der auf die Übernehmerinnen jeweils übertragenen Vermögen nicht mit dem Verhältnis ihrer jeweiligen Beteiligungsquoten an der Überträgerin vor der Maßnahme übereinstimmt.

Vor diesem Hintergrund ist es das Ziel der vorliegenden Arbeit, die sich mit der Umsetzung der Umwandlung von Kapitalgesellschaften vollziehenden wirtschaftlichen Vorgänge und ihre Ergebnisse allgemein, das heißt für alle in Frage kommenden Umwandlungsarten, für jeweils beliebige Übertragungsgegenstände und beliebige Ausgangskonstellationen zu ermitteln. Ausgehend davon, dass es sich bei Umwandlungen von Kapitalgesellschaften um Finanzierungstransaktionen handelt, die regelmäßig innerhalb komplexer Finanzierungsstrukturen stattfinden, soll also eine umfassende und allgemeingültige Darstellung der mit Umwandlungen einhergehenden Umstrukturierung der Finanzierungsbeziehung von Kapitalgesellschaften erarbeitet werden, um damit die Grundlage zu schaffen für eine systematische und gesamtheitliche Ausgestaltung, Beurteilung und Anwendung von Umwandlungen betreffenden rechtlichen Regelungen.

Die Arbeit hat den folgenden Aufbau:

In Kapitel 2 wird zunächst dargestellt, wie sich der Wert von Kapitalgesellschaften auf Grundlage der Marktwerte der mit ihnen verbundenen und ihren Kapitalgebern zuzuordnenden Zahlungsströme bestimmt, die damit einhergehende zentrale Konsequenz der Wertadditivität betrachtet und die grundsätzliche Bedeutung von Marktwerten als Grundlage der Untersuchung von Umwandlungen erörtert.

In Kapitel 3 werden die rechtlichen Grundlagen von Eigenkapitalbeteiligungen an Kapitalgesellschaften sowie die rechtlichen Grundlagen eigener Anteile betrachtet und wirtschaftlich eingeordnet. Zudem werden die wesentlichen Möglichkeiten der außerhalb des umwandlungsrechtlichen Rahmens existierenden Möglichkeiten der Neuordnung der Finanzierungsbeziehungen einer Kapitalgesellschaft dargestellt.

In Kapitel 4 wird die Betrachtung auf einen Verbund von Kapitalgesellschaften ausgeweitet, die sich untereinander Eigen- und Fremdkapital zur Verfügung stellen. Betrachtet werden also die Werte der von Kapitalgesellschaften ausgegeben Finanzierungstitel unter Berücksichtigung mehrstufiger und dabei auch unmittelbar oder mittelbar wechselseitiger Finanzierungsbeziehungen. Die Ermittlung dieser Werte erfolgt dabei unter Verwendung eines linearen Gleichungssystems. Es wird sich zeigen, dass die mit einer Umwandlung angestrebte Neuordnung der Eigenfinanzierungsbeziehungen nicht adäquat beurteilt werden kann, ohne die Auswirkungen der Fremdfinanzierungsbeziehungen der umzuwandelnden Kapitalgesellschaften explizit zu berücksichtigen. Dementsprechend werden die von den betrachteten Kapitalgesellschaften ausgegeben und erworbenen Fremdkapitaltitel mit ihren Werten jeweils im Einzelnen erfasst.

Kapitel 5 hat die rechtlichen Grundlagen von Umwandlungen zum Inhalt. Für jede der betrachteten Umwandlungsarten werden dabei zunächst ihre Elemente, also die jeweils durch Gesamtrechtsnachfolge gekennzeichnete Vermögensübertragung und die zugleich stattfindende Neuordnung der Beteiligungsverhältnisse, betrachtet. Im Anschluss wird dargestellt, wie sich die Vorgabe, ein angemessenes Umtauschverhältnis umzusetzen, im Zuge der jeweiligen Maßnahmen niederschlägt. Ausgehend von diesen Darstellungen findet im Anschluss eine weitergehende Ordnung der verschiedenen Möglichkeiten von Umwandlungen statt. Dabei wird die Anzahl der umzuwandelnden Kapitalgesellschaften als für die wirtschaftliche Beurteilung zentrale Kategorie eingeführt.

Den Hauptteil der Arbeit bilden Kapitel 6 und Kapitel 7. Hier werden die betrachteten Umwandlungen innerhalb des in Kapitel 4 modellierten Untersuchungsrahmens entsprechend der oben skizzierten Vorgehensweise untersucht. Dabei geht es im Kern also darum, mit den wirtschaftlichen Vorgängen und Ergebnissen, zu denen es kommen muss, damit die Konsequenzen der Vermögensübertragung mit den Bedingungen, die im Sinne eines angemessenen Umtauschverhältnisses an die Umsetzung der Maßnahme zu stellen sind, die Lösung einer Umwandlung zu ermitteln. Als Schlussstein, über den die neuen Finanzierungsstrukturen ins Gleichgewicht zu bringen sind und der damit letztlich darüber entscheidet, mit welchen Zahlungsanwartschaften die innerhalb des Verbundes vorhandenen Finanzierungstitel nach der Umwandlung verknüpft sind, wird sich dabei das um das Nennkapital eigener Anteile bereinigte Nennkapital der übernehmenden Kapitalgesellschaften erweisen. Hinsichtlich der Entwicklung beziehungsweise der vorzunehmenden Anpassung dieser Größe resultiert dabei wiederkehrend ein komplexes Zusammenwirken der Verlagerung von Finanzierungstiteln, die vor einer Maßnahme von den umzuwandelnden Kapitalgesellschaften gehalten werden, und der Notwendigkeit, auf Ebene einer Übernehmerin bestimmte Kapitalmaßnahmen umzusetzen.

Gegenstand des sechsten Kapitels sind dabei alle Formen von Umwandlungen, die in Frage kommen, wenn zwei umzuwandelnde Kapitalgesellschaften an der Maßnahme beteiligt sind, das heißt Verschmelzungen, Abspaltungen und Ausgliederungen. Zunächst werden dabei solche Maßnahmen betrachtet, die zur Aufnahme stattfinden und damit die zentralen Schwierigkeiten der notwendigen Berücksichtigung auch der Positionen der Anteilseigner der übernehmenden Einheit und der notwendigen Berücksichtigung der finanziellen Verflechtungen der umzuwandelnden Gesellschaften untereinander aufweisen. Anschließend erfolgt die Betrachtung von Maßnahmen mit zwei umzuwandelnden Kapitalgesellschaften, die zur Neugründung stattfinden.

In Kapitel 7 werden auf den bis dahin erarbeiteten Ergebnissen aufbauend die besonderen Schwierigkeiten von Umwandlungen mit mehr als zwei umzuwandelnden Kapitalgesellschaften betrachtet. Gegenstand sind hier also Verschmelzungen mit wenigstens zwei übertragenden Kapitalgesellschaften, Aufspaltungen sowie Abspaltungen und Ausgliederungen mit wenigstens zwei übernehmenden Kapitalgesellschaften.

Vor dem Hintergrund der umfassenden Zusammenfassungen im Verlauf der Untersuchung wird in Kapitel 8 abschließend ein kurzer Überblick über die zentralen Ergebnisse der Arbeit und ihre Bedeutung gegeben.

2 Die Bewertung von Kapitalgesellschaften

Ausgangspunkt der vorliegenden Arbeit ist ein grundlegendes Verständnis von Betriebswirtschaftslehre und betriebswirtschaftlicher Forschung als der Untersuchung von individuellen, die Einkommenserzielung und -verwendung betreffenden Entscheidungen und damit insbesondere auch des Umgangs mit der Unsicherheit über das Einkommen.[1] Es wird also angenommen, dass Individuen finanzielle Ziele haben, die durch ihre Konsumabsichten bestimmt werden.[2] Vor diesem Hintergrund streben sie den Erwerb von Einkommen an[3] und werden dafür auf Märkten aktiv.[4]

Dabei haben Menschen angesichts ihres „ungleich verteilten Wissens, Wollens und Könnens"[5] gelernt, zur Optimierung der ihre Einkommenserzielung und -verwendung betreffenden Entscheidungen, miteinander zu kooperieren.[6] Das kann dazu führen, dass sich Unternehmen bilden, die als Einheiten an Märkten teilnehmen.[7] Unternehmen können damit für sich keine Ziele verfolgen, sondern sind immer Instrumente von Individuen, die diese zur Erreichung ihrer Ziele einsetzen.[8]

---

[1] Vgl. Neus (2018), S. 8.

[2] Vgl. Schmidt/Terberger (1997), S. 47 f.

[3] Vgl. Schneider (1995), S. 6 f.

[4] Vgl. Neus (2018), S. 10.

[5] Schneider (1995), S. 12.

[6] Vgl. Neus (2018), S. 10.

[7] Vgl. Schneider (1995), S. 90 ff.; dazu grundlegend Coase (1937), S. 386 ff.

[8] Vgl. Neus (2018), S. 4; Schmidt/Terberger (1997), S. 40.

D. Klumpe, *Die Umwandlung von Kapitalgesellschaften*,
https://doi.org/10.1007/978-3-658-51872-1_2

Die auf einem Markt getroffenen Vereinbarungen werden im Rahmen einer Rechtsordnung durch den Abschluss von Verträgen garantiert.[9] In diesem Sinne gibt die Kapitalmarktverfassung mit unterschiedliche Rechtsformen Musterbeispiele für die Organisation von Unternehmen.[10] Das Rechtssystem ermöglicht also den Rückgriff auf unterschiedliche Standardverträge.[11] Verschiedene Rechtsformen ändern demnach nichts an dem dargestellten wirtschaftlichen Verständnis, dass die Betrachtung eines Unternehmens immer aus der Perspektive der jeweiligen Kooperationsteilnehmer stattzufinden hat.[12] Demzufolge handelt es sich auch bei Kapitalgesellschaften um Institution von Menschen zur Einkommenserzielung vor dem Hintergrund ihrer Konsumabsichten;[13] ihre Bewertung hat konsequenter Weise auf dieser Grundlage und damit auf Grundlage der im Zusammenhang mit ihnen zufließenden Zahlungen stattzufinden.[14]

Wie beschrieben, sind durch die Vorgabe, ein angemessenes Umtauschverhältnis umzusetzen, die Werte von Kapitalgesellschaften beziehungsweise die Werte ihrer Finanzierungstitel maßgeblich für die Durchführung der im Rahmen dieser Arbeit betrachteten Umwandlungen. Diese Maßnahmen stellen demnach Bewertungsanlässe dar.[15] Dabei sind immer einheitliche, das heißt für alle Inhaber der insoweit zu berücksichtigenden Anteile geltende Umtauschverhältnisse und demnach auch einheitliche Werte der umzuwandelnden Gesellschaften zu ermitteln.[16] Grundsätzlich ist hier der Rückgriff auf verschiedene betriebswirtschaftliche Methoden zulässig,[17] wobei die ermittelten Werte angesichts der tatsächlich auftretenden Bewertungsprobleme[18] immer nur zulässige Schätzungen sein können,[19] die davon abhängen, ob und inwieweit die Gegebenheiten des Einzelfalls berücksichtigt und wie sie gegebenenfalls beurteilt werden.

---

[9] Vgl. Schneider (1995), S. 60 f.

[10] Vgl. Schneider (1997), S. 462.

[11] Vgl. Homburg (2015), S. 227.

[12] Vgl. Homburg (2015), S. 228; Schreiber (2017), S. 85; dazu grundlegend z. B. Jensen/Meckling (1976), S. 310 f.

[13] Vgl. König/Wosnitza (2004), S. 78.

[14] Vgl. Drukarczyk (1980), S. 179 ff.; Drukarczyk (1993), S. 19 f.

[15] Vgl. Hüttemann in Fleischer/Hüttemann (2024), Rn. 1.12; Bungert in Fleischer/Hüttemann (2024), Rn. 22.149 f.

[16] Vgl. Hohenstadt/Schramm/Leuering in Kölner Komm UmwG (2024), § 5 UmwG, Rn. 14.

[17] Vgl. Winter in Schmitt/Hörtnagl (2024), § 5 UmwG, Rn. 11, 16 ff., 47 ff.

[18] Vgl. Bula/Thees in Sagasser/Bula (2024), § 9. Rn. 86.

[19] Vgl. Hohenstadt/Schramm/Leuering in Kölner Komm UmwG (2024), § 5 UmwG, Rn. 13.

Vor diesem Hintergrund ist es im Hinblick auf die Zielsetzung dieser Arbeit also entscheidend, die Ergebnisse, die – auch wenn sie im Zusammenhang mit einer Umwandlung resultieren – aus einer entsprechenden Bewertung für sich folgen, zu unterscheiden von den systematischen Konsequenzen der Umwandlung selbst. Das gilt dabei nicht nur in Verbindung mit der Ermittlung des Umtauschverhältnisses, sondern in gleicher Weise auch für die Erfassung und Beurteilung der Situation nach dem Übergang in die Zielstruktur. Wenn beispielsweise steuerliche Vorgaben an bestimmte Eigenschaften eines Übertragungsgegenstandes anknüpfen und im Zusammenhang mit einer Umwandlung wertrelevante Konsequenzen haben, dann wirkt sich das offenkundig auf die Umsetzung und das Ergebnis dieser Maßnahme aus. Das geht systematisch aber nicht auf die Umstrukturierung selbst zurück. Um beurteilen zu können, ob die Anwendung einer entsprechenden steuerlichen Vorschrift zu widerspruchsfreien und sachgerechten Resultaten führt, sind ihre Auswirkungen also zunächst aus der Betrachtung herauszunehmen.

Es ist hier somit notwendig, einen Untersuchungsrahmen zu wählen, der einen objektiven Maßstab für die Werte von Finanzierungstiteln beziehungsweise für die Werte der ihnen zugrundeliegenden Zahlungsströme im Zeitpunkt einer Maßnahme aufweist. Anders wäre die Abgrenzung der eigentlichen Auswirkungen der mit einer Umwandlung einhergehenden Neuordnung von Zahlungsströmen von den Auswirkungen der vielfältigen wertrelevanten Faktoren, die gegebenenfalls mit diesen Zahlungsströmen zusammenhängen und dabei möglicherweise von dieser Neuordnung betroffen sind, nicht möglich.

Vor diesem Hintergrund bauen die im Folgenden durchgeführten Untersuchungen auf den (einheitlichen) Marktwerten von Zahlungsströmen auf, die unter bestimmten Bedingungen auf einem Kapitalmarkt resultieren. Dabei geht es unverändert – also beispielsweise im Zusammenhang mit der Ausstattung einer Kapitalgesellschaft mit Eigen- oder Fremdkapital – um die Realisierung von Einkommensströmen, die den jeweiligen (individuellen) finanziellen Präferenzen entsprechen; insoweit sind aber immer die singulären Marktpreise der jeweiligen Zahlungsströme ausschlaggebend, so dass es in der Konsequenz den Zielen aller Investoren entspricht, wenn über die Durchführung von Investitionen eines Unternehmens nach dem Kriterium der Marktwertmaximierung entschieden wird.[20]

Das Zugrundelegen von Marktwerten beziehungsweise die dafür zu treffenden Annahmen dienen hier also dazu, die wirtschaftlichen Vorgänge und Ergebnisse, zu denen es mit der Umwandlung von Kapitalgesellschaften kommt und die dabei

[20] Vgl. Franke/Hax (2009), S. 61, 332 ff.

auf die Maßnahmen als solche zurückgehen, freizulegen und sie damit überhaupt erst erfassbar und analysierbar zu machen.[21]

Die für die Betrachtung von Umwandlungen zentrale Konsequenz von Marktpreisen ist die Wertadditivität von Zahlungsströmen. In dieser Beziehung kommt es lediglich darauf an, dass Marktpreise gegeben sind, und nicht darauf, auf welche Weise sie sich gebildet haben. Für sich folgt Wertadditivität (schon) auf einem vollkommenen, arbitragefreien Kapitalmarkt[22] und damit unter vergleichsweise schwachen Annahmen.[23] Dabei ist – neben der Notwendigkeit, dass die Menge der gehandelten Finanzierungstitel die eindeutige Bestimmung von Arbitragemöglichkeiten überhaupt zulässt, der Kapitalmarkt insoweit also vollständig ist – [24] lediglich vorauszusetzen, dass es keine Informations- und Transaktionskosten und keine Steuern gibt, sämtliche Anlagen beliebig teilbar sind, alle Kapitalgeber ihren jeweiligen finanziellen Nutzen maximieren und dabei sämtliche Unternehmen und Investoren den gleichen Marktzugang haben.[25] Zudem darf sich an der Bewertungsfunktion für Zahlungsströme auch dann nichts ändern, wenn neue Zahlungsansprüche geschaffen werden, der Kapitalmarkt muss also kompetitiv sein.[26]

Vor diesem Hintergrund wird hier exemplarisch ein auf eine Periode angelegtes Realinvestitionsobjekt j betrachtet, das in der Rechtsform einer ebenso bezeichneten Kapitalgesellschaft umgesetzt wird und aus dem ein stochastischer Zahlungsstrom resultiert. Ausgehend vom Entscheidungszeitpunkt t, beziehen sich die Laufzeit des Investitionsobjektes und die Anlageentscheidungen auf den Zeitpunkt $t + 1$. Die Menge der in $t + 1$ möglichen Umweltzustände wird mit $Z = \{z \mid z$ ist Umweltzustand in $t + 1\}$ beschrieben. Ein Teil des erwarteten Zahlungsstrom ist dabei sicher. Bestimmte Einzahlungsüberschüsse werden also in jedem möglichen Umweltzustand in $t + 1$ erzielt. Beschreibt $\tilde{w}_j(z)$ die Zahlung aus dem Realinvestitionsobjekt bei Eintritt des Umweltzustandes z in $t + 1$ und s_j den immer erzielten Zahlungsüberschuss in diesem Zeitpunkt,[27] gilt demnach in allen möglichen Umweltzuständen

[21] Vgl. dazu auch Drukarczyk (1980), S. 2 f.; Drukarczyk (1993), S. 23, 25.

[22] Es muss also für jeden künftigen Umweltzustand, für den Zahlungsansprüche gehandelt werden, ein eindeutiger positiver Preis für eine Auszahlung von einer Geldeinheit bei Eintritt dieses Umweltzustandes existieren (vgl. Franke/Hax (2009), S. 374; Laux (2006), S. 125).

[23] Vgl. Franke/Hax (2009), S. 375.

[24] Vgl. Laux (2006), S. 125 f.; Nöll/Wiedemann (2008), S. 93 f.

[25] Vgl. Franke/Hax (2009), S. 347.

[26] Vgl. Franke/Hax (2009), S. 349.

[27] Zu zustandsunabhängigen Überschüssen innerhalb unsicherer Einzahlungsverteilungen vgl. z. B. Drukarczyk (1993), S. 126 f.; Drukarczyk/Lobe (2014), S. 159 ff.

$$\tilde{w}_j(z) \geq s_j. \tag{2.1}$$

Mit dem Überlassen von Eigenkapital (beziehungsweise dem Erwerb entsprechender bereits ausgegebener Finanzierungstitel) erwerben die Kapitalgeber einer Kapitalgesellschaft mit den als Anteilen bezeichneten Eigenkapitaltiteln der Gesellschaft (grundsätzlich) Residualansprüche. Einen Anspruch auf Zahlungen haben sie also erst, wenn alle vorrangigen Ansprüche, wie diejenigen der Fremdkapitalgeber, erfüllt sind.[28] Dabei haftet grundsätzlich nur das Unternehmensvermögen für die Verbindlichkeiten einer Kapitalgesellschaft. Das heißt, die Eigenkapitalgeber können nur die Mittel verlieren, die sie der Gesellschaft zur Verfügung gestellt oder die sie zum Erwerb bereits ausgegebener Eigenkapitaltitel des Unternehmens verwendet haben.[29] Im Folgenden wird unterstellt, dass Fremdkapital nicht ausfallgefährdet ist, so dass der Aspekt der beschränkten Haftung für sich nicht betrachtet werden muss.

Es wird zunächst angenommen, dass die Finanzierung der Gesellschaft ausschließlich durch symmetrische Eigenkapitaltitel erfolgt. Die Investoren erwerben demnach Eigenkapitalbeteiligungen, die gleichberechtigt einen dem jeweiligen Umfang des zur Verfügung gestellten Kapitals entsprechenden anteiligen Anspruch auf die gesamten unsicheren Auszahlungen in $t + 1$ vermitteln.[30] Der Erwerb eines Anteils in Form eines Eigenkapitaltitels als ergebnisabhängigem Residualanspruch an der Kapitalgesellschaft bedeutet hier also den Erwerb eines Teils des gegebenen Zahlungsstroms.

Beschreibt W_j den Marktwert des gesamten stochastischen Zahlungsstroms und Y_j den – im Folgenden als Beteiligungswert der Kapitalgesellschaft bezeichneten – Wert aller Eigenkapitalbeteiligungen an der Kapitalgesellschaft j gilt hier also

$$Y_j = W_j. \tag{2.2}$$

Wie ausgeführt, folgt mit der Existenz von Marktpreisen Wertadditivität. Es macht folglich keinen Unterschied, ob die Zahlungsströme mehrerer Anlagen jeweils für sich oder zusammengefasst bewertet werden. Das bedeutet zugleich, dass sich Anlagen beziehungsweise ihre Zahlungsströme beliebig aufteilen lassen, ohne dass dadurch Werte hinzukommen oder verlorengehen.[31] Werden die

[28] Vgl. Drukarczyk/Lobe (2014), S. 300.

[29] Vgl. Schmidt/Terberger (1997), S. 443 f.

[30] Vgl. Drukarczyk/Lobe (2014), S. 160.

[31] Vgl. Perridon/Steiner (2022), S. 609.

Zahlungen des betrachteten Realinvestitionsobjektes in $t+1$ also dergestalt aufgeteilt, dass es vorrangige Ansprüche gibt, dann stellen sich für die resultierenden Kategorien jeweils Preise ein, so dass die Summe der Werte aller – nunmehr verschiedenen – Finanzierungstitel der Summe der Werte aller Finanzierungstitel entspricht, wenn durch diese ausschließlich gleichberechtigte Ansprüche vermittelt werden. Am Marktwert des Investitionsobjektes beziehungsweise der Kapitalgesellschaft insgesamt ändert sich im Ergebnis also nichts.[32] Die Form ihrer Finanzierung ist demnach irrelevant für den Marktwert der Kapitalgesellschaft.[33] Das gilt folglich auch für das Verhältnis von Fremd- zu Eigenkapital. Auf die beschriebene Weise können also auch die zustandsunabhängigen Zahlungen aus dem Zahlungsstrom des betrachteten Investitionsobjektes herausgegriffen werden.[34]

Soll die Kapitalgesellschaft vor diesem Hintergrund auch durch (sichere) Fremdkapitaltitel finanziert werden, ist das möglich, bis ein Rückzahlungsbetrag in Höhe von s_j resultiert, das heißt $0 < f_j \leq s_j$ gilt, wobei f_j hier die Auszahlungen der Kapitalgesellschaft j für Verpflichtungen aus Fremdkapitalverträgen im Zeitpunkt $t + 1$ bezeichnet. Der mit F_j bezeichnete Marktwert des Fremdkapitals der Kapitalgesellschaft j entspricht hier also dem Marktwert von f_j im Zeitpunkt t.

Geht man nun davon aus, dass es neben den aus einer Fremdfinanzierung stammenden Festbetragsansprüchen keine weiteren Festbetragsansprüche gibt und dass neben der Kategorie der Fremdkapitaltitel eine Finanzierung nur durch Eigenkapitaltitel stattfindet, die Ansprüche vermitteln, die nachrangig gegenüber dem Fremdkapital, untereinander aber gleichberechtigt sind, so umfassen diese die sicheren Teile des Zahlungsstroms des Investitionsobjektes nicht, insoweit eine Fremdfinanzierung stattfindet. Die entsprechenden Zahlungen an die Fremdkapitalgeber gehen also zulasten des Wertes der Eigenkapitalbeteiligungen an der Gesellschaft.

---

[32] Arbitragemöglichkeiten (wie die Möglichkeit, den gesamten Zahlungsstrom zu erwerben und ihn anschließend zerlegt in Teilströme zu einem insgesamt höheren Preis wieder zu veräußern oder die Möglichkeit, die verfügbaren Teilströme zu erwerben und sie anschließend als Ganzes zu einem höheren Preis wieder zu veräußern) lassen die Markteilnehmer also nicht zu (vgl. Haley/Schall (1973), S. 210 ff.; Drukarczyk (1993), S. 129 f.; zur Notwendigkeit einer unveränderten Bewertungsfunktion vgl. wieder Franke/Hax (2009), S. 349).

[33] Vgl. Franke/Hax (2009), S. 342 ff.

[34] Vgl. Haley/Schall (1973), S. 190 ff., S. 210 ff.; dementsprechend Drukarczyk (1980), S. 373 f.; Drukarczyk (1993), S. 125 ff.

Der Wert des Zahlungsstroms des umgesetzten Realinvestitionsobjektes bleibt durch die teilweise Fremdfinanzierung unverändert. Vor dem Hintergrund gegebener Wertadditivität lässt sich der Marktwert der Beteiligungen am Eigenkapital der Gesellschaft demnach gemäß

$$Y_j = W_j - F_j \tag{2.3}$$

berechnen.[35] Der Beteiligungswert der Kapitalgesellschaft stimmt also überein mit dem Beteiligungswert einer ausschließlich eigenfinanzierten Kapitalgesellschaft, mit der ein Realinvestitionsobjekt umgesetzt wird, dessen Zahlungsstrom die zustandsunabhängigen Zahlungen in einem entsprechenden Umfang nicht aufweist.

Einige Implikationen der dargestellten Zusammenhänge werden nachfolgend noch einmal für sich betrachtet.[36] Dazu wird zunächst zurückgegangen zum Wert der unverschuldeten Gesellschaft und angenommen, dass sich das betrachtete Realinvestitionsobjekt j aus einer Menge $P = \{p \in \mathbb{Z} \wedge 1 \leq p \leq P\}$ voneinander unabhängiger Teilprojekte zusammensetzt. Unabhängig meint dabei, dass sich die Zahlungen der einzelnen Projekte nicht untereinander beeinflussen. Jedes Teilprojekt p weist dann einen eigenen unsicheren Zahlungsstrom $\tilde{w}_p(z)$ auf. Dabei resultiert in keinem der möglichen Umweltzustände in $t+1$ für eines der Teilprojekte ein Auszahlungsüberschuss und jedes der Teilprojekte wird für sich in einer (eigenen) Kapitalgesellschaft durchgeführt.

Aus den dargestellten Zusammenhängen folgt, dass die Summe der Marktwerte der P Kapitalgesellschaften, beziehungsweise sämtlicher Anteile, die an ihnen gehalten werden, übereinstimmt mit dem Marktwert der dargestellten Kapitalgesellschaft, in der alle Teilprojekte gemeinsam verwirklicht werden:

$$Y_j = W_j - \sum_p^P Y_p - \sum_p^P W_p \tag{2.4}$$

Werden die Teilprojekte nun wieder nicht mehr jedes für sich in einer eigenen Kapitalgesellschaft umgesetzt, sondern beliebig aufgeteilt auf mehrere Kapitalgesellschaften mit anderen Teilprojekten gemeinsam verwirklicht, ist auch das für die Summe der Marktwerte ohne Bedeutung.

[35] Vgl. Kruschwitz/Husmann (2012), S. 403 ff.

[36] Vgl. Haley/Schall (1973), S. 190 ff., S. 210 ff.; dementsprechend Drukarczyk (1980), S. 373 f.; Drukarczyk (1993), S. 125 ff.

Ist die Gesellschaft, mit der das Realinvestitionsobjekt j insgesamt umgesetzt wird, teilweise fremdfinanziert, entspricht, wie dargestellt, die Summe der Marktwerte des Eigen- und Fremdkapitals dem Marktwert des Eigenkapitals der unverschuldeten Gesellschaft. Werden die Teilprojekte, davon ausgehend, jeweils für sich in verschiedenen Kapitalgesellschaften umgesetzt, können die Ansprüche der Fremdkapitalgeber dabei grundsätzlich beliebig zugeordnet werden. Einschränkend ist hier diesbezüglich nur, dass die Zahlungsverteilungen der jeweiligen Teilprojekte sichere Überschüsse in entsprechender Höhe aufweisen müssen.

Die Summe der Marktwerte der Eigenkapitaltitel aller P Gesellschaften stimmt im Ergebnis überein mit dem Wert der Eigenkapitaltitel der einen verschuldeten Gesellschaft, mit der alle Teilprojekte gemeinsam verwirklicht werden; das gleiche gilt für die Fremdkapitaltitel:

$$W_j = Y_j + F_j = \sum_{p}^{P} Y_p + \sum_{p}^{P} F_p \tag{2.5}$$

Sollen davon ausgehend wieder mehrere Teilprojekte in einer Kapitalgesellschaft verwirklicht werden, macht es dementsprechend keinen Unterschied, wenn damit zugleich unterschiedliche Kapitalstrukturen, das heißt mehr oder weniger weitgehende Fremdfinanzierungen, zusammengefasst werden.

Besteht im Zusammenhang mit verschiedenen Teilprojekten die Aussicht auf Synergieeffekte,[37] wirkt sich das grundsätzlich auch auf die Marktwerte der Finanzierungstitel der Kapitalgesellschaften aus, mit denen sie in der einen oder der anderen Struktur verwirklicht werden.[38] Insoweit sie die Durchführung von Umwandlungen betreffen, geht es dabei immer um erwartete Synergien (also ausschließlich um Möglichkeiten), das heißt um unsichere zukünftige Zahlungen beziehungsweise um die Werte dieser unsicheren zukünftige Zahlungen; auch unmittelbar nach dem Übergang in die Zielstruktur ist unsicher, inwieweit die mit einer Umwandlung in Verbindung gebrachten Synergien realisiert werden.[39]

Vor diesem Hintergrund stellt sich also grundsätzlich die Frage, auf welche Finanzierungstitel mögliche Synergien nach einer Umwandlung entfallen sollen,

---

[37] Vgl. dazu z. B. Bula /Thees in Sagasser/Bula (2024), § 9. Rn. 101; Winner in Fleischer/Hüttemann (2024), Rn. 16.1.

[38] Vgl. Franke/Hax (2009), S. 338 f.

[39] Vgl. Winner in Fleischer/Hüttemann (2024), Rn. 16.2.

das heißt um ihre Aufteilung im Zusammenhang mit der oben angesprochenen Vorgabe, ein angemessenes Umtauschverhältnis umzusetzen.[40]

Wie beschrieben, ist ein Umtauschverhältnis angemessen, wenn die Inhaber bestimmter Anteile der umzuwandelnden Kapitalgesellschaften unmittelbar vor und unmittelbar nach der Maßnahme über Finanzierungstitel mit sich entsprechenden Werten verfügen. Es ist hier also sicherzustellen, dass es mit der Durchführung von Umwandlungen nicht zu Wertverschiebungen zwischen Anteilseignern der umzuwandelnden Einheiten kommen kann.[41] Andernfalls wäre beispielsweise der Wert eines mit einem Realinvestitionsobjekt zusammenhängenden Zahlungsstroms grundsätzlich[42] von den umwandlungsrechtlichen Vorgaben abhängig, die sich auf die zu seiner Finanzierung eingesetzten Eigenkapitaltitel beziehen und unterschiedlich hoch, je nachdem, mit welcher der umzuwandelnden Kapitalgesellschaften das Investitionsobjekt ursprünglich verwirklicht worden ist. Wenn derartige Verzerrungen ausgeschlossen sind, wird eine Umwandlung entsprechend den obigen Darstellungen immer dann umgesetzt, wenn sie nach dem Kriterium der Marktwertmaximierung vorteilhaft ist.[43]

Die Marktbewertung der von einer Umwandlung betroffenen Finanzierungstitel und Investitionsobjekte – und damit auch der mit einer bestimmten Maßnahme in Verbindung gebrachten Synergien – erfolgt dabei auf Grundlage aller innerhalb eines Zeitpunktes verfügbaren Informationen.[44]

Bei einer einperiodigen Betrachtung steht demnach im Bewertungszeitpunkt endgültig fest, ob eine Maßnahme im Sinne der Marktwertmaximierung vorteilhaft ist, und damit auch, ob sie durchgeführt wird und zu welchen Konditionen das gegebenenfalls geschieht. Insoweit besteht also auch Sicherheit hinsichtlich

---

[40] Vgl. Winner in Fleischer/Hüttemann (2024), Rn. 16.54 f.

[41] Diesbezüglich können im Allgemeinen (das heißt, wenn ein vollständiger Kapitalmarkt nicht gegeben ist) Situationen problematisch sein, in denen die Interessen der Anteilseigner einer umzuwandelnden Kapitalgesellschaft nicht übereinstimmen, also beispielsweise mit dem Beschluss zu einer Umwandlung die Festlegung eines Umtauschverhältnisses möglich wäre, das zulasten von Minderheitseignern einer übertragenden Kapitalgesellschaft ginge und damit den Anteilseignern der die Überträgerin beherrschenden übernehmenden Kapitalgesellschaft zugutekäme (vgl. Häller/Adolff in Fleischer/Hüttemann (2024), Rn. 18.11 f.). Dieser Zusammenhang erstreckt sich offenkundig auch auf die Verteilung der mit einer Umwandlung in Verbindung gebrachten möglichen Synergien (vgl. Winner in Fleischer/Hüttemann (2024), Rn. 16.53).

[42] Es ist hier zu beachten, dass eine Zielstruktur gegebenenfalls auch durch andere Transaktionen verwirklicht werden kann.

[43] Vgl. Rudolph (2006), S. 504 ff.

[44] Vgl. Franke/Hax (2009), S. 432 ff.; dazu grundsätzlich auch Fama (1970), S. 383 ff.

der Aufteilung möglicher Synergien. Geht es dabei um die Zusammenfassung bestehender und bisher getrennt umgesetzter Realinvestitionsobjekte, dann bemisst sich deren jeweiliger Wert also nach dem für eine kombinierte Fortführung erwarteten Zahlungsstrom und danach, welchen Teil die Gesellschafter der umzuwandelnden Gesellschaften an diesem jeweils beanspruchen können. Die – zusätzliche explizite – Anwendung einer starren Vorgabe zur Aufteilung der mit einer Umwandlung in Verbindung gebrachten möglichen Synergien bei der Festlegung des Umtauschverhältnisses wird dabei regelmäßig nicht zu einem systematisch zutreffenden Ergebnis führen. Beispielsweise ist ein Umtauschverhältnis, das mit dem Verhältnis der Werte einer übertragenden Kapitalgesellschaft und einer übernehmenden Kapitalgesellschaft jeweils ohne Berücksichtigung der echten (und gegebenenfalls auch der unechten) möglichen Synergien, die mit der angestrebten Maßnahme in Verbindung gebracht werden, übereinstimmt,[45] die Aufteilung dieser Synergien – durch ihre explizite Nichtberücksichtigung – also entsprechend diesem Verhältnis erfolgt,[46] nur sachgerecht, wenn es zu einem entsprechenden Ergebnis auch bei einer unabhängigen Einigung gekommen wäre. Das gilt also auch dann, wenn durch eine solche Vorgabe die Maßnahme, mit der die Synergien mit den insgesamt höchsten Werten verbunden werden, nicht verhindert wird.[47]

Bei einer mehrperiodigen Betrachtung gehen die Werte möglicher Synergien bereits dann in die Marktwerte von Investitionsobjekten und Finanzierungstiteln ein, wenn die Durchführung der Umstrukturierung, mit der sie in Verbindung gebracht werden, nach dem Kriterium der Marktwertmaximierung noch nicht vorteilhaft ist.

---

[45] Vgl. Drygala in Lutter (2024), § 5 UmwG, Rn. 55. Die gesamten mit einer Maßnahme in Verbindung gebrachten Synergien werden insoweit unterteilt in echte Synergien, die nur bei der angestrebten Umwandlung erwartet werden, und unechten Synergien, die grundsätzlich auch bei anderen Umstrukturierungen für möglich gehalten werden (vgl. Winner in Fleischer/Hüttemann (2024), Rn. 16.3).

[46] Vgl. Winner in Fleischer/Hüttemann (2024), Rn. 16.59 f.

[47] Aussagen dazu, wie die Synergien dabei aufgeteilt werden, sind hier nicht erforderlich. Entscheidend ist, dass die Marktteilnehmer sich der diesbezüglichen Einflussfaktoren bewusst sind und es beispielsweise für die Anteilseigner einer übertragenden Kapitalgesellschaft im Ergebnis keinen Unterschied macht, ob ihre Kapitalgesellschaft ihr Vermögen gegen Geld veräußert, sie ihre Anteile gegen Geld veräußern oder sie im Zuge einer Umwandlung für die Vermögensübertragung durch ihre Kapitalgesellschaft Anteile and der Übernehmerin erhalten. (vgl. dazu Eckbo/Giammarino/Heinkel (1990), S. 652; Rudolph (2006), S. 506 f.).

Zur Veranschaulichung[48] wird hier von zwei Kapitalgesellschaften ausgegangen, mit denen jeweils ausschließlich ein auf mehrere Perioden angelegtes Investitionsobjekt verwirklicht wird. Betrachtet wird zunächst der Zeitpunkt, in dem den Marktteilnehmern eine Information zugeht, auf deren Grundlage sie positive Synergieeffekte im Zusammenhang mit der kombinierten Fortführung der beiden Realinvestitionsobjekte und damit im Zusammenhang mit einer Umwandlung nach der die bisher in getrennten Einheiten verwirklichten Investitionen gemeinsam in einer Kapitalgesellschaft fortgeführt würden, für möglich halten. Die Information ist dabei dergestalt, dass in der Zukunft ein Ereignis eintreten könnte, so dass die Durchführung dieser Maßnahme dann – eingeschätzt auf Grundlage der gegenwärtig verfügbaren Informationen – vorteilhaft wäre.

Die Marktteilnehmer beurteilen also im aktuellen Zeitpunkt, mit welcher Wahrscheinlichkeit das betreffende Ereignis zukünftig eintreten könnte und welchen Wert die mit der in Betracht gezogenen Umwandlung in Verbindung stehenden möglichen Synergieeffekte im Fall ihrer Umsetzung hätten, wenn es tatsächlich eintritt. Dabei kalkulieren sie ein, wie die möglichen Synergien bei der Festlegung des Umtauschverhältnisses aufgeteilt würden. Zugleich beurteilen sie, mit welchen Nachteilen die Umstrukturierung verbunden wäre, wenn das insoweit ausschlaggebende Ereignis nicht eintritt. Auch wenn es dabei auf Basis der aktuell verfügbaren Informationen nicht vorteilhaft ist, die entsprechende Umwandlung umzusetzen, so ist die Möglichkeit, dass sich das in Zukunft ändern könnte, bereits jetzt wertrelevant. Die vorhandenen Investitionen bieten gegenüber dem Fall, dass ausschließlich ihre Fortführung in der bisherigen Struktur in Frage käme, zusätzliche Chancen. Demnach erfolgt direkt mit dem Zugang der ersten Information, auf deren Grundlage positive Synergieeffekte mit der Maßnahme in Verbindung gebracht werden, eine neue Bewertung der bestehenden Realinvestitionen und eine entsprechende Anpassung der Marktpreise der Anteile der Gesellschaften, mit denen sie umgesetzt werden. Dass aufgrund der in einem Zeitpunkt verfügbaren Informationen eine Umwandlung nicht umgesetzt wird, heißt also nicht, dass in den Marktpreisen keine Werte der mit dieser Maßnahme in Verbindung stehenden möglichen Synergien enthalten sind; jede Möglichkeit, dass sich Umstrukturierungsmaßnahmen in Zukunft auf die mit Kapitalgesellschaftsanteilen verbundenen Zahlungsströme positiv auswirken, schlägt sich insoweit nieder. Nach der ersten diesbezüglichen Information werden die mit einer Umwandlung in Verbindung gebrachten möglichen Synergien auf Grundlage der neu zugehenden Informationen entsprechend dem beschriebenen

48 Für ein ähnliches Beispiel im Zusammenhang mit neuen Investitionsobjekten vgl. Schmidt/Terberger (1997), S. 215 ff.

Muster fortlaufend neu bewertet. Wenn sich dabei herausstellt, dass das für die Vorteilhaftigkeit der Maßnahme ausschlaggebende Ereignis definitiv nicht mehr eintreten wird, werden die Marktpreise um den Wert bereinigt, den die erwarteten Synergien unmittelbar vor Zugang dieser Information beigetragen haben.[49]

Steigt demgegenüber im Zeitablauf die Wahrscheinlichkeit, dass das betreffende Ergebnis eintritt, so wird damit auch der Wert größer, mit dem die möglichen Synergien in die Marktpreise eingehen. Nach wie vor muss das aber nicht bedeuten, dass es zur Umsetzung der Maßnahme kommt.

Eingeleitet wird die Umwandlung erst, wenn – unter im Übrigen gleichen Umständen – mit einer letzten neu zugehenden Information die Wahrscheinlichkeit für den Eintritt des Ereignisses so groß wird – offenkundig ist dessen tatsächlicher Eintritt insoweit nicht grundsätzlich erforderlich –, dass die Maßnahme gegenüber der Fortführung der bisherigen Struktur als vorteilhaft beurteilt wird. In diesem Zeitpunkt steht dann wieder fest, dass und wie die Umwandlung durchgeführt wird und die Anteile an den umzuwandelnden Kapitalgesellschaften sowie die mit diesen umgesetzten Realinvestitionsobjekte werden entsprechend bewertet.

Wie beschrieben, ändert die Durchführung der Umwandlung dabei nichts an den Marktwerten der erwarteten Synergien. Diese sind unmittelbar nach der Maßnahme genauso unsicher wie unmittelbar vor ihrer Umsetzung.

Bei den mit einer bestimmten Maßnahme in Verbindung gebrachten möglichen Synergien handelt es sich (in jedem Zeitpunkt) also gleichermaßen um unsichere zukünftige Zahlungen, wie bei allen anderen mit einem Finanzierungstitel beziehungsweise einem Investitionsobjekt zusammenhängenden unsicheren zukünftigen Zahlungen. Mögliche Synergien werden demnach immer automatisch Bestandteil des für die Bewertung maßgeblichen stochastischen Zahlungsstroms; sie müssen diesem Zahlungsstrom im Zeitpunkt einer Umwandlung folglich nicht extra hinzugerechnet werden. Auf dem hier zugrunde gelegten Finanzmarkt sind die Zahlungsströme von Investitionsobjekten und Finanzierungstiteln, die mit diesen Maßnahmen umstrukturiert werden, also wertadditiv.

[49] Auch davon unabhängig können sich veränderte Einschätzungen hinsichtlich der unsicheren Zahlungsströme der bestehenden Investitionen ergeben, wenn beispielsweise aufgrund neuer Informationen im Zusammenhang mit anderen Umwandlungen größere Vorteile erwartet werden oder die bisherige Struktur zusätzliche Chancen bietet. Die ursprünglich in Betracht gezogene Umwandlung muss in einem solchen Kontext nicht vollständig ausgeschlossen werden; es ist ausreichend, dass die Wahrscheinlichkeit ihrer Umsetzung kleiner wird. Damit verringert sich automatisch auch der Wert, den die mit ihr in Verbindung gebrachten Synergien zu den Marktwerten beitragen.

Vor diesem Hintergrund wird ein angemessenes Umtauschverhältnis im Zuge einer Umwandlung immer dann umgesetzt, wenn die Inhaber aller dabei zu berücksichtigenden Anteile unmittelbar vor der Maßnahme mit diesen Anteilen und unmittelbar nach der Maßnahme mit diesen Anteilen und den ihnen im Zuge der Maßnahme gewährten Anteilen beziehungsweise ausschließlich den ihnen im Zuge der Maßnahme gewährten Anteilen über Finanzierungstitel verfügen, die zusammengenommen Marktwerte in genau übereinstimmender Höhe aufweisen.

3 Anteile an Kapitalgesellschaften

3.1 Abgrenzung

Im Rahmen dieser Arbeit wird die Umwandlung von Kapitalgesellschaften betrachtet. Dabei erfolgt eine Beschränkung auf Kapitalgesellschaften in der Rechtsform der im Aktiengesetz (AktG) geregelten Aktiengesellschaft (AG) und der im Gesetz betreffend die Gesellschaften mit beschränkter Haftung (GmbHG) geregelten Rechtsform der Gesellschaft mit beschränkter Haftung (GmbH).

Kapitalgesellschaften in der im zweiten Buch des Aktiengesetzes (§§ 278 – 280 AktG) geregelten Rechtsform der Kommanditgesellschaft auf Aktien (KGaA) werden nicht berücksichtigt. Eine KGaA weist neben Eigenschaften einer Kapitalgesellschaft mit denen einer Kommanditgesellschaft auch Elemente einer Personengesellschaft auf.[1] Für eine sachgerechte Beurteilung der Umwandlung einer KGaA wäre also zunächst auch die Umwandlung von Personengesellschaften im Sinne der im Rahmen dieser Arbeit stattfindenden Untersuchung von Kapitalgesellschaften zu analysieren.

Eine eigene Betrachtung von Unternehmergesellschaften (§ 5a GmbHG) und Europäischen Gesellschaften (Verordnung (EG) Nr. 2157/2001 des Rates über das Statut der Europäischen Gesellschaft (SE)) findet ebenfalls nicht statt. Diese

[1] Vgl. Schmidt in Schmidt/Lutter (2024), § 278 AktG, Rn. 1; Koch (2025), § 278 AktG, Rn. 1.

D. Klumpe, *Die Umwandlung von Kapitalgesellschaften*,
https://doi.org/10.1007/978-3-658-51872-1_3

stimmen grundsätzlich weitestgehend mit GmbHs und AGs überein[2] und unterscheiden sich von diesen insbesondere hinsichtlich der hier interessierenden Zusammenhänge nicht.[3]

Im Folgenden werden Aktien einer AG und Geschäftsanteile einer GmbH unter Berücksichtigung eigener Anteile sowie die wesentlichen Möglichkeiten einer Neuordnung der Eigenfinanzierungsbeziehungen von Kapitalgesellschaften außerhalb von Umwandlungen dargestellt.

3.2 Aktien, Geschäftsanteile und eigene Anteile

Die Beteiligung an einer AG findet statt mit dem Erwerb von Aktien, die einen Teil des Grundkapitals der Gesellschaft (§§ 1, 6 AktG), und die Beteiligung an einer GmbH findet statt mit dem Erwerb von Geschäftsanteilen, die einen Teil des Stammkapitals (§§ 3, 5 GmbHG) der Gesellschaft darstellen.

Aktien können nach § 8 Abs. 1 AktG entweder als Nennbetragsaktien oder als Stückaktien begründet werden. Nach § 8 Abs. 2 AktG i. V. m. § 23 Abs. 3 Nr. 4 AktG beziehungsweise § 3 Abs. 1 Nr. 4 i. V. m. § 5 Abs. 3 S. 1 GmbHG haben Nennbetragsaktien und Geschäftsanteile jeweils einen im Einzelnen bestimmten Nennbetrag. Die Summe der Nennbeträge dieser Anteile entspricht dem Grund- beziehungsweise dem Stammkapital der Gesellschaft (§ 1 Abs. 2 AktG, § 5 Abs. 3 S. 2 GmbHG). Stückaktien lauten auf keinen Nennbetrag (§ 8 Abs. 3 S. 1 AktG). Nach § 8 Abs. 3 S. 2 AktG stellen aber auch sie einen – jeweils gleichen – Teil des Grundkapitals dar.[4] Stamm- und Grundkapital lassen sich vor diesem Hintergrund auch als Nennkapital der Gesellschaft bezeichnen.[5]

Aktien und Geschäftsanteile sind grundsätzlich frei übertragbar.[6]

Das Verhältnis zwischen dem Nennbetrag eines Anteils und dem Nennkapital einer Kapitalgesellschaft[7] wird hier als Maßstab verwendet, der die jeweiligen

---

[2] Vgl. Lieder/Becker in BeckOGK GmbHG (1.4.2024), § 5a GmbHG, Rn. 1; Schürnbrand/Habersack in Habersack/Drinhausen (2022), SE-VO Art. 10, Rn. 1.

[3] Eine Betrachtung ihrer Besonderheiten müsste demnach ohnehin an eine allgemeine Darstellung anknüpfen.

[4] § 8 Abs. 3 S. 3 AktG spricht dementsprechend von dem „auf eine einzelne Aktie entfallende[n] anteilige[n] Betrag des Grundkapitals".

[5] Vgl. § 16 Abs. 2 AktG und außerhalb des Gesellschaftsrechts: § 271 Abs. 1 Handelsgesetzbuch (HGB), §§ 27 – 29 Körperschaftsteuergesetz (KStG).

[6] Vgl. Bezzenberger in Schmidt/Lutter (2024), § 68 AktG, Rn. 2; Bayer in Lutter/Hommelhoff (2023), § 15 GmbHG, Rn. 1.

[7] Bei Stückaktien entspricht das offenkundig dem Quotienten $\frac{1}{Anzahl\ Aktien}$ (§ 8 Abs. 4 AktG).

Ansprüche auf einen Teil des Beteiligungswertes der Gesellschaft bestimmt. Das entspricht dem gesetzlichen Grundsatz insbesondere der Gewinnverteilung nach § 60 Abs. 1 AktG beziehungsweise der Ergebnisverwendung nach § 29 Abs. 3 S. 1 GmbHG und der Verteilung des Vermögens bei der Auflösung der Gesellschaft nach § 271 Abs. 2 und 3 AktG beziehungsweise § 72 S. 1 GmbHG und folgt damit den in Kapitel 2 beschriebenen Annahmen für die Bewertung von Eigenkapitaltiteln.[8]

Dabei ist allerdings zu beachten, dass AGs nach § 71 AktG eigene Aktien und GmbHs nach § 33 GmbHG eigene Geschäftsanteile unter bestimmten Voraussetzungen erwerben können. Nach § 71b AktG stehen einer AG, die eigene Aktien hält, aus diesen Anteilen keine Gesellschafterrechte zu.[9] Eigene Aktien sind für die Gesellschaft also ohne Wert.[10] Einen Wert bekommen eigene Aktien erst dann, wenn sie wieder ausgegeben beziehungsweise wieder veräußert werden, also keine eigenen Anteile mehr sind.[11] Auch ohne eigene Vorschrift im GmbHG gilt das entsprechend für eine GmbH, die eigene Geschäftsanteile hält (beziehungsweise diese wieder veräußert).[12] Um die durch ausstehende Aktien beziehungsweise entsprechende Geschäftsanteile vermittelten Anteile am Eigenkapital zu berechnen, ist also das Nennkapital dieser Anteile ins Verhältnis zu setzen zum Nennkapital der Gesellschaft abzüglich des Nennkapitals eigener Anteile.[13] Dieser Teil des Nennkapitals wird im Folgenden als effektives Nennkapital bezeichnet und für eine Kapitalgesellschaft j mit K_j^{II} beschrieben. Steht K_j^I für das Nennkapital dieser Kapitalgesellschaft und k_j^{eA} für das gesamte Nennkapital ihrer eigenen Anteile folgt damit

$$K_j^{II} = K_j^I - k_j^{eA}. \tag{3.1}$$

[8] Grundsätzlich können nach § 60 Abs. 3 AktG beziehungsweise § 29 Abs. 3 S. 2 GmbHG und nach § 271 Abs. 2 AktG beziehungsweise § 72 S. 2 GmbHG abweichende vertragliche Vereinbarungen getroffen werden, die dann zu entsprechend anderen Marktpreisen führen. Damit wären die Vermögensrechte der Anteile jeweils für sich als Anteil an sämtlichen Vermögensrechten zu bewerten. Wirtschaftlich macht das keinen Unterschied, es verhindert aber eine übersichtliche Darstellung und wird hier deshalb nicht berücksichtigt.

[9] Vgl. Bezzenberger in Schmidt/Lutter (2024), § 71b AktG, Rn. 2.

[10] Vgl. Cahn in BeckOGK AktG (1.2.2025), § 71 AktG, Rn. 2.

[11] Vgl. Bezzenberger in Schmidt/Lutter (2024), § 71 AktG, Rn. 79; Koch (2025), § 71b AktG, Rn. 3; Verse in Scholz (2022), § 33 GmbHG, Rn. 146, 154.

[12] Vgl. Verse in Scholz (2022), § 33 GmbHG, Rn. 129; Roßkopf/Notz in MüKoGmbHG (2022), § 33 GmbHG, Rn. 1.

[13] Bei Stückaktien ist das Nennkapital in diesem Sinne durch die Anzahl der ausstehenden Aktien zu dividieren.

Mit k_{AE} für die Nennbeträge der ausstehenden Aktien beziehungsweise der entsprechenden Geschäftsanteile, die von demselben Anteilseigner (AE) gehalten werden, resultiert dessen Beteiligungsquote an einer Kapitalgesellschaft

$$x_{AE,j} = \frac{k_{AE,j}}{K_j^{II}} \quad \text{mit} \quad x_{AE,j} \ \left(x_{AE,j} \in \mathbb{R} \wedge 0 \leq x_{AE,j} \leq 1\right). \tag{3.2}$$

3.3 Erwerb eigener Anteile

Wie beschrieben, kann eine AG nach § 71 AktG eigene Aktien und eine GmbH nach § 33 GmbHG eigene Geschäftsanteile erwerben. § 215 AktG sieht den originären Erwerb eigener Aktien im Rahmen einer Erhöhung des Grundkapitals aus Gesellschaftsmitteln nach §§ 207 – 220 AktG vor. Entsprechend regelt § 57 l GmbHG den originären Erwerb eigener Geschäftsanteile im Rahmen einer Erhöhung des Stammkapitals aus Gesellschaftsmitteln nach §§ 57c – 57o GmbHG.[14] Im Übrigen ist für AGs mit § 56 Abs. 1 AktG explizit vorgegeben – in gleicher Weise gilt das aber auch für GmbHs –,[15] dass nur der derivative Erwerb eigener Anteile zulässig ist.[16]

Auch der derivative Erwerb eigener Anteile unterliegt dabei gesetzlichen Einschränkungen. Grundsätzlich ist nach § 33 Abs. 1 GmbHG beziehungsweise § 71 Abs. 2 S. 3 AktG nur der Erwerb von Anteilen möglich, auf die die Einlagen beziehungsweise die Ausgabebeträge voll geleistet sind, und § 71 Abs. 2 S. 2 AktG beziehungsweise § 33 Abs. 2 S. 1 GmbHG verlangen, dass die Gesellschaft über ein handelsbilanzielles positives Vermögen verfügt, welches die Aufwendungen für den Erwerb der Anteile ermöglicht, ohne dass dabei auf Mittel zurückgegriffen werden muss, die das Nennkapital der Gesellschaft oder ausschüttungsgesperrte Rücklagen[17] decken. Für AGs gibt § 71 Abs. 1 AktG weitere Bedingungen für den Erwerb vor. Dabei lässt § 71 Abs. 2 S. 1 AktG den zusätzlichen Erwerb eigener Aktien gegebenenfalls nur zu, bis das Nennkapital aller eigenen Anteile insgesamt höchstens zehn Prozent des Grundkapitals ausmacht.

[14] Kapitalerhöhungen aus Gesellschaftsmitteln werden in Abschnitt 3.6 behandelt.

[15] Vgl. Verse in Scholz (2022), § 33 GmbHG, Rn. 2; Roßkopf/Notz in MüKoGmbHG (2022), § 33 GmbHG, Rn. 12, 61.

[16] Vgl. Bezzenberger in Schmidt/Lutter (2024), § 68 AktG, Rn. 2; Hommelhoff in Lutter/Hommelhoff (2023), § 33 GmbHG, Rn. 1.

[17] Das betrifft bei AGs also die gesetzliche Rücklage sowie vertragliche Rücklagen und bei GmbHs vertragliche Rücklagen.

Im Rahmen dieser Arbeit ist zu unterscheiden zwischen Anteilen, die vor einer Umwandlung eigene Anteile einer Gesellschaft sind, und Anteilen, die im Zuge der Maßnahme Bestandteil des Übertragungsgegenstandes werden, damit auf eine Kapitalgesellschaft übergehen und bei dieser zu eigenen Anteilen werden.

Sind Anteile vor einer Umwandlung eigene Aktien oder eigene Geschäftsanteile, dann haben sie als solche im Zuge der Maßnahme eine eigene Bedeutung. Diese ist allerdings unabhängig davon, auf welchem Weg ihr Erwerb stattgefunden hat. Eine weitergehende Analyse der Voraussetzungen eines Erwerbs eigener Anteile kann hier insoweit also unterbleiben.

Weil sie grundsätzlich mit Umwandlungen zusammenhängen, werden hier auch die Regelungen des § 33 Abs. 3 GmbHG und des § 71 Abs. 1 Nr. 3 AktG erwähnt. Bei diesen Vorgaben geht es um den Erwerb eigener Anteile im Nachgang einer Umwandlung; für die eigentliche Umsetzung der Maßnahme sind damit also auch sie irrelevant. Ihr Hintergrund wird deshalb – im Vorgriff auf die im weiteren Verlauf stattfindende Darstellung von Umwandlungen – nur kurz umrissen: Nach § 29 UmwG ist es dabei unter bestimmten Voraussetzungen möglich, dass die (vormaligen) Anteilsinhaber einer übertragenden Gesellschaft nach der Umsetzung einer Verschmelzung einen Anspruch auf die Veräußerung ihrer (im Zuge des Anteilstausches für ihre Anteile an der Überträgerin) erhaltenen Anteile an der übernehmenden Gesellschaft gegen Barabfindung an diese Gesellschaft haben.[18] Mit § 125 S. 1 UmwG gilt das entsprechend auch bei Auf- und Abspaltungen.[19] Dementsprechend erlaubt § 33 Abs. 3 GmbHG den Erwerb eigener Geschäftsanteile einer übernehmenden GmbH und erlaubt § 71 Abs. 1 Nr. 3 AktG den Erwerb eigener Aktien nach einer Umwandlung.[20]

Werden im Zuge von Umwandlungen Aktien oder Geschäftsanteile Bestandteil des Übertragungsgegenstandes und auf diese Weise zu eigenen Anteilen einer übernehmenden Gesellschaft, dann geschieht ihr Erwerb immer durch Gesamtrechtsnachfolge.

Der Erwerb eigener Aktien fällt damit unter § 71 Abs. 1 Nr. 5 AktG. Damit ist ein solcher Erwerb nicht von den Einschränkungen des § 71 Abs. 2 AktG betroffen. Insbesondere gilt damit nicht die Zehn-Prozent Regelung nach § 71 Abs. 2 S. 1 AktG und es ist auch der Erwerb solcher Aktien möglich, auf die der Ausgabebetrag nicht voll geleistet ist.

---

[18] Vgl. Winter in Schmitt/Hörtnagl (2024), § 29 UmwG, Rn. 1, 1a.

[19] Vgl. Oechsler in MüKoAktG (2024), § 71 AktG, Rn. 170.

[20] Vgl. Oechsler in MüKoAktG (2024), § 71 AktG, Rn. 191; Roßkopf/Notz in MüKoGmbHG (2022), § 33 GmbHG, Rn. 127 ff.

Im Ergebnis ist ein Erwerb eigener Aktien durch Gesamtrechtsnachfolge (im Zuge einer Umwandlung) überhaupt nicht eingeschränkt. Keinen Unterschied macht es in diesem Zusammenhang, wenn eine Gesamtrechtsnachfolge nicht unbeschränkt, sondern (bei Spaltungen) partiell erfolgt.[21]

Auch für den Erwerb eigener Geschäftsanteile durch eine GmbH im Zuge einer Umwandlung ist davon auszugehen, dass durch Gesamtrechtsnachfolge auch der Erwerb solcher Geschäftsanteile möglich ist, auf die die Einlagen noch nicht vollständig geleistet sind.[22]

Weiterhin regelt § 71d AktG für AGs, dass für bestimmte Erwerbe von Aktien einer Gesellschaft, die nicht durch die Gesellschaft selbst vorgenommen werden, und das Halten von Aktien einer Gesellschaft nicht durch die Gesellschaft selbst dennoch Einschränkungen bestehen, wie sie für den Erwerb und das Halten eigener Anteile gelten. Neben dem Erwerb durch einen Dritten im eigenen Namen, aber auf Rechnung einer Gesellschaft (§ 71d S. 1 AktG) erfasst das den Erwerb und das Halten von Aktien durch ein abhängiges oder ein in Mehrheitsbesitz einer Gesellschaft stehendes Unternehmen oder den Erwerb durch einen Dritten im eigenen Namen, aber auf Rechnung eines solchen Unternehmens (§ 71d S. 2 AktG).[23]

Die Einschränkungen im Zusammenhang mit dem Halten entsprechender Aktien sind dabei mit § 71d S. 4 AktG gegeben, wobei grundsätzlich auch die beschriebene Regelung des § 71b AktG, nach der eigene Aktien keine Gesellschafterrechte vermitteln, zur Anwendung kommt. Damit sind allerdings anders als bei Aktien, die tatsächlich eigene Anteile einer AG sind, nicht die Vermögensrechte, also insbesondere das Dividendenrecht, der entsprechenden Aktien auszuschließen. Andernfalls käme es unweigerlich dazu, dass den übrigen Gesellschaftern der abhängigen Gesellschaft, ohne dass diese dem ausweichen könnten, durch die verringerten Ausschüttungen ihrer Gesellschaft Werte entzogen würden zugunsten der herrschenden AG und ihrer übrigen Aktionäre.[24] Im

---

[21] Vgl. Oechsler in MüKoAktG (2024), § 71 AktG, Rn. 191.

[22] Vgl. Verse in Scholz (2022), § 33 GmbHG, Rn. 41.

[23] Explizite Vorgaben für den Erwerb von Geschäftsanteilen einer GmbH durch ein von ihr abhängiges Unternehmen gibt es nicht. Angedacht wird ein Vorgehen, das mit den für AGs geltenden Regelungen vergleichbar ist (vgl. Verse in Scholz (2022), § 33 GmbHG, Rn. 157 ff.).

[24] Vgl. Cahn in BeckOGK AktG (1.2.2025), § 71d AktG, Rn. 55; Oechsler in MüKoAktG (2024), § 71d AktG, Rn. 58 f. Ohne die beschriebene Problematik zu bestreiten, für ein exaktes befolgen des Wortlautes vgl. z. B. Bezzenberger in Schmidt/Lutter (2024), § 71d AktG, Rn. 19.

Ergebnis könnten also schon Anteilserwerbe von geringem Umfang zu massiven wirtschaftlichen Verzerrungen führen.

In diesem Zusammenhang von Interesse sind grundsätzlich auch die Regelungen des § 19 AktG. Nach § 19 Abs. 1 AktG gelten zwei Kapitalgesellschaften, die zu mehr als 25 Prozent an der jeweils anderen Gesellschaft beteiligt sind, als wechselseitig beteiligte Unternehmen im Sinne der Vorschrift. Ist dabei eines der wechselseitig beteiligten Unternehmen eine Aktiengesellschaft, so ist die Ausübung der Rechte aus der jeweiligen Beteiligung nach § 328 Abs. 1 AktG grundsätzlich auf 25 Prozent beschränkt, auch wenn die tatsächliche Beteiligungsquote größer ist.

Dabei gibt es allerdings kein Verbot, weitere Anteile an der jeweils anderen Gesellschaft zu erwerben.[25]

Zu einer Einschränkung der Rechte kommt es nicht, wenn der anderen Seite vor Kenntnis der wechselseitigen Beteiligung eine Mitteilung nach § 20 Abs. 3 AktG oder nach § 21 Abs. 1 AktG beziehungsweise § 33 WpHG[26] (zu Erhöhung der Beteiligungsquote an der anderen Gesellschaft über 25 Prozent) gemacht wurde. Vor diesem Hintergrund ist regelmäßig nur eines der beiden Unternehmen von der Beschränkung betroffen.[27]

Auch mit der Regelung des § 328 Abs. 1 AktG kann es grundsätzlich zu nicht akzeptablen Wertverlagerungen zwischen den Anteilseignern der jeweiligen Gesellschaften kommen, wenn dabei auch ein Ausschluss der Vermögensrechte stattfindet.

§ 328 AktG ist nach § 19 Abs. 4 AktG nicht anzuwenden, wenn eines der wechselseitig beteiligten Unternehmen eine Mehrheitsbeteiligung an dem anderen Unternehmen hält oder unmittelbar oder mittelbar einen beherrschenden Einfluss auf dieses ausüben kann (§ 19 Abs. 2 AktG) oder wenn das für beide Unternehmen gilt (§ 19 Abs. 3 AktG). In diesen Fällen, das heißt bei weitergehenden (ausgebauten)[28] wechselseitigen Eigenkapitalverflechtungen, gilt eine Gesellschaft als herrschendes und die andere als abhängiges Unternehmen beziehungsweise beide Gesellschaften gelten als herrschend und abhängig mit den dargestellten Folgen nach § 71d AktG.

Beim entgeltlichen Erwerb eigener Anteile greift die Kapitalgesellschaft für das Entrichten des Kaufpreises auf ihr Vermögen zurück. Wie beschrieben, sind eigene Anteile für eine Kapitalgesellschaft ohne Wert. Ihr entgeltlicher Erwerb

---

[25] Vgl. Vetter in Schmidt/Lutter (2024), § 328 AktG, Rn. 2.

[26] Vgl. Grunewald in MüKoAktG (2023), § 328 AktG, Rn. 5 f.

[27] Vgl. Grunewald in MüKoAktG (2023), § 328 AktG, Rn. 8.

[28] Vgl. Schall in BeckOGK AktG (1.10.2024), § 328 AktG, Rn. 3.

ist demnach kein Austauschgeschäft – die Gesellschaft erhält für den Kaufpreis kein Vermögen – sondern stellt wirtschaftlich eine Ausschüttung von Gesellschaftsvermögen dar[29] und ist damit eine Alternative zu Zahlungen in Form von Dividenden oder Gewinnausschüttungen.[30] Für eine echte Vergleichbarkeit ist es dabei allerdings erforderlich, dass die erworbenen Anteile nicht wieder veräußert werden.[31]

Im Ergebnis geht der entgeltliche Erwerb eigener Anteile also zulasten des Beteiligungswertes der Gesellschaft $\left(\Delta Y_j < 0\right)$ und wirkt sich damit aus auf die verbleibenden ausstehenden Aktien beziehungsweise die entsprechenden Geschäftsanteile: Der Minderung des Beteiligungswertes der Gesellschaft steht die Erhöhung der durch sie vermittelten Beteiligungsquoten gegenüber.[32] Der Erwerb eigener Anteile lässt sich damit auch als Teilliquidation von Gesellschaftsvermögen auffassen.[33]

Bezeichnet $k_j^{eA(+)}$ allgemein das Nennkapital von bisher einer Beteiligung an der Kapitalgesellschaft j zugrunde liegenden Anteilen, die im Betrachtungszeitpunkt zu eigenen Anteilen einer Gesellschaft werden, beschreibt hier also das Nennkapital entgeltlich erworbener eigener Anteile, wird mit dem Erwerb dieser Anteile das effektive Nennkapital der Gesellschaft um den Betrag $k_j^{eA(+)}$ kleiner:

$$\Delta K_j^{II} = \left(K_j^I - \left(k_j^{eA} + k_j^{eA(+)}\right)\right) - \left(K_j^I - k_j^{eA}\right) = -k_j^{eA(+)} \tag{3.3}$$

Die durch die weiterhin ausstehenden Aktien beziehungsweise entsprechenden Geschäftsanteile vermittelten Beteiligungsquoten steigen wegen des niedrigeren effektiven Nennkapitals $\left(x_{AE,j} \cdot K_j^{II} / \left(K_j^{II} - k_j^{eA(+)}\right) > x_{AE,j}\right)$.

Ein Erwerb entgeltlicher eigener Anteile kommt nur dann in Frage, wenn der Preis der Anteile im Ergebnis dazu führt, dass die veräußernden Anteilseigner nicht schlechter gestellt werden und der Wert der nach wie vor gehaltenen

[29] Vgl. Bezzenberger in Schmidt/Lutter (2024), § 71 AktG, Rn. 1, 4; Hommelhoff in Lutter/Hommelhoff (2023), § 33 GmbHG, Rn. 7.

[30] Vgl. Hillier u. a. (2017), S. 455 f.; Bezzenberger in Schmidt/Lutter (2024), § 71 AktG, Rn. 1; Hommelhoff in Lutter/Hommelhoff (2023), § 33 GmbHG, Rn. 2.

[31] Vgl. Oechsler in MüKoAktG (2023), § 78 AktG, Rn. 8.

[32] Vgl. Bezzenberger in Schmidt/Lutter (2024), § 71 AktG, Rn. 3.

[33] Vgl. Roßkopf/Notz in MüKoGmbHG (2022), § 33 GmbHG, Rn. 1.

Anteile an der Gesellschaft nicht kleiner wird. Im Ergebnis kann eine entsprechende Transaktion vor dem Hintergrund des hier angenommenen Kapitalmarktes also nur zum Marktpreis der Anteile stattfinden.[34]

3.4 Ordentliche Kapitalerhöhung

Bei einer ***ordentlichen (effektiven) Kapitalerhöhung*** nach §§ 182 – 191 AktG beziehungsweise §§ 55 – 57a GmbHG werden der Gesellschaft von außen neue Eigenmittel zugeführt und es werden dafür neue Anteile gewährt.[35] Die neuen Mittel können der Gesellschaft nach § 183 AktG beziehungsweise § 56 GmbHG auch als Sacheinlage zur Verfügung gestellt werden. Bei AGs besteht dabei nach § 192 AktG die Möglichkeit einer bedingten Kapitalerhöhung, die sich nach der tatsächlichen Inanspruchnahme eines Umtausch- oder Bezugsrechtes auf die neuen Aktien richtet. Im Rahmen der in dieser Arbeit untersuchten Umwandlungen kommt es regelmäßig zu Kapitalerhöhungen. Grundsätzlich folgen diese den allgemeinen Vorgaben; nach den diesbezüglich maßgeblichen § 69 Abs. 1 S. 1 UmwG beziehungsweise § 55 Abs. 1 UmwG sind einige Regelungen aber nicht anwendbar.

Nicht aufgehoben wird dabei § 56 Abs. 2 AktG, nach dem bei AGs im Zuge von Kapitalerhöhungen ein Zeichnungsverbot durch abhängige oder in Mehrheitsbesitz stehende Unternehmen besteht. Die Vorschrift geht dabei offenkundig einher mit den oben dargestellten Einschränkungen des Anteilserwerbs durch ein abhängiges oder in Mehrheitsbesitz stehendes Unternehmen nach § 71d Abs. 1 S. 2 AktG.

Im Folgenden wird sich zeigen, dass es im Rahmen von Umwandlungen grundsätzlich dazu kommen kann, dass einer abhängigen Gesellschaft Anteile an der sie beherrschenden Gesellschaft zu gewähren sind für die Vermögensübertragung auf die herrschende Gesellschaft durch eine dritte Gesellschaft, an der die abhängige Gesellschaft vor der Maßnahme beteiligt ist. Es stellt sich hier also die Frage, inwieweit ein solcher Erwerb mit den grundsätzlichen aktiengesetzlichen Vorgaben kollidieren kann.[36]

---

[34] Für sich folgt anderes nur bei Einpersonengesellschaften; die beschriebenen Effekte heben sich für den Alleingesellschafter auf.

[35] Vgl. Veil in Schmidt/Lutter (2024), § 182 AktG, Rn. 2; Bayer in Lutter/Hommelhoff (2023), § 55 GmbHG, Rn. 2.

[36] An dieser Stelle vorweggenommen: Ein entsprechender Erwerb von Anteilen an einer beherrschenden Aktiengesellschaft ist sowohl bei Verschmelzungen, als auch bei Auf- und Abspaltungen sowie bei Ausgliederungen möglich. Dazu im Einzelnen in Kapitel 5.

Der Beteiligungswert der Gesellschaft, die eine ordentliche Kapitalerhöhung durchführt, steigt mit den ihr zugeführten neuen Mitteln $(\Delta Y_j > 0)$. Vor dem Hintergrund des angenommenen Kapitalmarktes können Alteigentümer sich dabei offenkundig keine Vorteile im Zuge einer Beteiligungsfinanzierung neuer Anteilseigner verschaffen. Diese haben immer Möglichkeit auszuweichen auf den Erwerb einer – im Vergleich vorteilhaften – Anlage zum Marktpreis. Die Ausgabe neuer Anteile für eine Gegenleistung mit einem höheren Wert als dem der Anteile nach der Maßnahme ist also ausgeschlossen.[37] In Frage kommt demgegenüber die Ausgabe neuer Anteile für eine Gegenleistung, deren Wert kleiner ist als der Wert der Anteile nach der Maßnahme. Bei AGs ist dann also der Bezugskurs kleiner als der sich einstellende Mischkurs, was bei einer Gesellschaft mit Stückaktien (und bei Nennbetragsaktien, bei denen alle ausstehenden Aktien und die neuen Aktien den gleichen Nennbetrag haben)[38] einfach bedeutet, dass der Ausgabekurs unterhalb des Kurses der ausstehenden Aktien vor der Maßnahme liegt.[39] Es geht hier also um eine Situation, in der mit der Einlage ein unverhältnismäßig hoher Anteil am Beteiligungswert erlangt wird. Das hängt zusammen mit § 186 AktG, der Aktionären grundsätzlich ein Bezugsrecht im Umfang ihrer Beteiligungsquote einräumt, so dass sie die Verwässerung ihrer Anteile verhindern können.[40] Eine entsprechende Berechtigung wird auch ohne explizite Vorgabe im GmbHG für die Gesellschafter einer GmbH bei einer (ordentlichen) Erhöhung des Stammkapitals angenommen.[41] Diese Vorgabe ist nach § 69 Abs. 1 S. 1 UmwG nicht anwendbar, also für Kapitalerhöhungen im Rahmen von Umwandlungen irrelevant.

Die resultierenden Zusammenhänge werden hier deshalb nur kurz dargestellt: In den beschriebenen Fällen haben die veräußerbaren Bezugsrechte der vor der Maßnahme ausstehenden Aktien beziehungsweise der entsprechenden Geschäftsanteile einen Wert. Dieser stimmt betragsmäßig mit der resultierenden Wertverwässerung überein. Für einen geringeren Gegenwert würden die Bezugsrechte nicht veräußert, weil ihre Ausübung im Vergleich vorteilhaft wäre. Mit der Veräußerung eines Bezugsrechtes zu einem entsprechenden Preis wird der sinkende Wert der alten Anteile also marktgerecht entschädigt. Der Vorteil, die neuen Anteile für eine Gegenleistung mit einem zu niedrigen Wert erwerben zu können, wird auf der anderen Seite ausgeglichen, weil er für einen Preis in entsprechender Höhe erst erkauft werden muss. Im Ergebnis kann also auch durch

---

[37] Vgl. Drukarczyk/Lobe (2014), S. 345; Drukarczyk (1993), S. 95.

[38] Vgl. Drukarczyk/Lobe (2014), S. 345 f.

[39] Vgl. Hillier u. a. (2017), S. 393 f.

[40] Vgl. Veil in Schmidt/Lutter (2024), § 186 AktG, Rn. 2, 4.

[41] Vgl. Tebben in Scholz (2024), § 55 GmbHG, Rn. 42.

die Ausgabe neuer Anteile gegen eine im Verhältnis zu geringe Einlage nichts an den Vermögenspositionen der Beteiligten geändert werden. Welcher Bezugskurs (welche Entsprechung bei neuen Geschäftsanteilen) festgelegt wird, ist insoweit also irrelevant.[42] Die Wertverschiebungen zwischen den Anteilen werden ausgeglichen durch unmittelbare Transaktionen zwischen den Inhabern der alten und der neuen Anteile. Die durch die neuen Anteile vermittelten überproportionalen Beteiligungsquoten spiegeln sich dabei wider in einem stärkeren Anstieg des Nennkapitals der Gesellschaft.[43] Im Ergebnis resultiert für einen Gesellschafter, der vor der Maßnahme Aktien beziehungsweise Geschäftsanteile hält, also immer eine wirtschaftliche Situation, die mit derjenigen übereinstimmt, zu der es kommt, wenn der Ausgabekurs neuer Anteile ihrem Wert nach der Maßnahme entspricht und ein Ausgleich über die Preisbildung von Bezugsrechten nicht erforderlich ist.[44] Für die Entwicklung des Nennkapitals und die Entwicklung des Beteiligungswertes der Gesellschaft resultieren damit auch bei einer ordentlichen Kapitalerhöhung außerhalb von Umwandlungen die folgenden Zusammenhänge:

Um den Betrag, um den das Nennkapital einer Kapitalgesellschaft erhöht wird $\left(\Delta K_j^I\right)$, steigt zugleich das effektive Nennkapital der Gesellschaft $\left(\Delta K_j^{II}\right)$:

$$\Delta K_j^{II} = \left(K_j^I + \Delta K_j^I - k_j^{eA}\right) - \left(K_j^I - k_j^{eA}\right) = \Delta K_j^I \tag{3.4}$$

Sieht man von einer verhältniswahrenden Kapitalerhöhung ab, leisten dabei die bisherigen Anteilseigner Einlagen mit Werten nicht im Verhältnis ihrer Beteiligungsquoten oder es kommen neue Anteilseigner hinzu. Die neuen Mittel werden der Gesellschaft nur zur Verfügung gestellt, wenn die im Gegenzug erhaltenen Anteile wenigstens ihren Wert aufweisen.[45] Mit der Anteilsgewährung werden die alten Beteiligungen an der Gesellschaft verwässert $\left(x_{AE,j} \cdot \left(K_j^{II} / \left(K_j^{II} + \Delta K_j^I\right)\right) < x_{AE,j}\right)$. Der Wert der neuen Mittel muss das mittelbar wenigstens ausgleichen, damit die Maßnahme von dieser Seite akzeptiert wird.[46]

[42] Vgl. Drukarczyk/Lobe (2014), S. 345 f.; Hillier u. a. (2017), S. 394 f.

[43] Vgl. Drukarczyk/Lobe (2014), S. 346.

[44] Vgl. Terberger/Schmidt (1997), S. 223.

[45] Vgl. Terberger/Schmidt (1997), S. 225.

[46] Vgl. Terberger/Schmidt (1997), S. 224.

3.5 Veräußerung eigener Anteile

Eine Kapitalgesellschaft kann eigene Anteile wieder veräußern.[47] Auch wenn dabei keine neuen Aktien beziehungsweise keine neuen Geschäftsanteile geschaffen werden und die grundsätzlichen Vorgaben zur Kapitalaufbringung damit nicht gelten,[48] entspricht eine entgeltliche Veräußerung eigener Anteile wirtschaftlich einer Kapitalerhöhung gegen Bar- oder Sacheinlage.[49] Findet die Maßnahme nicht verhältniswahrend statt – werden die Anteile also nicht entsprechend ihren Beteiligungsquoten von den bisherigen Anteilseignern erworben – resultieren demnach die gleichen Systematiken, die im Zusammenhang mit den neuen Anteilen bei einer nicht verhältniswahrenden effektiven Kapitalerhöhung festzustellen sind.[50] Auch hier kommt es also zu einer Steigerung des Beteiligungswertes der Gesellschaft $\left(\Delta Y_j > 0\right)$.

$k_j^{eA(-)}$ bezeichnet dabei im Folgenden allgemein das Nennkapital vormaliger eigener Anteile einer Gesellschaft, beschreibt hier also das Nennkapital entgeltlich veräußerter eigener Anteile. Mit der Veräußerung dieser Anteile steigt das effektive Nennkapital der Gesellschaft um den Betrag $k_j^{eA(-)}$:

$$\Delta K_j^{II} = \left(K_j^I - \left(k_j^{eA} - k_j^{eA(-)}\right)\right) - \left(K_j^I - k_j^{eA}\right) = k_j^{eA(-)} \tag{3.5}$$

Der höchste Wert, den die Gegenleistung für die Veräußerung der Anteile aufweisen kann, entspricht dem durch diese Anteile vermittelten Anteil am Beteiligungswert der Gesellschaft nach der Maßnahme. Mit der Erhöhung des effektiven Nennkapitals kommt es zu einer Verwässerung aller bislang einer Beteiligung an der Gesellschaft zugrunde liegen Anteile $\left(x_{AE,j} \cdot K_j^{II} / \left(K_j^{II} + k_j^{eA(-)}\right) < x_{AE,j}\right)$. Über den Wert der Gegenleistung beziehungsweise die mit dieser einhergehenden Steigerung des Beteiligungswertes der Gesellschaft muss diese Verwässerung mittelbar wenigstens ausgeglichen werden.

---

[47] Vgl. Bezzenberger in Schmidt/Lutter (2024), § 71 AktG, Rn. 78a; Verse in Scholz (2022), § 33 GmbHG, Rn. 145.

[48] Vgl. Bezzenberger in Schmidt/Lutter (2024), § 71 AktG, Rn. 79a; Verse in Scholz (2022), § 33 GmbHG, Rn. 146.

[49] Vgl. Bezzenberger in Schmidt/Lutter (2024), § 71 AktG, Rn. 79; Verse in Scholz (2022), § 33 GmbHG, Rn. 146; Bundestag-Drucksache 16/10067, S. 65.

[50] Vgl. Bezzenberger in Schmidt/Lutter (2024), § 71 AktG, Rn. 79b; Verse in Scholz (2022), § 33 GmbHG, Rn. 146, 153.

3.6 Kapitalerhöhung aus Gesellschaftsmitteln und Kapitalherabsetzung

Zu den genannten Maßnahmen treten die Möglichkeiten, das Nennkapital einer Kapitalgesellschaft durch eine Kapitalerhöhung aus Gesellschaftsmitteln zu erhöhen oder mit einer Kapitalherabsetzung das Nennkapital der Gesellschaft zu mindern. Das sind Maßnahmen, die zwar das Nennkapital umstrukturieren, aber für sich keine Auswirkungen auf den Beteiligungswert der Gesellschaft haben $\left(\Delta Y_j = 0\right)$.

Bei einer ***Kapitalerhöhung aus Gesellschaftsmitteln*** nach §§ 207 – 220 AktG beziehungsweise §§ 57c – 57o GmbHG werden Rücklagen der Kapitalgesellschaft in Nennkapital umgewandelt.

Damit kommt es zu einer Erhöhung des Nennkapitals und des effektiven Nennkapitals $\left(K_j^I + \Delta K_j^I \text{ und } K_j^{II} + \Delta K_j^I\right)$. § 57j GmbHG und § 212 AktG bestimmen, dass das durch die Maßnahme entstehende Grund- beziehungsweise Stammkapital den bisherigen Anteilseignern im Verhältnis ihrer Anteile am ausgewiesenen Nennkapital vor der Maßnahme zukommen. Das kann nach § 57h GmbHG entweder durch die Zuweisung im Zuge der Maßnahme neu entstandener Anteile oder durch die Erhöhung des Nennbetrags der bestehenden Geschäftsanteile stattfinden. Für eine AG sieht § 212 AktG die entsprechende Verteilung neuer Aktien vor. Nach § 207 Abs. 2 AktG kann darauf bei Gesellschaften mit Stückaktien verzichtet werden. Eine Grundkapitalerhöhung führt ohne weiteres dazu, dass das Nennkapital, das einer bestehenden Stückaktie zuzurechnen ist, sich im Verhältnis zur Gesamtzahl aller Stückaktien erhöht. Die Situation stimmt also systematisch mit der Erhöhung des Nennbetrages von Nennbetragsaktien beziehungsweise von Geschäftsanteilen bei einer GmbH überein, so dass die Vorschrift sachgerecht ist.[51]

Nach § 215 AktG beziehungsweise § 57 l GmbHG nehmen eigene Anteile an der Kapitalerhöhung teil. Das gilt auch für Anteile, die von § 71d Abs. 1 S. 2 AktG erfasst werden[52], und nach § 328 Abs. 4 AktG auch für solche, deren Rechte nach § 328 Abs. 1 S. 2 AktG grundsätzlich nicht ausgeübt werden können. Auch das führt zu einer zutreffenden Verteilung. Durch das Einbeziehen der eigenen Anteile wird deren Einfluss auf das effektive Nennkapital gerade neutralisiert; die Gesellschafter werden also im Verhältnis untereinander zu ihrem

[51] Vgl. Veil in Schmidt/Lutter (2024), § 207 AktG, Rn. 11.

[52] Vgl. Veil in Schmidt/Lutter (2024), § 215 AktG, Rn. 3.

bisherigen Anteil am effektiven Nennkapital bedacht.[53] Das Verhältnis der den Gesellschaftern zugeteilten Beträge stimmt mit dem überein, dass sich ergeben würde, wenn die Zuteilung der neuen Anteile oder die Erhöhung des Nennbetrages der bestehenden anhand des Anteils am effektiven Nennkapital umgesetzt und eigene Anteile dabei ausgeschlossen würden. Die Erhöhung des Nennkapitals wäre bei Ausschluss eigener Anteile um den anteilig auf diese entfallenden Nennkapitalbetrag niedriger anzusetzen.

Auch bei ***ordentlichen Kapitalherabsetzungen*** nach §§ 222 – 228 AktG beziehungsweise § 58 GmbHG und ***vereinfachten Kapitalherabsetzungen*** (§§ 229 – 236 AktG, §§ 58a – 58f GmbHG) kommt es im Verhältnis der Anteilseigner zu keinen Veränderungen. Das Nennkapital und das effektive Nennkapital der Gesellschaft werden um den Herabsetzungsbetrag kleiner $\left(K_j^I + \Delta K_j^I\right.$ und $\left.K_j^{II} + \Delta K_j^I \text{ mit } \Delta K_j^I < 0\right)$. Der Nennbetrag der Aktien beziehungsweise Geschäftsanteile ist dementsprechend im Verhältnis ihrer Anteile am Nennkapital vor der Maßnahme zu reduzieren.[54] Eigene Anteile sind dabei in gleicher Weise zu behandeln. Bei einer AG mit Stückaktien passt sich der jeweilige rechnerische Nennbetrag der ausstehenden Aktien und der eigenen Aktien ohne weiteres an.[55]

Anders als die effektive Kapitalerhöhung und die Veräußerung eigener Anteile entsprechen sich der Erwerb eigener Anteile und die ordentliche (oder vereinfachte) Kapitalherabsetzung wirtschaftlich nicht.

---

[53] Vgl. Veil in Schmidt/Lutter (2024), § 215 AktG, Rn. 2; Lieder in MüKoGmbHG (2025), § 57l GmbHG, Rn. 4.

[54] Vgl. Veil in Schmidt/Lutter (2024), § 222 AktG, Rn. 32; Veil in Schmidt/Lutter (2024), § 229 AktG, Rn. 13; Kleindiek in Lutter/Hommelhoff (2023), § 58 GmbHG, Rn. 11; Kleindiek in Lutter/Hommelhoff (2023), § 58a GmbHG, Rn. 27.

[55] Vgl. Veil in Schmidt/Lutter (2024), § 222 AktG, Rn. 33.

4 Finanzierungsbeziehungen von Kapitalgesellschaften

4.1 Grundlagen

Bis hier wurde eine einstufige Finanzierung von Kapitalgesellschaften betrachtet. Individuen stellen dabei finanzielle Mittel zur Verfügung, die im Rahmen der Gesellschaft zur Verwirklichung von Investitionen verwendet werden.

Tatsächlich werden Kapitalgesellschaften regelmäßig zum Teil oder vollständig nicht unmittelbar durch Individuen finanziert. Das liegt offenkundig daran, dass eine Kapitalgesellschaft die ihr zur Verfügung stehenden Mittel verwenden kann, um mit ihnen andere Kapitalgesellschaften zu finanzieren. Sie hat also die Möglichkeit, diese mit Eigen- und Fremdkapital auszustatten und damit mittelbar Überschüsse zu erzielen.

Mögliche spezielle zahlungswirksame Rechtsfolgen und andere zahlungswirksame Folgen der Finanzierung von Kapitalgesellschaften durch andere Kapitalgesellschaften sind hier entsprechend den getroffenen Annahmen nicht zu berücksichtigen. Für die Bewertung einzelner Finanzierungstitel macht es damit keinen Unterschied, wenn sie von einer Kapitalgesellschaft gehalten werden; der Preis entspricht unverändert dem Marktpreis des ihnen jeweils zugrunde liegenden Zahlungsstroms.

Wie beschrieben, hat eine Kapitalgesellschaft keine Konsumbedürfnisse und finanziert eine andere Kapitalgesellschaft folglich immer vor dem Hintergrund der Ziele ihrer eigenen Kapitalgeber. Am Anfang jeder Finanzierungskette muss also jedenfalls eine erste Finanzierung durch wenigstens einen Menschen stehen.

Der Zahlungsstrom jedes Realinvestitionsobjektes ist hier also unabhängig davon, inwieweit er sich durch das Zwischenschalten von Kapitalgesellschaften in einer Mehrzahl von Eigen- und Fremdkapitaltiteln wiederfindet, immer vollständig einem Individuum oder mehreren Individuen zuzuordnen, wird also

D. Klumpe, *Die Umwandlung von Kapitalgesellschaften*,
https://doi.org/10.1007/978-3-658-51872-1_4

von diesem oder diesen vollständig wirtschaftlich getragen. Den Darstellungen in Kapitel 2 entsprechend ändert sich daran auch nichts, wenn nicht nur die Finanzierung einer Kapitalgesellschaft, mit der ein Realinvestitionsobjekt umgesetzt wird, mehrstufig gestaltet ist, sondern das Investitionsobjekt selbst auf verschiedene mehr oder weniger komplex finanzierte Kapitalgesellschaften aufgeteilt wird.

Stattet eine Kapitalgesellschaft eine andere mit Fremdkapital aus, muss die schuldende Einheit Teile der Einzahlungen ihres Zahlungsstroms für die Zins- und Tilgungszahlungen verwenden. Der Wert fremdfinanzierter Überschüsse wird dabei nur bei der finanzierenden Einheit erfasst. Bei einer Fremdfinanzierung gehen die Zahlungen an die Kapitalgeber zulasten des Wertes des Eigenkapitals und damit zulasten des Beteiligungswertes der finanzierten Einheit; demgegenüber gehen die Zahlungen an die Inhaber von Eigenkapitaltiteln gerade nicht zulasten des Beteiligungswertes, sondern legen diesen fest.

4.2 Bestimmung eines Verbundes von Kapitalgesellschaften

Die bis hier allgemein beschriebenen Zusammenhänge werden im Folgenden formalisiert und präzisiert mit der Modellierung eines Verbundes von Kapitalgesellschaften. Die Analyse wird dazu – ausgehend von den entsprechenden Darstellungen in Kapitel 2 – allgemein auf eine Menge von

$$\mathcal{N} = \{n \in \mathbb{Z} \wedge 1 \leq n \leq N\}$$

Kapitalgesellschaften ausgeweitet. Die Abgrenzung von $\mathcal{N}$ erfolgt nach den Finanzierungsverträgen, die abgeschlossen werden können.

Eine Kapitalgesellschaft ist dabei ein Element der Menge $\mathcal{N}$, wenn die Kapitalgesellschaften, die sie eigen- und fremdfinanzieren kann, sowie die Kapitalgesellschaften, die ihr Eigen- und Fremdkapital zur Verfügung stellen können, ebenfalls Elemente der Menge $\mathcal{N}$ sind. Das heißt, dass aus Sicht der Gruppenunternehmen Finanzierungsbeziehungen zu nicht $\mathcal{N}$ zugehörigen Kapitalgesellschaften ausgeschlossen sind.

Keine Kapitalgesellschaft der Gruppe verfügt also über Eigen- oder Fremdkapital von außenstehenden Kapitalgesellschaften und keine stellt außenstehenden Kapitalgesellschaften Eigen- oder Fremdkapital zur Verfügung.

Neben die Eigen- und Fremdfinanzierung durch andere Einheiten der Gruppe tritt die unmittelbare Finanzierung der Kapitalgesellschaften durch Individuen. Es wird angenommen, dass es in diesem Zusammenhang eine Menge M von Menschen gibt, die den Einheiten des Verbundes Eigenkapital zur Verfügung stellen.

Die Menge M ist also mit

$$M = \{m|m \text{ ist ein Individuum, das eine Eigenkapitalbeteiligung an mindestens einer Kapitalgesellschaft } n \in N \text{ hält}\}$$

gegeben. Unabhängig davon, ob sie eine Eigenkapitalbeteiligung an einer oder mehreren Einheiten des Verbundes halten, wird ausgeschlossen, dass Individuen den Gesellschaften der Gruppe Fremdkapital zur Verfügung stellen.

Die Kapitalgesellschaften des Verbundes können den außenstehenden Individuen ihrerseits keine finanziellen Mittel zur Verfügung stellen. Das heißt, die Individuen erhalten keine Kredite von den Gruppenunternehmen für Konsum oder Investitionen – beispielsweise in der Form, dass sie diese Mittel dann wieder Gesellschaften der Gruppe als Eigenkapital zur Verfügung stellen – und auch keine mit Eigenkapital vergleichbaren Mittel, die sie im Rahmen eines unmittelbaren Wirtschaftens als Individuen einsetzen könnten.

Mit den Kapitalgesellschaften der Menge N wird ein den Darstellungen des Kapitels 2 entsprechendes Realinvestitionsobjekt umgesetzt. Teilprojekte können also jeweils auf Ebene der Einheiten der Gruppe umgesetzt werden, ohne dass sich am Marktwert des mit dem Vorhaben insgesamt generierten stochastischen Zahlungsstroms etwas ändert.

Die Abgrenzung des Verbundes, also die beschriebene Festlegung der Finanzierungmöglichkeiten, folgt aus der oben erläuterten Notwendigkeit, dass jede Kapitalgesellschaft zumindest mittelbar durch Menschen finanziert sein muss. Bei einer Finanzierung durch außenstehende Kapitalgesellschaften würde die Analyse unterwegs abgebrochen, weil die Teilnahme an einem Zahlungsprofil über eine Finanzierungskette auf diese Weise nicht bis zu ihrem Ausgangspunkt betrachtet werden könnte. Die Einschränkung, dass die initialen Finanzierungen durch Individuen ausschließlich mit der Eigenfinanzierung von Gesellschaften des Verbundes stattfinden können, ist in diesem Zusammenhang zwar nicht unbedingt erforderlich; wie beschrieben müssen die von Individuen gehaltenen Eigen- und Fremdkapitaltitel den gesamten Zahlungsstrom der Realinvestition abbilden. Weil eine solche Möglichkeit einer Fremdfinanzierung die Analyse aber weniger übersichtlich macht ohne dabei am Ende einen Erkenntnisgewinn zu liefern, wird sie dennoch ausgeschlossen.

Eine Kapitalüberlassung durch Gesellschaften des Verbundes an Individuen würde im Ergebnis dazu führen, dass Individuen unter Einschaltung von Kapitalgesellschaften mittelbar am unmittelbaren Wirtschaften von anderen Menschen teilnehmen würden. Die in den Finanzierungstiteln der dem Verbund zugehörigen Kapitalgesellschaften erfassten Werte von Realinvestitionen würden damit, wie bei einer Finanzierung nicht dem Verbund zugehöriger Kapitalgesellschaften, über den Wert der ursprünglich mit den Einheiten der Gruppe tatsächlich umgesetzten Realinvestitionen hinausgehen.

4.3 Finanzierungsbeziehungen zwischen Kapitalgesellschaften

Die Bestimmung des Beteiligungswertes einer Kapitalgesellschaft erfolgte bisher für den Fall, dass ihr ausschließlich Menschen Eigen- und Fremdmittel zur Verfügung stellen.

Der Wert der zukünftigen sicheren Zahlungen einer bestimmten Kapitalgesellschaft n an das außenstehende Individuum m für die Überlassung von Fremdkapital, wird mit $F_{m,n}$ bezeichnet. Nach der oben getroffenen Abgrenzung beteiligen sich außenstehende Individuen ausschließlich am Eigenkapital der Einheiten des Verbundes. Es gilt hier also

$$F_{m,n} = 0 \; \forall \; m \in M \; \wedge \; n \in N.$$

Eine Eigenkapitalbeteiligung des Individuums m an einer Kapitalgesellschaft n wird mit der Beteiligungsquote $x_{m,n}$ beschrieben. Der Wert dieser Beteiligung beträgt $x_{m,n} \cdot Y_n$. Für die Summe aller Beteiligungen von Individuen an der Gesellschaft n wird

$$x_{\boldsymbol{M},n} = \sum_{m}^{M} x_{m,n} \tag{4.1}$$

definiert. Ohne dass auch eine Eigenfinanzierung einer Kapitalgesellschaft n durch andere Kapitalgesellschaften stattfindet, gilt also $x_{\boldsymbol{M},n} = 1$.

Für den Beteiligungswert der Kapitalgesellschaft n, mit der ein Realinvestitionsobjekt mit dem unsicheren Zahlungsstrom $\tilde{w}_n$ verwirklicht wird, folgt bis hier also

$$Y_n = W_n - \sum_{m}^{M} F_{m,n} = W_n. \tag{4.2}$$

Die nunmehr auch in Frage kommenden Finanzierungsverträge mit anderen Kapitalgesellschaften des oben bestimmten Verbundes sind ebenso im Einzelnen zu berücksichtigen.

Jeder Kapitalgesellschaft der Gruppe steht es dabei grundsätzlich offen, jeder anderen Einheit des Verbundes in beliebiger Höhe und in jedem Verhältnis Eigen- und Fremdkapital zur Verfügung zu stellen und sich davon unabhängig selbst in beliebiger Höhe und jedem Verhältnis bei den anderen Einheiten zu finanzieren. Dabei ist die Kapitalstruktur jeder einzelnen Gesellschaft allerdings nur insoweit variabel, als ihre Einzahlungsverteilung sichere Teilströme aufweist.

Im Folgenden wird mit dem Index n' eine beliebige Kapitalgesellschaft n des oben bestimmten Verbundes von N Kapitalgesellschaften gekennzeichnet.

Der Wert der verzinsten Rückzahlungen der der Kapitalgesellschaft n' von einer Kapitalgesellschaft n als Fremdkapital zur Verfügung gestellten Mittel wird mit $F_{n,n'}$ bezeichnet.

Ist $F_{n'}^{V}$ der Wert aller Verpflichtungen aus Fremdkapitalverträgen der Kapitalgesellschaft n', resultiert hier wegen der nicht stattfindenden Fremdfinanzierung durch außenstehende Individuen

$$F_{n'}^{V} = \sum_{n}^{N} F_{n,n'}. \tag{4.3}$$

Dass dabei jedenfalls $F_{n',n'} = 0$ gilt, folgt aus dem Selbstkontrahierungsverbot des § 181 Bürgerliches Gesetzbuch (BGB).

Stellt die Kapitalgesellschaft n' ihrerseits einer anderen Kapitalgesellschaft n Teile ihrer Mittel als Fremdkapital zur Verfügung, erwirbt sie damit den Anspruch auf deren sichere verzinste Rückzahlung. Der unsichere Zahlungsstrom ihres Realvermögens wird also ergänzt um die sicheren Zahlungen aus der Fremdfinanzierung einer anderen Gesellschaft. Der Wert der Ansprüche aus Fremdkapitalverträgen der Gesellschaft n' gegenüber einer Gesellschaft n wird dabei mit $F_{n',n}$ beschrieben.

Mit $F_{n'}^{A}$ als Gesamtwert aller Ansprüche aus Fremdkapitalverträgen der Kapitalgesellschaft n', folgt

$$F_{n'}^{A} = \sum_{n}^{N} F_{n',n}. \tag{4.4}$$

Unverändert gilt hier $F_{n',n'} = 0$ wegen des Selbstkontrahierungsverbots des § 181 BGB.

Jede Zahlung, die innerhalb des Verbundes auf Grundlage eines Fremdkapitalvertrages stattfindet, und der Wert dieser Zahlung werden also zweimal erfasst: Auf Ebene der finanzierenden Einheit als Einzahlung beziehungsweise als positiver Wert und auf Ebene der finanzierten Einheit als Auszahlung beziehungsweise als negativer Wert. Stellt die Kapitalgesellschaft n' einer Kapitalgesellschaft n Teile ihrer eigenen Mittel als Eigenkapital zur Verfügung, kommt ihr mit $x_{n',n} \cdot Y_n$ im Umfang der resultierenden Beteiligungsquote $x_{n',n}$ der Wert des Beteiligungswertes der Gesellschaft n zu. Die Ermittlung der Beteiligungsquoten erfolgt dabei, wie in Abschnitt 3.2 erläutert. Damit gilt hier jedenfalls $x_{n',n'} = 0$. Bezeichnet $Y_{n'}^{\boldsymbol{P}}$ den Gesamtwert aller Anteile, die die Gesellschaft n' an anderen Kapitalgesellschaften des Verbundes hält (also das Portfolio der Gesellschaft n' von Eigenkapitaltiteln), folgt

$$Y_{n'}^{\boldsymbol{P}} = \sum_{n}^{N} x_{n',n} \cdot Y_n. \tag{4.5}$$

Ist eine Kapitalgesellschaft n' am Eigenkapital einer anderen Kapitalgesellschaft n beteiligt, dann wird der Beteiligungswert der finanzierten Gesellschaft einmal für sich und im Umfang der Beteiligungsquote $x_{n',n}$ zudem im Beteiligungswert der finanzierenden Einheit erfasst, was sich wiederum auswirkt auf den Wert der Anteile an dieser Gesellschaft.

Vorausgesetzt werden mit $Y_{n'}^{\boldsymbol{P}}$ allerdings bekannte Beteiligungswerte der Gesellschaften, an denen die Anteile gehalten werden. Offenkundig müssen diese aber ebenfalls für sich ermittelt werden und sind dabei gegebenenfalls selbst von den Beteiligungswerten anderer Einheiten der Gruppe abhängig. Die damit auftretenden Bewertungsprobleme werden in den folgenden Abschnitten betrachtet.

Für die Kapitalgesellschaft resultiert insgesamt ein Zahlungsstrom, der sich zusammensetzt aus den unsicheren Einzahlungsüberschüssen ihres Realvermögens, der sicheren verzinsten Rückzahlung von ihr als Fremdkapital anderen Kapitalgesellschaften zur Verfügung gestellter Mittel und den unsicheren Einzahlungen aus ihren Anteilen an anderen Kapitalgesellschaften sowie den sicheren Auszahlungen in Form der verzinsten Rückzahlung des ihr durch andere Einheiten der Gruppe zur Verfügung gestellten Fremdkapitals.

Für den Beteiligungswert jeder Kapitalgesellschaft n des Verbundes folgt im Ergebnis

$$Y_n = W_n + F_n^A + Y_n^P - F_n^V. \tag{4.6}$$

4.4 Mehrstufige und wechselseitige Finanzierungsbeziehungen

Die mit der Finanzierung von Kapitalgesellschaften durch andere Kapitalgesellschaften möglichen mehrstufigen und unmittelbar sowie mittelbar wechselseitigen finanziellen Verflechtungen erstrecken sich auf die Fremd- und Eigenfinanzierungsbeziehungen.[1]

Der Wert einer mit Fremdkapital finanzierten Investition wird nur bei der finanzierenden Einheit erfasst. Die Überschüsse unmittelbar fremdfinanzierter Realinvestitionen gehen damit auch bei mehrstufigen Fremdfinanzierungsketten nur einmal in einen Beteiligungswert ein und zwar dann, wenn die als Fremdkapital zur Verfügung gestellten Mittel auf Ebene der finanzierenden Gesellschaft eigenfinanziert sind. Das heißt, die aus Fremdfinanzierungen resultierenden Zahlungen sind unabhängig von den im Übrigen geschlossenen Finanzierungsverträgen, auch wenn sie ein Element in mehrstufigen und wechselseitigen Finanzierungsbeziehungen sind.

Stellen sich also die Kapitalgesellschaft n' und die Kapitalgesellschaft n gegenseitig Fremdkapital zur Verfügung, stehen sich nach Verrechnung der Werte der gegeneinander bestehenden Ansprüche und Verpflichtungen ein überschießender Anspruch und eine betragsmäßig identische überschießende Verpflichtung gegenüber:

[1] Die Inhalte dieses Abschnitts (4.4) und die Inhalte des anschließenden Abschnitts 4.5 greifen umfassend auf die Darstellungen und dabei insbesondere auf die Methodik von Braeß/Karten (1967), S. 259 ff. zurück. Dort wird aber nicht von Unternehmenswerten ausgegangen, wie sie in dieser Arbeit betrachtet werden.

$$F_{n',n} - F_{n,n'} = (-1) \cdot \left(F_{n,n'} - F_{n',n}\right)$$

Hält die Kapitalgesellschaft n' Anteile an der Gesellschaft n und stellt dieser auch Fremdkapital zur Verfügung, nimmt sie damit an verschiedenen Bereichen des Zahlungsstroms dieser Einheit teil. Geht man zur Veranschaulichung davon aus, dass die Gesellschaft n an Vermögen mit einem positiven Wert ausschließlich über Realvermögen verfügt und Fremdkapital nur durch die Gesellschaft n' zur Verfügung gestellt bekommt, folgt

$$x_{n',n} \cdot Y_n + F_{n',n} = x_{n',n} \cdot \left(W_n - F_{n',n}\right) + F_{n',n}.$$

Stellt bei einer ansonsten unveränderten Situation nun wieder auch die Gesellschaft n der Gesellschaft n' Fremdkapital zur Verfügung, resultiert

$$\begin{aligned} x_{n',n} \cdot Y_n + F_{n',n} - F_{n,n'} &= x_{n',n} \cdot \left(W_n - F_{n',n} + F_{n,n'}\right) + F_{n',n} - F_{n,n'} \\ &= x_{n',n} \cdot W_n + \left(1 - x_{n',n}\right) \cdot \left(F_{n',n} - F_{n,n'}\right). \end{aligned}$$

Ist eine Kapitalgesellschaft also am Eigenkapital einer anderen Kapitalgesellschaft beteiligt, deren Saldo aus Ansprüchen und Verpflichtungen aus Fremdkapitalverträgen ihr gegenüber positiv ist, wird der negative Effekt der gegenseitigen Fremdfinanzierung auf ihren Beteiligungswert im Umfang der Beteiligungsquote an der anderen Gesellschaft wieder ausgeglichen. Übersteigen in einer solchen Konstellation die Ansprüche aus Fremdkapitalverträgen die entsprechenden Verpflichtungen, wird der positive Effekt auf den Beteiligungswert der Gesellschaft im Umfang ihrer Beteiligungsquote an der anderen Einheit neutralisiert.

Im Ergebnis ist es also möglich, die Werte von Ansprüchen und Verpflichtungen aus Fremdkapitalverträgen und die Werte von Realvermögen bei der Ermittlung der Beteiligungswerte zusammenzufassen. Dementsprechend wird

$$B_{n'} = W_{n'} + \sum_{n}^{N} F_{n',n} - \sum_{n}^{N} F_{n,n'} \tag{4.7}$$

definiert. B_n beschreibt also den Wert des gesamten Vermögens einer Kapitalgesellschaft n ohne die Werte der von ihr gehaltenen Anteile an anderen Kapitalgesellschaften.

Weil Fremdfinanzierungen annahmegemäß nur verbundintern möglich sind, folgt damit

$$\sum_{n}^{N} B_n = \sum_{n}^{N} W_n. \tag{4.8}$$

Besteht der bestimmte Verbund nun lediglich aus zwei Kapitalgesellschaften ($N = 2$) und findet eine Eigenfinanzierung zwischen diesen Einheiten nur einseitig statt, dann ist die damit einhergehende mehrmalige Erfassung von Werten offensichtlich. Sie entspricht dem Wert der von der finanzierenden Einheit gehaltenen Anteile:

$$\begin{aligned}
&x_{1,2} > 0, \quad x_{2,1} = 0 \\
&Y_1 = B_1 + x_{1,2} \cdot Y_2 \\
&Y_2 = B_2 \\
&\Rightarrow Y_1 + Y_2 = B_1 + \left(1 + x_{1,2}\right) \cdot B_2
\end{aligned}$$

Auf den Beteiligungswert der Gesellschaft 2 können außenstehende Individuen mit einer Eigenkapitalbeteiligung nur zugreifen, insoweit nicht die Gesellschaft 1 an dieser beteiligt ist:

$$\sum_{m}^{M} x_{m,2} = x_{M,2} = \left(1 - x_{1,2}\right)$$

Damit folgt

$$\begin{aligned}
x_{M,1} \cdot Y_1 + x_{M,2} \cdot Y_2 = Y_1 + \left(1 - x_{1,2}\right) \cdot Y_2 &= B_1 + x_{1,2} \cdot B_2 + \left(1 - x_{1,2}\right) \cdot B_2 \\
&= B_1 + B_2.
\end{aligned}$$

Die Summe der Werte der Beteiligungen der außenstehenden Individuen an beiden Gesellschaften entspricht also der Summe der Werte der B-Vermögen dieser Gesellschaften.

Auch wenn mehr als zwei Gesellschaften über Eigenkapitalbeteiligungen miteinander verbunden sind, kann eine sukzessive Ermittlung der Beteiligungswerte vom Ende der Beteiligungskette möglich sein, solange Eigenfinanzierungen nicht nur einseitig, sondern auch nur in eine Richtung erfolgen, also eine Tochtergesellschaft nur Anteile an Enkelgesellschaften, Urenkelgesellschaften und noch weiter nachgeordneten Einheiten hält und Enkelgesellschaften nur an Urenkelgesellschaften und noch weiter nachgeordneten Einheiten Beteiligungen halten und so weiter. Es bleibt dann dabei, dass der Beteiligungswert einer Kapitalgesellschaft der Summe der Werte ihres B-Vermögens und der Werte der anteiligen B-Vermögen der anderen Einheiten einer Gruppe entspricht. Für einen aus drei Kapitalgesellschaften ($N = 3$) bestehenden Verbund folgt dementsprechend:

$$
\begin{aligned}
&x_{1,2} > 0, \quad x_{1,3} > 0, \quad x_{2,3} > 0, \quad x_{2,1} = x_{3,1} = x_{3,2} = 0 \\
&Y_3 = B_3 \\
&Y_2 = B_2 + x_{2,3} \cdot Y_3 = B_2 + x_{2,3} \cdot B_3 \\
&Y_1 = B_1 + x_{1,2} \cdot Y_2 + x_{1,3} \cdot Y_3 \\
&\quad = B_1 + \left(1 + x_{1,2}\right) \cdot B_2 + \left(1 + x_{1,2} \cdot x_{2,3} + x_{2,3}\right) \cdot B_3
\end{aligned}
$$

Eine Beteiligung außenstehender Individuen an den drei Einheiten des Verbundes ist wieder nur insoweit möglich, wie diese nicht aneinander beteiligt sind. Der Wert der entsprechenden Anteile entspricht insgesamt auch hier der Summe der Werte der B-Vermögen der drei Gesellschaften:

$$
\begin{aligned}
x_{M,1} \cdot Y_1 + x_{M,2} \cdot Y_2 + x_{M,3} \cdot Y_3 &= Y_1 + \left(1 - x_{1,2}\right) \cdot Y_2 + \left(1 - x_{1,3} - x_{2,3}\right) \cdot Y_3 \\
&= B_1 + B_2 + B_3
\end{aligned}
$$

Bereits bei der Betrachtung eines Verbundes mit drei Gesellschaften und nur einseitigen Eigenfinanzierungen sind allerdings Konstellationen möglich, in denen die Ermittlung der Beteiligungswerte der Gesellschaften in der dargestellten Form nicht umsetzbar ist. Das folgt aus der Möglichkeit einer Rückbeteiligung durch eine Enkelgesellschaft.

Mit einer solchen kommt es zu einer mittelbaren wechselseitigen Eigenkapitalbeteiligung, mit der die Beteiligungswerte aller drei Einheiten voneinander abhängig sind:

$$
\begin{aligned}
&x_{1,2} > 0, \quad x_{2,3} > 0, \quad x_{3,1} > 0, \quad x_{1,3} = x_{2,1} = x_{3,2} = 0 \\
&Y_1 = B_1 + x_{1,2} \cdot Y_2, \; Y_2 = B_2 + x_{2,3} \cdot Y_3, \; Y_3 = B_3 + x_{3,1} \cdot Y_1 \\
&\Rightarrow Y_1 = \frac{B_1 + x_{1,2} \cdot B_2 + x_{1,2} \cdot x_{2,3} \cdot B_3}{1 - x_{1,2} \cdot x_{2,3} \cdot x_{3,1}} \\
&\Rightarrow Y_2 = \frac{B_2 + x_{2,3} \cdot B_3 + x_{2,3} \cdot x_{3,1} \cdot B_1}{1 - x_{1,2} \cdot x_{2,3} \cdot x_{3,1}}
\end{aligned}
$$

$$\Rightarrow Y_3 = \frac{B_3 + x_{3,1} \cdot B_1 + x_{3,1} \cdot x_{1,2} \cdot B_2}{1 - x_{1,2} \cdot x_{2,3} \cdot x_{3,1}}$$

In jeden Beteiligungswert gehen dabei Werte der anteiligen B-Vermögen mehrfach ein. Mit dem Divisor $1 - x_{1,2} \cdot x_{2,3} \cdot x_{3,1} (< 1)$ steigen die Beteiligungswerte dementsprechend jeweils über deren Summe.

Die für außenstehende Individuen verfügbaren Anteile an den Gesellschaften haben zusammen aber auch hier einen Wert, der der Summe der Werte der drei B-Vermögen der Gesellschaften entspricht:

$$\left(1 - x_{3,1}\right) \cdot Y_1 + \left(1 - x_{1,2}\right) \cdot Y_2 + \left(1 - x_{2,3}\right) \cdot Y_3 = B_1 + B_2 + B_3$$

Bei einem unmittelbar wechselseitigen Beteiligungsverhältnis halten zwei Kapitalgesellschaften Anteile an der jeweils anderen Einheit. Auch wenn der betrachtete Verbund aus Kapitalgesellschaften dabei nur aus zwei Einheiten besteht ($N = 2$), ist eine sukzessive Ermittlung der Beteiligungswerte in einem solchen Fall nicht möglich. Durch die Rückbeteiligungen steigen auch hier die Beteiligungswerte über die Summen der Werte der anteiligen B-Vermögen:

$$\begin{aligned}
&x_{1,2} > 0, \quad x_{2,1} > 0 \\
&Y_1 = B_1 + x_{1,2} \cdot Y_2,\; Y_2 = B_2 + x_{2,1} \cdot Y_1 \\
&\Rightarrow Y_1 = \frac{B_1 + x_{1,2} \cdot B_2}{1 - x_{1,2} \cdot x_{2,1}} \\
&\Rightarrow Y_2 = \frac{B_2 + x_{2,1} \cdot B_1}{1 - x_{1,2} \cdot x_{2,1}}
\end{aligned}$$

Eine Beteiligung an den beiden Gesellschaften ist für außenstehende Individuen wieder nur möglich, insoweit diese nicht aneinander beteiligt sind.

Der Wert der so verfügbaren Anteile entspricht zusammengenommen aber auch hier der Summe der Werte der B-Vermögen:

$$x_{M,1} \cdot Y_1 + x_{M,2} \cdot Y_2 = \left(1 - x_{2,1}\right) \cdot Y_1 + \left(1 - x_{1,2}\right) \cdot Y_2 = B_1 + B_2$$

Jede Form mehrstufiger Eigenfinanzierungen führt im Ergebnis also dazu, dass einmal eigenfinanzierte Werte erneut eigenfinanziert werden und die Summe der in einer Gruppe insgesamt vorhandenen Beteiligungswerte steigt.

4.5 Allgemeine Ermittlung der Beteiligungswerte finanziell verflochtener Kapitalgesellschaften

Auf Grundlage der bisher dargestellten Zusammenhänge sind allgemein die Beteiligungswerte der Kapitalgesellschaften eines wie beschrieben abgegrenzten, aus N Kapitalgesellschaften bestehenden Verbundes zu ermitteln. Die Berücksichtigung der grundsätzlich beliebigen finanziellen Verflechtungen der Einheiten der Gruppe über Fremd- und Eigenfinanzierungen findet mittels eines linearen Gleichungssystems statt. Auf diese Weise ist die simultane Berechnung beliebiger mehrstufig gleichgerichteter Finanzierungen und unmittelbar wechselseitiger und ein- oder mehrfacher Ringbeteiligungen beziehungsweise entsprechender Fremdfinanzierungen möglich.

Nach (4.6) gilt für den Beteiligungswert einer Kapitalgesellschaft n des darzustellenden Verbundes $Y_n = W_n + F_n^A + Y_n^P - F_n^V$. Entsprechend erfolgt die Berechnung für jedes einzelne Element der Menge N.

Schreibt man Y_n^P hier wieder in Form der einzelnen anteiligen Beteiligungswerte, die jede Gesellschaft des Verbundes im Umfang ihrer jeweiligen Beteiligungsquote an jeder anderen Gesellschaft des Verbundes hält, und berücksichtigt die N Einheiten des Verbundes in den Indizes, resultiert mit

$$\begin{array}{lllllllll}
Y_1 = & W_1 & +F_1^A & +x_{1,2} \cdot Y_2 & +x_{1,3} \cdot Y_3 & \cdots & +x_{1,N} \cdot Y_N & -F_1^V \\
Y_2 = & W_2 & +F_2^A & +x_{2,1} \cdot Y_1 & +x_{2,3} \cdot Y_3 & \cdots & +x_{2,N} \cdot Y_N & -F_2^V \\
Y_3 = & W_3 & +F_3^A & +x_{3,1} \cdot Y_1 & +x_{3,2} \cdot Y_2 & \cdots & +x_{3,N} \cdot Y_N & -F_3^V \\
\vdots & \vdots & \vdots & \vdots & \vdots & \ddots & \vdots & \vdots \\
Y_N = & W_N & +F_N^A & +x_{N,1} \cdot Y_1 & +x_{N,2} \cdot Y_2 & \cdots & +x_{N,N-1} \cdot Y_{N-1} & -F_{N-1}^V
\end{array} \tag{4.9}$$

ein System, das aus N (linearen) Gleichungen mit N Unbekannten (den Y_n-Werten) besteht und sich damit eindeutig lösen lässt.

Die Gesamtheit der zwischen den Einheiten der Gruppe bestehenden Eigenkapitalbeteiligungen kann mit der $N \times N$ – Matrix

$$\mathbf{X} = \begin{pmatrix} 0 & x_{1,2} & x_{1,3} & \cdots & x_{1,N} \\ x_{2,1} & 0 & x_{2,3} & \cdots & x_{2,N} \\ x_{3,1} & x_{3,2} & 0 & \cdots & x_{3,N} \\ \vdots & \vdots & \vdots & \ddots & \vdots \\ x_{N,1} & x_{N,2} & x_{N,3} & \cdots & 0 \end{pmatrix} \tag{4.10}$$

erfasst werden. Muttergesellschaften sind dabei in den Zeilen, Tochterunternehmen in den Spalten festgehalten. Im Folgenden wird **X** auch als Beteiligungsquotenmatrix bezeichnet. Jede einzelne Gesellschaft kann auch weiter (teilweise) durch außenstehende Individuen eigenfinanziert sein, so dass grundsätzlich

$$0 \leq \sum_{n}^{N} x_{n,n'} \leq 1 \tag{4.11}$$

für jede beliebige Kapitalgesellschaft n' des Verbundes gilt. Zu beachten ist dabei allerdings der beschriebene Zusammenhang, dass die Existenz jeder Kapitalgesellschaft immer auf die Konsumpräferenzen eines oder mehrerer Individuen zurückgeht. Wie eine einzelne Kapitalgesellschaft kann also auch eine Gruppe über Finanzierungsbeziehungen verbundener Kapitalgesellschaften nicht für sich existieren. Daraus folgt hier die Notwendigkeit zumindest einer Eigenkapitalbeteiligung eines Individuums an einer Gesellschaft des Verbundes. Im Umkehrschluss bedeutet das, dass die Summe sämtlicher Beteiligungsquoten $x_{n,n'}$ für wenigstens eine Gesellschaft n' kleiner als eins sein muss.

Für (4.9) folgt unter Verwendung von (4.10)

$$\begin{pmatrix} Y_1 \\ Y_2 \\ Y_3 \\ \vdots \\ Y_N \end{pmatrix} = \begin{pmatrix} W_1 \\ W_2 \\ W_3 \\ \vdots \\ W_N \end{pmatrix} + \begin{pmatrix} F_1^A \\ F_2^A \\ F_3^A \\ \vdots \\ F_N^A \end{pmatrix} + \begin{pmatrix} 0 & x_{1,2} & x_{1,3} & \cdots & x_{1,N} \\ x_{2,1} & 0 & x_{2,3} & \cdots & x_{2,N} \\ x_{3,1} & x_{3,2} & 0 & \cdots & x_{3,N} \\ \vdots & \vdots & \vdots & \ddots & \vdots \\ x_{N,1} & x_{N,2} & x_{N,3} & \cdots & 0 \end{pmatrix} \cdot \begin{pmatrix} Y_1 \\ Y_2 \\ Y_3 \\ \vdots \\ Y_N \end{pmatrix} - \begin{pmatrix} F_1^V \\ F_2^V \\ F_3^V \\ \vdots \\ F_N^V \end{pmatrix}. \tag{4.12}$$

In jeder Gleichung sind die bekannten W_n-, F_n^A- und F_n^V-Werte auf eine und die unbekannten Y_n-Größen auf die andere Seite zu bringen. Es resultiert

$$\begin{pmatrix} Y_1 \\ Y_2 \\ Y_3 \\ \vdots \\ Y_N \end{pmatrix} - \begin{pmatrix} 0 & x_{1,2} & x_{1,3} & \cdots & x_{1,N} \\ x_{2,1} & 0 & x_{2,3} & \cdots & x_{2,N} \\ x_{3,1} & x_{3,2} & 0 & \cdots & x_{3,N} \\ \vdots & \vdots & \vdots & \ddots & \vdots \\ x_{N,1} & x_{N,2} & x_{N,3} & \cdots & 0 \end{pmatrix} \cdot \begin{pmatrix} Y_1 \\ Y_2 \\ Y_3 \\ \vdots \\ Y_N \end{pmatrix}$$
$$= \begin{pmatrix} W_1 \\ W_2 \\ W_3 \\ \vdots \\ W_N \end{pmatrix} + \begin{pmatrix} F_1^A \\ F_2^A \\ F_3^A \\ \vdots \\ F_N^A \end{pmatrix} - \begin{pmatrix} F_1^V \\ F_2^V \\ F_3^V \\ \vdots \\ F_N^V \end{pmatrix} \tag{4.13}$$

und danach

$$\begin{pmatrix} 1 & -x_{1,2} & -x_{1,3} & \cdots & -x_{1,N} \\ -x_{2,1} & 1 & -x_{2,3} & \cdots & -x_{2,N} \\ -x_{3,1} & -x_{3,2} & 1 & \cdots & -x_{3,N} \\ \vdots & \vdots & \vdots & \ddots & \vdots \\ -x_{N,1} & -x_{N,2} & -x_{N,3} & \cdots & 1 \end{pmatrix} \cdot \begin{pmatrix} Y_1 \\ Y_2 \\ Y_3 \\ \vdots \\ Y_N \end{pmatrix}$$
$$= \begin{pmatrix} W_1 \\ W_2 \\ W_3 \\ \vdots \\ W_N \end{pmatrix} + \begin{pmatrix} F_1^A \\ F_2^A \\ F_3^A \\ \vdots \\ F_N^A \end{pmatrix} - \begin{pmatrix} F_1^V \\ F_2^V \\ F_3^V \\ \vdots \\ F_N^V \end{pmatrix}. \tag{4.14}$$

Unter Verwendung der Einheitsmatrix $\mathbf{E}_N$

$$\mathbf{E}_N = \begin{pmatrix} 1 & 0 & 0 & \cdots & 0 \\ 0 & 1 & 0 & \cdots & 0 \\ 0 & 0 & 1 & \cdots & 0 \\ \vdots & \vdots & \vdots & \ddots & \vdots \\ 0 & 0 & 0 & \cdots & 1 \end{pmatrix} \tag{4.15}$$

folgt für die erste Matrix auf der linken Seite von (4.14)

$$\begin{pmatrix} 1 & -x_{1,2} & -x_{1,3} & \cdots & -x_{1,N} \\ -x_{2,1} & 1 & -x_{2,3} & \cdots & -x_{2,N} \\ -x_{3,1} & -x_{3,2} & 1 & \cdots & -x_{3,N} \\ \vdots & \vdots & \vdots & \ddots & \vdots \\ -x_{N,1} & -x_{N,2} & -x_{N,3} & \cdots & 1 \end{pmatrix} = \mathbf{E}_N - \mathbf{X}. \tag{4.16}$$

Für die Vektoren der Werte der Realvermögen jeder Gesellschaft sowie die ihrer jeweiligen zusammengefassten Ansprüche aus der Fremdfinanzierung anderer Einheiten der Gruppe beziehungsweise der entsprechenden Verpflichtungen ihrer eigenen Fremdfinanzierung durch andere Einheiten der Gruppe werden die Bezeichnungen

$$\mathbf{W} = (W_1, \ldots, W_N)^{\mathsf{T}},$$
$$\mathbf{F}^{\mathbf{A}} = \left(F_1^A, \ldots, F_N^A\right)^{\mathsf{T}},$$
$$\mathbf{F}^{\mathbf{V}} = \left(F_1^V, \ldots, F_N^V\right)^{\mathsf{T}}$$

festgelegt. Für den Vektor der Beteiligungswerte der Gesellschaften des Verbundes wird

$$\mathbf{Y} = (Y_1, \ldots, Y_N)^{\mathsf{T}}$$

bestimmt. Unter Verwendung von (4.16) folgt damit für (4.14)

$$(\mathbf{E}_N - \mathbf{X}) \cdot \mathbf{Y} - \mathbf{W} + \mathbf{F}^{\mathbf{A}} - \mathbf{F}^{\mathbf{V}}. \tag{4.17}$$

Bei Darstellung der jeweiligen B-Vermögen mit dem Vektor

$$\mathbf{B} = (B_1, \ldots, B_N)^{\mathsf{T}}$$

entspricht (4.17)

$$(\mathbf{E}_N - \mathbf{X}) \cdot \mathbf{Y} = \mathbf{B}. \tag{4.18}$$

Der Vektor **Y** (also die gesuchten Beteiligungswerte) kann von hier aus mit Hilfe der Inverse

$$(\mathbf{E}_N - \mathbf{X})^{-1}$$

ermittelt werden. Es resultiert

$$\mathbf{Y} = (\mathbf{E}_N - \mathbf{X})^{-1} \cdot \mathbf{B}. \tag{4.19}$$

Auf die Werte innerhalb des Verbundes wird durch die bestimmte Gruppe außenstehender Individuen zugegriffen. Für deren zusammengefassten Beteiligungsquoten an den einzelnen Gesellschaften des Verbundes gilt nunmehr

$$0 \leq x_{\boldsymbol{M},n} = \sum_{m}^{M} x_{m,n} \leq 1 \quad \forall\, n \in N. \tag{4.20}$$

Wie im Zusammenhang mit den Beteiligungsquoten, mit denen die Gesellschaften der Gruppe aneinander beteiligt sind, ist hier zu beachten, dass das Vorhandensein wenigstens einer Beteiligung eines außenstehenden Individuums an einer Gesellschaft des Verbundes erforderlich ist. Es muss also wenigstens für eine Kapitalgesellschaft n' $x_{\boldsymbol{M},n'} > 0$ gelten.

Der Vektor dieser Beteiligungsquoten $\mathbf{x}_{\boldsymbol{M}}$ lässt sich für den Verbund insgesamt unter Verwendung eines Vektors aus Einsen ($\mathbb{1}_N$) direkt aus der Matrix $(\mathbf{E}_N - \mathbf{X})$ ermitteln:

$$(\mathbf{E}_N - \mathbf{X}) \cdot \mathbb{1}_N = \begin{pmatrix} 1 - x_{2,1} - x_{3,1} - \cdots - x_{N,1} \\ 1 - x_{1,2} - x_{3,1} - \cdots - x_{N,2} \\ 1 - x_{1,3} - x_{2,3} - \cdots - x_{N,3} \\ \vdots \\ 1 - x_{1,N} - x_{2,N} - \cdots - x_{N-1,N} \end{pmatrix} = \begin{pmatrix} x_{\boldsymbol{M},1} \\ x_{\boldsymbol{M},2} \\ x_{\boldsymbol{M},3} \\ \vdots \\ x_{\boldsymbol{M},N} \end{pmatrix} = \mathbf{x}_{\boldsymbol{M}} \tag{4.21}$$

Die aggregierten Vermögenspositionen der externen Gesellschafter an den einzelnen Gesellschaften betragen demnach

$$\mathbf{x}_{\boldsymbol{M}}^{\mathsf{T}} \cdot \mathbf{Y} = \sum_{n}^{N} x_{\boldsymbol{M},n} \cdot Y_n. \tag{4.22}$$

Mit (4.20) folgt hier also

$$\mathbf{x}_M^\top \cdot \mathbf{Y} = \mathbf{x}_M^\top((\mathbf{E}_N - \mathbf{X})^{-1} \cdot \mathbf{B}). \tag{4.23}$$

Dabei gilt

$$\mathbf{x}_M^\top = \mathbb{1}_N^\top \cdot (\mathbf{E}_N - \mathbf{X}). \tag{4.24}$$

Für (4.23) resultiert damit

$$\begin{aligned} & \mathbf{x}_M^\top \cdot \mathbf{Y} = \mathbb{1}_N^\top \cdot (\mathbf{E}_N - \mathbf{X}) \cdot ((\mathbf{E}_N - \mathbf{X})^{-1} \cdot \mathbf{B}) \\ \Leftrightarrow\ & \mathbf{x}_M^\top \cdot \mathbf{Y} = \mathbb{1}_N^\top \cdot \mathbf{B} \\ \Leftrightarrow\ & \sum_n^N x_{M,n} \cdot Y_n = \sum_n^N B_n. \end{aligned} \tag{4.25}$$

Mit (4.8) folgt dann abschließend

$$\sum_n^N x_{M,n} \cdot Y_n = \sum_n^N B_n = \sum_n^N W_n. \tag{4.26}$$

Die Summe der Werte der Anteile an den Kapitalgesellschaften des Verbundes, die von außenstehenden Individuen gehalten werden, entspricht also dem Wert des im Unternehmensverbund insgesamt vorhandenen Realvermögens.

Es folgt hier also genau das Ergebnis, das in Abschnitt 4.1 allgemein beschrieben wurde. Dabei erfüllt das durch die Beteiligungsquotenmatrix $\mathbf{X}$ festgelegte Beteiligungsgeflecht zusammen mit den Fremdfinanzierungsbeziehungen innerhalb des Verbundes die Funktion, die resultierenden Überschüsse der vorhandenen Realvermögen auf die außenstehenden Anteilseigner zu verteilen. Werden demnach sämtliche Zahlungen aus den Anteilen von Individuen an den Kapitalgesellschaften der Gruppe aufsummiert, resultiert der stochastische Zahlungsstrom des verwirklichten Realinvestitionsobjektes.

Die Differenz zwischen der Summe der Beteiligungswerte der Kapitalgesellschaften des Verbundes und dem Wert des im Verbund insgesamt vorhandenen Realvermögens

$$\sum_{n}^{N} Y_n - \sum_{n}^{N} W_n \tag{4.27}$$

repräsentiert also die Komplexität der Eigenfinanzierungsbeziehungen der Kapitalgesellschaften des Verbundes.

Es wird sich im Folgenden zeigen, dass bei der wirtschaftlichen Beurteilung von Umwandlungen nicht darauf verzichtet werden kann, die Ausstattung von Kapitalgesellschaften, also die Realvermögen und die verschiedenen Finanzierungsverträge im Einzelnen zu berücksichtigen. Nicht zielführend ist insoweit also eine Betrachtung von Umwandlungen, bei der die Beteiligungswerte von Kapitalgesellschaften einschließlich ihrer Finanzierungsbeziehungen vorausgesetzt werden und damit eine zutreffende Bewertung einfach unterstellt wird.

5 Rechtliche Grundlagen von Umwandlungen

5.1 Arten von Umwandlungen

§ 1 Abs. 1 UmwG enthält keine Definition der Umwandlung, sondern zählt die möglichen Umwandlungsarten auf, für die das Gesetz Gültigkeit hat.[1] Es wird zwischen Verschmelzung, Spaltung und dabei im Einzelnen zwischen Aufspaltung, Abspaltung und Ausgliederung, Vermögensübertragung und Formwechsel unterschieden. Die möglichen Umwandlungsbeteiligten[2] oder Umwandlungsobjekte[3] werden als Rechtsträger bezeichnet. Welche Rechtsträger in diesem Sinne als umzuwandelnde Rechtsträger an einer Maßnahme beteiligt sein können, wird in den Regelungen zu den einzelnen Umwandlungsarten bestimmt.[4]

Diese Arbeit behandelt die Umwandlung von Kapitalgesellschaften in den Rechtsformen der AG und der GmbH. Damit ein Vorgang hier von Interesse ist, muss es also möglich sein, dass die umzuwandelnden Rechtsträger ausschließlich solche Kapitalgesellschaften sind.

Die mit § 1 Abs. 1 Nr. 1 UmwG gegebene Möglichkeit einer Verschmelzung wird in § 2 UmwG durch die Angabe der in Frage kommenden Arten einer Verschmelzung konkretisiert. Die verschmelzungsfähigen Rechtsträger werden in § 3 UmwG benannt.

Allgemein geregelt werden Verschmelzungen zur Aufnahme in den §§ 4 – 35 UmwG und Verschmelzungen zur Neugründung in den §§ 36 – 38 UmwG. § 36 UmwG sieht dabei für Verschmelzungen zur Neugründung grundsätzlich die

---

[1] Vgl. Oppenhoff in Kallmeyer (2024), § 1 UmwG, Rn. 6.

[2] Vgl. Oppenhoff in Kallmeyer (2024), § 1 UmwG, Rn. 1.

[3] Vgl. Hörtnagl in Schmitt/Hörtnagl (2024), § 1 UmwG, Rn. 2.

[4] Vgl. Oppenhoff in Kallmeyer (2024), § 1 UmwG, Rn. 1.

D. Klumpe, *Die Umwandlung von Kapitalgesellschaften*,
https://doi.org/10.1007/978-3-658-51872-1_5

entsprechende Anwendung der Vorschriften für Verschmelzungen zur Aufnahme vor.

Die §§ 46 – 55 UmwG enthalten die besonderen Vorschriften für Verschmelzungen zur Aufnahme unter Beteiligung von GmbHs und die §§ 56 – 59 UmwG die besonderen Vorschriften für Verschmelzungen zur Neugründung unter Beteiligung von GmbHs. § 56 UmwG sieht dabei für Verschmelzungen zur Neugründung grundsätzlich die entsprechende Anwendung der Vorschriften für Verschmelzungen zur Aufnahme vor.

Die §§ 60 – 72 UmwG enthalten die besonderen Vorschriften für Verschmelzungen zur Aufnahme unter Beteiligung von AGs und die §§ 73 – 76 UmwG die besonderen Vorschriften für Verschmelzungen zur Neugründung unter Beteiligung von AGs. § 73 UmwG sieht dabei für Verschmelzungen zur Neugründung grundsätzlich die entsprechende Anwendung der Vorschriften für Verschmelzungen zur Aufnahme vor.

Nach § 3 Abs. 1 Nr. 2 UmwG kann es sich bei sämtlichen umzuwandelnden Rechtsträgern bei einer Verschmelzung um AGs und GmbHs handeln. Dass jede umzuwandelnde Gesellschaft sowohl eine AG als auch eine GmbH sein kann, unabhängig davon, ob es sich bei der oder den anderen umzuwandelnden Gesellschaften um AGs oder GmbHs handelt, folgt mit § 3 Abs. 4 UmwG.

Eine Spaltung kann nach § 1 Abs. 1 Nr. 2 UmwG als Aufspaltung, Abspaltung oder Ausgliederung stattfinden. Konkretisiert wird das in § 123 UmwG; die spaltungsfähigen Rechtsträger werden in § 124 UmwG benannt. § 125 UmwG schreibt – soweit dem keine spezielleren Vorgaben zur Spaltung in den §§ 126 – 173 UmwG entgegenstehen – für Spaltungen grundsätzlich die entsprechende Anwendung der Regelungen zur Verschmelzung vor und nennt für die verschiedenen Arten der Spaltung die jeweiligen Ausnahmen.[5]

Wie Verschmelzungen regelt das Gesetz Spaltungen allgemein in den §§ 126 – 134 UmwG unter der Überschrift solcher zur Aufnahme und sieht für Spaltungen zur Neugründung (§§ 135 – 137 UmwG) mit § 135 Abs. 1 UmwG grundsätzlich die entsprechende Anwendung der Vorschriften für Spaltungen zur Aufnahme vor.

Die besonderen Vorschriften für Spaltungen unter Beteiligung von GmbHs sind mit den §§ 138 – 140 UmwG und die besonderen Vorschriften für Spaltungen unter Beteiligung von AGs mit den §§ 141 – 146 UmwG gegeben.

Nach § 124 Abs. 1 UmwG kann es sich bei sämtlichen umzuwandelnden Rechtsträgern bei allen drei Arten der Spaltung um AGs und GmbHs handeln. Dass jede umzuwandelnde Gesellschaft sowohl eine AG als auch eine GmbH sein

[5] Vgl. Sagasser/Luke in Sagasser/Bula (2024), § 18. Rn. 1.

kann, unabhängig davon, ob es sich bei der oder den anderen umzuwandelnden Gesellschaften um AGs oder GmbHs handelt, folgt mit § 124 Abs. 2 UmwG i. V. m. § 3 Abs. 4 UmwG.

Die in den §§ 174 – 189 UmwG geregelte Vermögensübertragung ist dadurch gekennzeichnet, dass die Gegenleistung für den Vermögenstransfer, anders als das bei Verschmelzungen und Spaltungen grundsätzlich der Fall ist, nicht in Anteilen oder Mitgliedschaften besteht.[6]

Tatsächlich finden Vermögensübertragungen nach §§ 174 – 189 UmwG nur selten statt.[7] Gegebenenfalls relevant sind die Regelungen im Wesentlichen für die öffentliche Hand und zwischen Versicherungsunternehmen und haben damit einen sehr eingeschränkten Anwendungsbereich.[8] Dabei ist im Fall des § 175 Nr. 1 UmwG zwar eine Kapitalgesellschaft und damit gegebenenfalls eine AG oder eine GmbH[9] als übertragender Rechtsträger an der Umwandlung beteiligt, als übernehmender Rechtsträger oder – bei einer Teilübertragung – übernehmende Rechtsträger[10] kommen aber nur der Bund, ein Land, eine Gebietskörperschaft oder ein Zusammenschluss von Gebietskörperschaften in Frage. § 175 Nr. 2 UmwG benennt als umzuwandelnde Rechtsträger ausschließlich Versicherungsunternehmen. Mit einer Versicherungsaktiengesellschaft (§ 8 Versicherungsaufsichtsgesetz – VAG) kann zwar wieder auch eine Kapitalgesellschaft (allerdings in „spezielle[r] Ausprägung“[11]) beteiligt sein, zugleich ist aber auch die Teilnahme eines Versicherungsvereins auf Gegenseitigkeit oder eines öffentlich-rechtlichen Versicherungsunternehmens erforderlich.

Der Formwechsel wird in den §§ 190 – 312 UmwG geregelt. Nach § 191 Abs. 1 Nr. 2 UmwG können formwechselnde Rechtsträger Kapitalgesellschaften und nach § 191 Abs. 2 Nr. 2 UmwG Rechtsträger neuer Rechtsform Kapitalgesellschaften sein. § 226 UmwG gibt dabei vor, dass eine Kapitalgesellschaft die Rechtsform einer anderen Kapitalgesellschaft erlangen kann. Möglich ist demnach der Formwechsel einer AG in eine GmbH und der umgekehrte Fall.[12] Beim

---

[6] Vgl. Stengel in Semler/Stengel/Leonard (2021), § 174 UmwG, Rn. 1.

[7] Vgl. Scheel/Harzenetter in BeckOGK UmwG (1.7.2024), § 174 UmwG, Rn. 8; Sagasser in Sagasser/Bula (2024), § 25. Rn. 6.

[8] Vgl. Schmidt in Lutter (2024), Möglichkeit der Vermögensübertragung (§§ 174 – 175 UmwG) Einführung, Rn. 1.

[9] Vgl. Schmidt in Lutter (2024), § 175 UmwG, Rn. 3.

[10] Vgl. Stengel in Semler/Stengel/Leonard (2021), § 175 UmwG, Rn. 6.

[11] Winter in Schmitt/Hörtnagl (2024), Vorbemerkungen zu § 174 – 189 UmwG, Rn. 3.

[12] Vgl. Rinke in Schmitt/Hörtnagl (2024), § 226 UmwG, Rn. 1.

Formwechsel gibt es allerdings im Unterschied zu den anderen Umwandlungsarten keine Vermögensübertragung von einem auf einen anderen Rechtsträger. Die Gesellschaft verfügt nach dem Formwechsel über dasselbe Vermögen[13] und in den hier interessierenden Fällen (also bei der Berücksichtigung nur von AGs und GmbHs) auch über dieselbe Beteiligungsstruktur.[14] Gegebenenfalls resultierende wirtschaftliche Folgen des Formwechsels einer AG in eine GmbH oder umgekehrt sind also nur auf die grundsätzlichen Unterschiede der beiden Rechtsformen zurückzuführen und nicht auf die Maßnahme als wirtschaftlichem Vorgang für sich.[15]

Als Untersuchungsgegenstand verbleiben damit die Verschmelzung und die Spaltung in ihren drei Ausprägungen der Aufspaltung, der Abspaltung und der Ausgliederung mit ausschließlich GmbHs und AGs als umzuwandelnden Rechtsträgern.

5.2 Verschmelzung

5.2.1 Ablauf

Bei einer ***Verschmelzung zur Aufnahme*** nach § 2 Nr. 1 UmwG wird das Vermögen einer oder mehrerer Kapitalgesellschaften auf eine andere vor der Umwandlung bestehende Kapitalgesellschaft übertragen. Für die Vermögensübertragung werden den Anteilseignern der übertragenden Einheit oder der übertragenden Einheiten grundsätzlich Anteile an der übernehmenden Gesellschaft gewährt. Die Übertragung des Vermögens erfolgt – bei mehr als einer übertragenden Einheit jeweils – im Ganzen unter Auflösung ohne Abwicklung der übertragenden Gesellschaft oder der übertragenden Gesellschaften.

Bei einer ***Verschmelzung zur Neugründung*** nach § 2 Nr. 2 UmwG wird das Vermögen von zwei oder mehreren Kapitalgesellschaften auf eine damit neugegründete Kapitalgesellschaft übertragen. Für die Vermögensübertragung werden den Anteilseignern der übertragenden Einheiten grundsätzlich Anteile an der übernehmenden Einheit gewährt. Die Übertragung des Vermögens erfolgt im Ganzen unter Auflösung ohne Abwicklung der übertragenden Gesellschaft oder der übertragenden Gesellschaften.

---

[13] Vgl. Hoger in Lutter (2024), § 190 UmwG, Rn. 1.

[14] Vgl. Hoger in Lutter (2024), § 202 UmwG, Rn. 10 ff.

[15] Vgl. Hoger in Lutter (2024), § 190 UmwG, Rn. 1 f.

Bei Verschmelzungen gibt es demnach immer nur eine übernehmende Kapitalgesellschaft, während die Anzahl übertragender Gesellschaften nicht begrenzt ist.

Die Vermögensübertragung erfolgt nach § 20 Abs. 1 Nr. 1 UmwG bei jeder Verschmelzung mit der Eintragung durch Gesamtrechtsnachfolge.[16] Sie tritt also nicht durch die Übertragung nach den jeweils geltenden Regeln, sondern kraft Gesetzes ein.[17] § 20 Abs. 1 Nr. 1 UmwG stellt dabei klar, dass auch die Verbindlichkeiten der übertragendenden Gesellschaften übernommen werden. Die übernehmende Gesellschaft tritt also in die vertraglichen Schuldverhältnisse ein und die damit zusammenhängenden Rechte und Pflichten gehen von der übertragenden Einheit auf sie über. Die §§ 414, 415 BGB zur Übernahme einer Schuld kommen demnach nicht zur Anwendung.[18] Gläubiger der umzuwandelnden Gesellschaften haben allerdings nach § 22 Abs. 1 S. 1 UmwG unter der Voraussetzung des § 22 Abs. 1 S. 2 UmwG, dass sie die Gefährdung der Forderungserfüllung glaubhaft machen können, grundsätzlich[19] das Recht auf Sicherheitsleistungen.[20] Einzelne Gegenstände aus dem Vermögen einer übertragenden Gesellschaft können nicht durch vertragliche Vereinbarungen von der Gesamtrechtsnachfolge ausgenommen werden. Eine entsprechende Übertragung muss dann gegebenenfalls vor Umsetzung der Verschmelzung stattfinden.[21] Neben besonderen Ausnahmen wie höchstpersönlichen Rechten[22] ist es bei Umwandlungen mit mehr als zwei übertragenden Kapitalgesellschaften und finanziellen Verflechtungen zwischen den Überträgerinnen nicht möglich, dass jeweils das gesamte Vermögen der untergehenden Gesellschaften Bestandteil des Übertragungsgenstandes wird. Bestehen vor der Maßnahme Ansprüche oder Verpflichtungen der übernehmenden Gesellschaft gegenüber einer übertragenden Gesellschaft, erlöschen diese durch Konfusion.[23]

Jede übertragende Kapitalgesellschaft erlischt nach § 20 Abs. 1 Nr. 2 UmwG mit der Eintragung der Verschmelzung ins Handelsregister ohne besondere Löschung. Damit gehen auch die Anteile an dieser Gesellschaft unter.[24]

---

[16] Vgl. Oppenhoff in Kallmeyer (2024), § 2 UmwG, Rn. 8.
[17] Vgl. Winter in Schmitt/Hörtnagl (2024), § 20 UmwG, Rn. 23.
[18] Vgl. Winter in Schmitt/Hörtnagl (2024), § 20 UmwG, Rn. 35 ff.
[19] Vgl. Winter in Schmitt/Hörtnagl (2024), § 22 UmwG, Rn. 3.
[20] Vgl. Winter in Schmitt/Hörtnagl (2024), § 22 UmwG, Rn. 2.
[21] Vgl. Leonard/Simon in Semler/Stengel/Leonard (2021), § 20 UmwG, Rn. 8.
[22] Vgl. Oppenhoff in Kallmeyer (2024), § 20 UmwG, Rn. 6.
[23] Vgl. Oppenhoff in Kallmeyer (2024), § 20 UmwG, Rn. 9.
[24] Vgl. Winter in Schmitt/Hörtnagl (2024), § 20 UmwG, Rn. 16.

Die Anteilseigner einer übertragenden Kapitalgesellschaft werden nach § 20 Abs. 1 Nr. 3 S. 1 UmwG Anteilseigner der übernehmenden Gesellschaft. Auch das vollzieht sich ohne besondere Übertragungsakte kraft Gesetzes.[25] Die diesbezügliche grundsätzliche Formulierung des § 2 UmwG wird dabei eingeschränkt, indem Anteile an der übertragenden Einheit, die von der übernehmenden Gesellschaft (oder einem Dritten, der im eigenen Namen, jedoch für Rechnung dieser Kapitalgesellschaft handelt) gehalten werden und eigene Anteile der übertragenden Gesellschaft ausgeschlossen werden.

Nicht ausgeschlossen sind damit also Anteile an der übertragenden Einheit, die vor der Maßnahme von Unternehmen gehalten werden, die zu diesem Zeitpunkt abhängige Unternehmen nach § 17 UmwG einer übernehmenden AG sind. Die grundsätzlichen Einschränkungen nach § 56 Abs. 2 AktG und § 71d Abs. 1 S. 2 AktG[26] kommen bei einer Verschmelzung also nicht zum Tragen. Auch insoweit eine von einer übernehmenden AG abhängige Kapitalgesellschaft vor der Maßnahme Anteile an einer übertragenden Kapitalgesellschaft hält, findet also ein Anteilstausch statt. Jedes andere Vorgehen würde zulasten des Beteiligungswertes der abhängigen Gesellschaft und – ist die Übernehmerin nicht deren einzige Gesellschafterin – aller ihrer Anteilseigner außer der herrschenden AG gehen. Entsprechend zugutekommen würde das der übernehmenden AG und damit ihren Anteilseignern (mit Ausnahme der abhängigen Gesellschaft). Die Folge wären hier regelmäßig ganz erhebliche und nicht akzeptable wirtschaftliche Verzerrungen.[27]

---

[25] Vgl. Oppenhoff in Kallmeyer (2024), § 20 UmwG, Rn. 29; Winter in Schmitt/Hörtnagl (2024), § 20 UmwG, Rn. 96; Leonard/Simon in Semler/Stengel/Leonard (2021), § 20 UmwG, Rn. 74.

[26] Vgl. dazu 3.3.

[27] Vgl. Oppenhoff in Kallmeyer (2024), § 20 UmwG, Rn. 30; Grunewald in Lutter (2024), § 20 UmwG, Rn. 8; Missio in Schmitt/Hörtnagl (2024), § 54 UmwG, Rn. 16; Reichert in Semler/Stengel/Leonard (2021), § 54 UmwG, Rn. 34 f. Genau genommen käme der Wert des Übertragungsgegenstandes, insoweit er vor der Maßnahme auf die Beteiligung der von der Übernehmerin abhängigen Gesellschaft entfällt, der Übernehmerin vollständig zugute. Auf der anderen Seite hätte die Übernehmerin die ausbleibende Gewährung von Anteilen an die von ihr beherrschte Gesellschaft nur im Umfang ihrer (weniger als 100 Prozent betragenden) Beteiligungsquote an dieser Gesellschaft zu tragen; über eine gegeben falls bestehende Rückbeteiligung würde die beherrschte Gesellschaft daran ihrerseits nur anteilig teilhaben. Das Ergebnis wäre also eine Verschiebung von Werten an alle Anteilseigner der Übernehmerin, bei denen es sich nicht um die abhängige Gesellschaft handelt. Die entsprechenden Systematiken werden eingehend in Kapitel 6 und Kapitel 7 behandelt.

5.2.2 Umtauschverhältnis

Nach der obigen Beschreibung geht es bei einer Verschmelzung darum, dass für die Übertragung des Vermögens einer oder mehrerer Kapitalgesellschaften den Anteilseignern dieser Gesellschaft beziehungsweise Gesellschaften Anteile an der Kapitalgesellschaft gewährt werden, auf die das transferierte Vermögen übergeht.[28]

Der Umfang, in dem das geschieht, macht demnach den „wirtschaftliche Kern"[29] der Maßnahme aus und wird als Umtauschverhältnis bezeichnet. Im Umwandlungsgesetz erwähnt wird das Umtauschverhältnis erstmals in § 5 Abs. 1 Nr. 3 UmwG, nach dem es im Verschmelzungsvertrag angegeben werden muss. Rechtlich und wirtschaftlich zu erläutern ist es nicht im Verschmelzungsvertrag selbst, sondern im Verschmelzungsbericht nach § 8 Abs. 1 UmwG.[30] Beim Umtauschverhältnis handelt es sich also um das zahlenmäßige Verhältnis,[31] in dem Geschäftsanteile oder Aktien einer übertragenden Gesellschaft in Geschäftsanteile oder Aktien der übernehmenden Gesellschaft umgetauscht werden.[32]

Entscheidend für die Umsetzung einer Verschmelzung ist, ob das festgelegte Umtauschverhältnis angemessen ist. Das muss nach § 12 Abs. 2 S. 1 UmwG hervorgehen aus dem von den Verschmelzungsprüfern (§§ 9 – 11 UmwG) nach § 12 Abs. 1 UmwG zu erstellendem Prüfungsbericht.

Vor dem Hintergrund der verfassungsrechtlichen Eigentumsgarantie[33] ist dabei das „Leitbild des Gesetzes die vollkommene wirtschaftliche Identität der Anteilsinhaberschaft/Mitgliedschaft beim übertragenden und später beim übernehmenden Rechtsträger."[34] Ein Umtauschverhältnis kann demnach immer dann als angemessen angesehen werden, wenn die Verschmelzung für die Anteilsinhaber übertragender Gesellschaften nicht zu einer Vermögenseinbuße führt,[35] sie also

---

[28] Vgl. Winter in Schmitt/Hörtnagl (2024), § 5 UmwG, Rn. 4.

[29] Lanfermann in Kallmeyer (2024), § 5 UmwG, Rn. 18; Winter in Schmitt/Hörtnagl (2024), § 5 UmwG, Rn. 5.

[30] Vgl. Lanfermann in Kallmeyer (2024), § 5 UmwG, Rn. 18.

[31] Vgl. Schröer/Greitemann in Semler/Stengel/Leonard (2021), § 5 UmwG, Rn. 26.

[32] Vgl. Drygala in Lutter (2024), § 5 UmwG, Rn. 26.

[33] Vgl. Wicke in BeckOGK UmwG (1.10.2024), § 5 UmwG, Rn. 35.

[34] Winter in Schmitt/Hörtnagl (2024), § 15 UmwG, Rn. 13.

[35] Vgl. Winter in Schmitt/Hörtnagl (2024), § 5 UmwG, Rn. 7.

„wirtschaftlich voll entschädigt werden".[36] „Idealbild ist also ein wirtschaftliches Nullsummenspiel".[37] Den (berechtigten) Anteilsinhabern der übertragenden Gesellschaften sind von daher jeweils Anteile an der übernehmenden Gesellschaft zu gewähren mit einem Wert, der übereinstimmt mit dem Wert ihrer untergehenden Anteile;[38] sie müssen also eine „wertäquivalente Kompensation"[39] erhalten.

Offenkundig ist für die zutreffende Bestimmung des zahlenmäßigen Umtauschverhältnisses neben ihren Werten auf das Nennkapital der untergehenden Anteile und der gewährten Anteile an der übernehmenden Einheit Bezug zu nehmen.[40] Dass im Fall einer GmbH als übernehmender Gesellschaft nach § 46 Abs. 1 UmwG grundsätzlich für jeden einzelnen Anteilsinhaber einer übertragenden Gesellschaft zusätzlich der Nennbetrag aller ihm gewährten Geschäftsanteile explizit im Verschmelzungsvertrag anzugeben ist,[41] hat für die wirtschaftliche Systematik des Umtauschverhältnisses also keine eigene Bedeutung.

Vor dem Hintergrund tatsächlich auftretender Bewertungsprobleme[42] wird für die Feststellung der Angemessenheit des Umtauschverhältnisses auf die „Verschmelzungswertrelation, also [das] Verhältnis der auf das einzelne Mitgliedschaftsrecht entfallenden anteiligen Vermögenswerte"[43] abgestellt und dementsprechend die Bedeutung vergleichbarer Bewertungsmethoden betont.[44] Dass die Ergebnisse der im Zusammenhang mit der Bestimmung des Umtauschverhältnisses vorzunehmender Bewertungen im Einzelfall nicht unstrittig sein können, ist, wie in Kapitel 2 beschrieben, für diese Arbeit vor dem Hintergrund der getroffenen Annahmen nicht weiter von Bedeutung. Festzuhalten ist aber, dass ein akzeptabler Bewertungsansatz jedenfalls von zukünftigen Einzahlungen ausgehen

---

[36] Wicke in BeckOGK UmwG (1.10.2024), § 5 UmwG, Rn. 35.

[37] Winter in Schmitt/Hörtnagl (2024), § 5 UmwG, Rn. 7.

[38] Vgl. Drygala in Lutter (2024), § 5 UmwG, Rn. 27; Winter in Schmitt/Hörtnagl (2024), § 5 UmwG, Rn. 7; Hörtnagl in Schmitt/Hörtnagl (2024), § 24 UmwG, Rn. 48.

[39] Phillip (2014), S. 89.

[40] Vgl. Schröer/Greitemann in Semler/Stengel/Leonard (2021), § 5 UmwG, Rn. 26; Lanfermann in Kallmeyer (2024), § 5 UmwG, Rn. 19.

[41] Vgl. Kocher in Kallmeyer (2024), § 46 UmwG, Rn. 2; Reichert in Semler/Stengel/Leonard (2021), § 46 UmwG, Rn. 1 f.

[42] Vgl. Bula/Thees in Sagasser/Bula (2024), § 9. Rn. 86 f.

[43] Wicke in BeckOGK UmwG (1.10.2024), § 5 UmwG, Rn. 35.

[44] Vgl. Drygala in Lutter (2024), § 5 UmwG, Rn. 28.

muss.[45] Dabei bedeutet ein Zugrundelegen von Börsenkursen[46] offenkundig kein Abweichen von diesem Grundsatz.

Ganz wesentlich ist hier, dass jede Bewertung der umzuwandelnden Gesellschaften immer nur zur Ermittlung der Vermögenspositionen der Anteilseigner der umzuwandelnden Gesellschaften stattfindet. Unzutreffend ist, dass es damit automatisch auf die Relation der Beteiligungswerte der umzuwandelnden Gesellschaften ankommt.[47] Deutlich zeigt sich das bei Verschmelzungen mit mehr als einer übertragenden Einheit. Bestehen vor der Maßnahme Eigenkapitalverflechtungen zwischen den übertragenden Kapitalgesellschaften, ist es nicht sachgerecht, die gesamten Beteiligungswerte, sowohl was das Verhältnis der Werte der Überträgerinnen untereinander als auch was das Verhältnis zum Wert der übernehmenden Gesellschaft betrifft, der Bestimmung der jeweiligen Umtauschverhältnisse zugrunde zu legen.[48] Angesprochen ist hier also nicht der grundsätzliche Unterschied zwischen einem wertmäßigen und einem stückmäßigen Umtauschverhältnis, also dass beispielsweise das zahlenmäßige Verhältnis der für eine untergehende Aktie zu gewährenden Aktien – außer in Ausnahmefällen wie einer Verschmelzung zweier AGs, bei denen vor der Maßnahme jeweils dieselbe Anzahl an Stückaktien ausstehend ist – nicht dem Verhältnis der Beteiligungswerte der umzuwandelnden Gesellschaften entspricht. Gemeint ist, dass auch das Verhältnis des Wertes einer untergehenden Aktie beziehungsweise eines untergehenden Geschäftsanteils und des Wertes der dafür insgesamt zu gewährenden Aktien beziehungsweise Geschäftsanteile nicht mit dem Verhältnis der Unternehmenswerte übereinstimmt.

Wie beschrieben, wird das Umtauschverhältnis ausgehend von den Vermögenspositionen der Anteilseigner übertragender Gesellschaften festgelegt. Findet eine Verschmelzung zur Aufnahme statt, wirkt es sich aber gleichwohl auf die Vermögenspositionen der Anteilseigner der übernehmenden Gesellschaft aus. Es geht hier also auch um die „Vermögensintegrität der Anteilsinhaber des übernehmenden Rechtsträgers“[49] Bei den simultan stattfindenden Vorgängen der

[45] Vgl. Bula/Thees in Sagasser/Bula (2024), § 9. Rn. 97. Die Ermittlung eines „Substanzwertes“ ist nicht sachgerecht (vgl. Wicke in BeckOGK UmwG (1.10.2024), § 5 UmwG, Rn. 42).

[46] Vgl. dazu z. B. Bula/Thees in Sagasser/Bula (2024), § 9. Rn. 95 ff. Drygala in Lutter (2024), § 5 UmwG, Rn. 35 ff.; Winter in Schmitt/Hörtnagl (2024), § 5 UmwG, Rn. 49 ff.

[47] Vgl. so aber z. B. Drygala in Lutter (2024), § 5 UmwG, Rn. 62.

[48] Dazu eingehend in Kapitel 7. Bereits davor wird deutlich werden, dass ein entsprechendes (d. h. dort auf den Wert eines Übertragungsgegenstandes bezogenes) Vorgehen auch bei Spaltungen nicht grundsätzlich sachgerecht ist.

[49] Winter in Schmitt/Hörtnagl (2024), § 5 UmwG, Rn. 7.

Vermögensübertragung und der Anteilsgewährung stehen diese auf der anderen Seite und sind damit immer gleichermaßen betroffen. Den Folgen des Vermögenstransfers auf den Wert ihrer Anteile steht grundsätzlich[50] die Verringerung der durch ihre Anteile vermittelten Beteiligungsquoten gegenüber.

Angemessen ist ein Umtauschverhältnis insoweit, wenn die Werte der Anteile, die vor und nach der Verschmelzung an einer übernehmenden Gesellschaft gehalten werden, im Zuge der Maßnahme unverändert bleiben. Insoweit nicht zu berücksichtigen sind Anteile an der Übernehmerin, die vor der Maßnahme einer Beteiligung bei der Übertragerin zugrunde liegen und jedenfalls Bestandteil des Übertragungsgegenstandes werden. Auch eigene Anteile der übernehmenden Einheit sind hier nicht von Bedeutung. Diese liegen vor der Maßnahme keiner Beteiligung zugrunde und haben damit zu diesem Zeitpunkt keinen Wert. Unabhängig davon, was mit ihnen im Zuge der Umwandlung passiert, beziehen sich allerdings auch Anteile, die vor der Maßnahme einer Beteiligung bei der Überträgerin zugrunde liegen und Anteile, die zu diesem Zeitpunkt eigene Anteile der Übernehmerin sind, nach der Verschmelzung auf das Nennkapital der übernehmenden Einheit, so dass die Umsetzung der Maßnahme im Sinne eines angemessenen Umtauschverhältnisses sich auch auf sie auswirkt.

Insbesondere vor dem Hintergrund von Spitzenbeträgen (wenn mit dem ermittelten Umtauschverhältnis einem Anteilsinhaber einer übertragenden Gesellschaft keine ganze Zahl an Anteilen der übernehmenden Gesellschaft zu gewähren ist)[51] besteht die Möglichkeit, dass die Anteilsgewährung im Zuge der Maßnahme durch eine bare Zuzahlung durch die Übernehmerin an die Anteilseigner übertragender Gesellschaften ergänzt wird.[52] Nicht möglich sind bare Zuzahlungen in diesem Zusammenhang an die Anteilseigner der übernehmenden Gesellschaft. Kommt es für diese mit der Festlegung des Umtauschverhältnisses bei Verschmelzungen zur Aufnahme zu entsprechenden Nachteilen, muss dem also anders begegnet werden.[53]

§ 54 Abs. 4 UmwG (bei übernehmenden GmbHs) und § 68 Abs. 3 UmwG (bei übernehmenden AGs) schränken das ein, indem sie die Höhe der gesamten baren Zuzahlungen in diesem Zusammenhang auf zehn Prozent des Stammkapitals beziehungsweise des Grundkapitals der im Zuge der Maßnahme gewährten

---

[50] Das ist nicht so, wenn bestimmte Übertragungsgegenständen und/oder Beteiligungsverhältnisse eine Minderung des effektiven Nennkapitals bei einer übernehmenden Einheit erforderlich machen. Dazu eingehend in Kapitel 6.

[51] Vgl. Wicke in BeckOGK UmwG (1.10.2024), § 5 UmwG, Rn. 33.

[52] Vgl. Kocher in Kallmeyer (2024), § 54 UmwG, Rn. 4; Vetter in Lutter (2024), § 54 UmwG, Rn. 124 ff.; Oppenhoff in Kallmeyer (2024), § 68 UmwG, Rn. 20.

[53] Vgl. Schröer/Greitemann in Semler/Stengel/Leonard (2021), § 5 UmwG, Rn. 31 f.

Anteile begrenzen. Die Höhe der baren Zuzahlung ist mit dem Umtauschverhältnis nach § 5 Abs. 1 Nr. 3 UmwG im Verschmelzungsvertrag anzugeben.

Derartige Zuzahlungen entsprechen nicht dem Wesen der Verschmelzung;[54] gerade ihr grundsätzlicher Ausschluss ist wesensbestimmend für die Maßnahme.[55] Bare Zuzahlungen sind demnach kein Element des mit einer Umwandlung gegebenen wirtschaftlichen Systems und werden im Rahmen dieser Arbeit nicht weiter betrachtet.

Entsprechend gilt das für bare Zuzahlungen auf Grundlage des § 15 UmwG. Nach § 14 Abs. 2 UmwG können die Anteilseigner der übertragenden Kapitalgesellschaft und auch die Anteilseigner der übernehmenden Kapitalgesellschaft wegen der Bemessung des Umtauschverhältnisses nicht gegen den Verschmelzungsbeschluss klagen.[56] Stattdessen ermöglicht § 15 Abs. 1 UmwG im Fall eines nicht angemessenen Umtauschverhältnisses bare Zuzahlungen durch die übernehmende Kapitalgesellschaft. Für bare Zuzahlungen in diesem Zusammenhang – also solcher, die nicht im Zuge der Maßnahme stattfinden, sondern nachdem die Maßnahme umgesetzt ist – gibt es eine Zehn-Prozent-Grenze bezogen auf das Grund- oder Stammkapital der im Zuge der Maßnahme gewährten Anteile nicht. Bei AGs als übernehmendem Rechtsträger kommt nach § 72a UmwG an Stelle einer baren Zuzahlung auch die Gewährung neuer Aktien in Frage.[57]

Die im Zuge einer Verschmelzung zur Aufnahme für die Vermögensübertragung zu gewährenden Anteile können nach § 55 UmwG (bei einer übernehmenden GmbH) beziehungsweise nach § 69 UmwG (bei einer übernehmenden AG) mit einer bedingten Kapitalerhöhung geschaffen werden. Einige der für Kapitalerhöhungen außerhalb von Umwandlungen geltenden Vorgaben sind nicht anzuwenden,[58] insbesondere sind Bezugsrechte dabei ausgeschlossen.[59]

Bei Verschmelzungen zur Neugründung findet eine Kapitalerhöhung bei der übernehmenden Einheit offenkundig nicht statt. Folglich schließt § 56 UmwG

---

[54] Vgl. Oppenhoff in Kallmeyer (2024), § 68 UmwG, Rn. 20.

[55] Vgl. Vetter in Lutter (2024), § 54 UmwG, Rn. 127.

[56] Vgl. Decher in Lutter (2024), § 14 UmwG, Rn. 17.

[57] Vgl. Decher in Lutter (2024), § 15 UmwG, Rn. 2.

[58] Vgl. Vetter in Lutter (2024), § 55 UmwG, Rn. 1 f.; Vetter in Lutter (2024), § 69 UmwG, Rn. 1.

[59] Vgl. Vetter in Lutter (2024), § 55 UmwG, Rn. 58; Vetter in Lutter (2024), § 69 UmwG, Rn. 17; dazu auch Abschnitt 3.4.

eine Anwendung des § 55 UmwG und dementsprechend § 73 UmwG eine Anwendung des § 69 UmwG für Verschmelzungen zur Neugründung aus.[60]

Verboten ist eine Kapitalerhöhung nach § 54 Abs. 1 S. 1 Nr. 1 UmwG (bei einer übernehmenden GmbH) beziehungsweise § 68 Abs. 1 S. 1 Nr. 1 UmwG (bei einer übernehmenden AG), insoweit die übernehmende Einheit vor der Maßnahme Anteile an einer übertragenden Gesellschaft hält, und nach § 54 Abs. 1 S. 1 Nr. 2 UmwG beziehungsweise § 68 Abs. 1 S. 1 Nr. 2 UmwG für Anteile, die zu diesem Zeitpunkt eigene Anteile einer übertragenden Gesellschaft sind. Es besteht hier offenkundig ein Gleichlauf mit § 20 Abs. 1 Nr. 3 S. 1 UmwG.[61] Hintergrund ist jeweils das Ziel, die Schaffung neuer eigener Anteile durch eine umwandlungsbedingte Kapitalerhöhung zu verhindern.[62]

An Stelle durch eine Kapitalerhöhung geschaffener Anteile können nach § 54 Abs. 1 S. 2 Nr. 1 UmwG beziehungsweise § 68 Abs. 1 S. 2 Nr. 1 UmwG eigene Anteile der Übernehmerin, die die Gesellschaft schon vor der Maßnahme hält, oder nach § 54 Abs. 1 S. 2 Nr. 2 UmwG beziehungsweise § 68 Abs. 1 S. 2 Nr. 2 UmwG Anteile an der Übernehmerin, die vor der Maßnahme einer Beteiligung bei der Überträgerin zugrunde liegen, verwendet werden. Inwieweit solche Anteile dabei tatsächlich verwendet werden, ist beliebig zu bestimmen.[63]

Für die vor der Verschmelzung von der übertragenden an der übernehmenden Einheit gehaltenen Anteile, die an die Anteilseigner der Überträgerin gehen, wird überwiegend[64] ein unmittelbarer Erwerb (Direkterwerb) ohne Durchgangserwerb bei der übernehmenden Tochtergesellschaft angenommen.[65] Werden solche Anteile nicht für die Vermögensübertragung gewährt, werden sie zu eigenen Anteilen der übernehmenden Gesellschaft.[66]

---

[60] Vgl. Vetter in Lutter (2024), § 55 UmwG, Rn. 4; Oppenhoff in Kallmeyer (2024), § 73 UmwG, Rn. 3.

[61] Vgl. Missio in Schmitt/Hörtnagl (2024), § 54 UmwG, Rn. 3 f.; Oppenhoff in Kallmeyer (2024), § 68 UmwG, Rn. 3, 7.

[62] Vgl. Leonard/Simon in Semler/Stengel/Leonard (2021), § 20 UmwG, Rn. 76, 78.

[63] Vgl. Missio in Schmitt/Hörtnagl (2024), § 54 UmwG, Rn. 10 f.; Oppenhoff in Kallmeyer (2024), § 68 UmwG, Rn. 11.

[64] Vgl. Sagasser/Luke in Sagasser/Bula (2024), § 9. Rn. 379.

[65] Vgl. z. B. Vetter in Lutter (2024), § 54 UmwG, Rn. 52; Kocher in Kallmeyer (04/2024), § 54 UmwG, Rn. 11; Missio in Schmitt/Hörtnagl (2024), § 54 UmwG, Rn. 11; v. Hinden/Scheller in Beck-OGK UmwG (1.1.2024), § 54 UmwG, Rn. 36; Reichert in Semler/Stengel/Leonard (2021), § 54 UmwG, Rn. 15. Zu der (wirtschaftlichen) Bedeutung der Unterscheidung zwischen Durchgangserwerb und Direkterwerb in Kapitel 6.

[66] Vgl. Missio in Schmitt/Hörtnagl (2024), § 54 UmwG, Rn. 11; Oppenhoff in Kallmeyer (2024), § 68 UmwG, Rn. 13; Phillip (2014), S. 87.

5.3 Aufspaltung

5.3.1 Ablauf

Bei einer ***Aufspaltung zur Aufnahme*** nach § 123 Abs. 1 Nr. 1 UmwG überträgt eine Kapitalgesellschaft ihr Vermögen auf wenigstens zwei vor der Umwandlung bestehende Kapitalgesellschaften. Für die Vermögensübertragung werden den Anteilseignern der übertragenden Einheit grundsätzlich Anteile an den übernehmenden Gesellschaften gewährt. Die Übertragung des Vermögens erfolgt unter Auflösung ohne Abwicklung der übertragenden Gesellschaft auf jede übernehmende Gesellschaft jeweils im Ganzen.

Bei einer ***Aufspaltung zur Neugründung*** nach § 123 Abs. 1 Nr. 2 UmwG überträgt eine Kapitalgesellschaft ihr Vermögen auf wenigstens zwei damit neugegründete Kapitalgesellschaften. Für die Vermögensübertragung werden den Anteilseignern der übertragenden Einheit Anteile grundsätzlich an den übernehmenden Gesellschaften gewährt. Die Übertragung des Vermögens erfolgt unter Auflösung ohne Abwicklung der übertragenden Gesellschaft auf jede übernehmende Gesellschaft jeweils im Ganzen.

Nach § 123 Abs. 4 UmwG kann eine Aufspaltung zugleich zur Aufnahme und zur Neugründung stattfinden.

Anders als bei Verschmelzungen, bei denen es nicht mehr als eine übernehmende aber gegebenenfalls mehrere übertragende Gesellschaften geben kann, gibt es bei allen Arten der Spaltung immer nur eine übertragende, aber gegebenenfalls mehrere übernehmende Gesellschaften.[67] Bei Aufspaltungen sind dabei jedenfalls zumindest zwei übernehmende Gesellschaften an der Maßnahme beteiligt.

Die Vermögensübertragung erfolgt bei jeder Aufspaltung nach § 131 Abs. 1 Nr. 1 UmwG mit der Eintragung ins Handelsregister durch Sonderrechtsnachfolge (partielle Gesamtrechtsnachfolge).[68] Das heißt, dass die Vermögensübertragung kraft Gesetzes – also ohne gesonderte Übertragungsakte – stattfindet jeweils für den bestimmten Teil des Vermögens, der auf eine übernehmende Gesellschaft übergeht, und sich nicht auf das gesamte Vermögen der Gesellschaft bezieht;[69] der auf die verschiedenen übernehmenden Einheiten entfallende Übertragungsgegenstand wird also jeweils im Rahmen eines einheitlichen Übertragungstatbestandes transferiert.[70]

---

[67] Vgl. Verse in BeckOGK UmwG (1.1.2024), § 123 UmwG, Rn. 2.

[68] Vgl. Hörtnagl in Schmitt/Hörtnagl (2024), § 131 UmwG, Rn. 1.

[69] Vgl. Hörtnagl in Schmitt/Hörtnagl (2024), § 131 UmwG, Rn. 4.

[70] Vgl. Lieder in Lutter (2024), § 123 UmwG, Rn. 9.

Die Zuordnung der Vermögensteile der übertragenden Gesellschaft zum jeweiligen Übertragungsgenstand durch die entsprechende Festlegung im Spaltungs- und Übernahmevertrag[71] kann dabei grundsätzlich beliebig vorgenommen werden.[72]

Weil das gesamte Vermögen der übertragenden Gesellschaft transferiert wird und deren Beteiligungswert vor der Maßnahme nicht negativ sein kann, muss der Wert des Übertragungsgegenstandes vor dem Hintergrund der für diese Arbeit getroffenen Annahmen aber insgesamt wenigstens null sein.

Die Überträgerin erlischt im Zuge jeder Aufspaltung nach § 131 Nr. 2 UmwG mit der Eintragung ins Handelsregister ohne besondere Löschung. Damit gehen auch die Anteile an der Gesellschaft unter.[73]

Die Anteilseigner der übertragenden Kapitalgesellschaft werden nach § 131 Abs. 1 Nr. 3 S. 1 UmwG kraft Gesetzes Anteilseigner der beteiligten Gesellschaften.

Dass das Gesetz hier nicht übernehmende, sondern beteiligte Rechtsträger nennt, geht zurück auf die Möglichkeit nichtverhältniswahrender Spaltungen nach § 128 UmwG. Möglich sind nichtverhältniswahrende Aufspaltungen und nichtverhältniswahrende Abspaltungen. Bei nichtverhältniswahrenden Abspaltungen kommen dabei Gestaltungen in Frage, bei denen auch Anteile an der fortbestehenden Überträgerin gewährt werden. Mit dem Begriff beteiligte Rechtsträger wird diese Einheit zusätzlich zu der oder den übernehmenden Einheiten erfasst.[74]

Anteile der übertragenden Einheit, die von einer übernehmenden Gesellschaft (oder einem Dritten, der im eigenen Namen, jedoch für Rechnung dieser Kapitalgesellschaft handelt) gehalten werden, und eigene Anteile der übertragenden Gesellschaft, die mit der übertragenden Einheit untergehen, sind vom Anteilstausch ausgeschlossen.

Ein mit der Anteilsgewährung stattfindender Erwerb von Aktien an einer übernehmenden AG durch eine von dieser abhängigen Gesellschaft, die vor der Maßnahme Anteile an der Überträgerin hält, muss wieder zulässig sein. Das folgt aus genau den Zusammenhängen, die diesbezüglich für eine Verschmelzung beschrieben wurden.

---

[71] Vgl. Leonard in Semler/Stengel/Leonard (2021), § 131 UmwG, Rn. 7.

[72] Vgl. Lieder in Lutter (2024), § 123 UmwG, Rn. 19 f.; Sagasser in Sagasser/Bula (2024), § 18. Rn. 26.

[73] Vgl. Sickinger in Kallmeyer (2024), § 131 UmwG, Rn. 22.

[74] Vgl. Hörtnagl in Schmitt/Hörtnagl (2024), § 131 UmwG, Rn. 86. Zu nichtverhältniswahrenden Aufspaltungen in 5.3.2, zu nichtverhältniswahrenden Abspaltungen in 5.4.2.

5.3.2 Umtauschverhältnis

Das Umtauschverhältnis stellt auch bei Spaltungen die Hauptsache für die Umsetzung der Maßnahme dar. § 126 Abs. 1 Nr. 3 UmwG schreibt für Auf- und Abspaltungen die Angabe im Spaltungs- und Übernahmevertrag vor; die rechtliche und wirtschaftliche Erläuterung muss nach § 127 UmwG Inhalt des Spaltungsberichtes sein.[75]

Grundsätzlich gelten die für ein angemessenes Umtauschverhältnis bei Verschmelzungen dargestellten Zusammenhänge auch bei Aufspaltungen.[76]

Den berechtigten Anteilseignern der Überträgerin sind damit grundsätzlich Anteile an den übernehmenden Gesellschaften zu gewähren, die insgesamt den gleichen Wert haben wie ihre untergehenden Anteile an der übertragenden Gesellschaft.[77]

Existieren übernehmende Gesellschaften schon vor der Maßnahme – findet die Aufspaltung also (zum Teil) zur Aufnahme statt – kommt es wie für die Anteilseigner der Übernehmerin bei einer Verschmelzung zur Aufnahme auch für die Anteilseigner dieser Einheiten auf die Angemessenheit des Umtauschverhältnisses an.[78]

Wie beschrieben, wird der Kreis der berechtigten Anteilseigner für Aufspaltungen durch § 131 Abs. 1 Nr. 3 S. 1 UmwG festgelegt. Diese Vorschrift hat insoweit für Spaltungen die Bedeutung, die § 20 Abs. 1 Nr. 3 UmwG für Verschmelzungen hat. Nach § 131 Abs. 1 Nr. 3 S. 1 UmwG sind eigene Anteile der übertragenden Einheit und Anteile, die vor der Spaltung einer Beteiligung der übernehmenden an der übertragenden Einheit zugrunde liegen, nicht umzutauschen.

Für eine Beteiligung, die eine übernehmende Gesellschaft vor der Maßnahme an der übertragenden Gesellschaft hält, liegt damit eine Situation vor, die systematisch vergleichbar ist mit der, die § 20 Abs. 1 Nr. 3 UmwG korrespondierend mit §§ 54 Abs. 1 S. 1 Nr. 1, 68 Abs. 1 S. 1 Nr. 1 UmwG für eine Verschmelzung regelt. § 131 Abs. 1 Nr. 3 S. 1 UmwG schließt eine Anteilsgewährung für

---

[75] Vgl. Sickinger in Kallmeyer (2024), § 127 UmwG, Rn. 7. Dazu, dass entsprechende Angaben und Erläuterungen trotzdem genauso auch bei Ausgliederungen erfolgen müssen, in 5.5.2.

[76] Vgl. dazu Lanfermann in Kallmeyer (2024), § 126 UmwG, Rn. 7.

[77] Vgl. Verse in BeckOGK UmwG (1.1.2024), § 126 UmwG, Rn. 37.

[78] Vgl. Schröer/Greitemann in Semler/Stengel/Leonard (2021), § 126 UmwG, Rn. 37; Hörtnagl in Schmitt/Hörtnagl (2024), § 126 UmwG, Rn. 19; Priester/Lieder in Lutter (2024), § 126 UmwG, Rn. 41.

Anteile aus, die eine Übernehmerin vor der Spaltung an der Überträgerin hält.[79] Insoweit ist es also sachgerecht, dass § 125 S. 1 UmwG eine entsprechende Anwendung der §§ 54 Abs. 1 S. 1 Nr. 1, 68 Abs. 1 S. 1 Nr. 1 UmwG vorsieht und damit die Schaffung von Anteilen verhindert, insoweit diese nicht für die Vermögensübertragung gewährt werden können. Weil die übertragende Einheit bei einer Aufspaltung wie bei einer Verschmelzung untergeht und damit eigene Anteile dieser Gesellschaft erlöschen, ist dementsprechend der für Verschmelzungen zwischen §§ 54 Abs. 1 S. 1 Nr. 2, 68 Abs. 1 S. 1 Nr. 2 UmwG und § 20 Abs. 1 Nr. 3 S. 1 UmwG festzustellenden Gleichlauf auch bei Aufspaltungen (mit § 131 Abs. 1 Nr. 3 S. 1 UmwG) gegeben.

Vor diesem Hintergrund zu beachten ist die nach § 128 S. 1 UmwG bestehende Möglichkeit nichtverhältniswahrender Aufspaltungen, wenn dem alle Gesellschafter der Überträgerin zustimmen. Danach müssen Anteile an übernehmenden Gesellschaften nicht unbedingt in dem Verhältnis gewährt werden, zu dem die Anteilseigner der Überträgerin vor der Maßnahme an der übertragenden Einheit beteiligt sind, beispielsweise indem bei Aufspaltungen zur Neugründung unterschiedliche Beteiligungsquoten an den übernehmenden Einheiten herbeigeführt werden.[80] Möglich ist es auch, dass – grundsätzlich berechtigten – Anteilseignern überhaupt keine Anteile an einer übernehmenden Gesellschaft gewährt werden.[81] Für den Fall, dass eine Aufspaltung (auch) zur Aufnahme stattfindet, stellt § 128 S. 2 UmwG dementsprechend klar, dass verhältniswahrend nicht bedeutet, Beteiligungsquoten an den übernehmenden Einheiten herbeizuführen, die mit denen an der Überträgerin vor der Maßnahme übereinstimmen, sondern es um die Aufteilung der gewährten Anteile unter den ausgleichsberechtigten Anteilseignern geht. Anders würde das bei Spaltungen zur Aufnahme – außer bei der Umwandlung beteiligungsidentischer Schwestergesellschaften – offenkundig keinen Sinn machen.[82]

Für eine Aufspaltung zur Aufnahme ist dabei außerdem relevant, ob eine Übernehmerin vor der Maßnahme auch Anteilseigner hat, die keine Anteile an der Überträgerin halten und die der Maßnahme ihre Zustimmung damit nicht nach § 128 S. 1 UmwG verweigern können. Der Vorgang ist dann gegebenenfalls so zu gestalten, dass für diese Anteilseigner – nicht anders als bei einer verhältniswahrenden Spaltung – im Sinne eines angemessen Umtauschverhältnisses keine

[79] Vgl. Sickinger in Kallmeyer (2024), § 131 UmwG, Rn. 24.

[80] Vgl. Priester/Lieder in Lutter (2024), § 128 UmwG, Rn. 12.

[81] Vgl. Priester/Lieder in Lutter (2024), § 128 UmwG, Rn. 13.

[82] Vgl. Sickinger in Kallmeyer (2024), § 128 UmwG, Rn. 3; Hörtnagl in Schmitt/Hörtnagl (2024), § 128 UmwG, Rn. 2.

Nachteile resultieren, auch wenn sich die Anteilseigner der übertragenden Einheit im Sinne des § 128 S. 1 UmwG auf eine nichtverhältniswahrende Spaltung verständigen. Andernfalls wird der Spaltung von dieser Seite nicht zugestimmt oder im Nachhinein ein Ausgleich im Sinne des § 15 Abs. 1 UmwG verlangt werden.[83]

5.4 Abspaltung

5.4.1 Ablauf

Bei einer ***Abspaltung zur Aufnahme*** nach § 123 Abs. 2 Nr. 1 UmwG überträgt eine Kapitalgesellschaft einen Teil ihres Vermögens auf eine vor der Umwandlung bestehende Kapitalgesellschaft oder mehrere Teile auf mehrere vor der Umwandlung bestehende Kapitalgesellschaften. Für die Vermögensübertragung werden den Anteilseignern der übertragenden Einheit grundsätzlich Anteile an der übernehmenden Gesellschaft oder den übernehmenden Gesellschaften gewährt. Die Übertragung des Vermögens erfolgt auf jede übernehmende Gesellschaft jeweils im Ganzen. Die übertragende Gesellschaft besteht fort.

Bei einer ***Abspaltung zur Neugründung*** nach § 123 Abs. 2 Nr. 2 UmwG überträgt eine Kapitalgesellschaft einen Teil ihres Vermögens auf eine damit neugegründete Kapitalgesellschaft oder mehrere Teile auf mehrere damit neugegründete Kapitalgesellschaften. Für die Vermögensübertragung werden den Anteilseignern der übertragenden Einheit grundsätzlich Anteile an der übernehmenden Gesellschaft oder den übernehmenden Gesellschaften gewährt. Die Übertragung des Vermögens erfolgt auf jede übernehmende Gesellschaft jeweils im Ganzen. Die übertragende Gesellschaft besteht fort.

Nach § 123 Abs. 4 UmwG können auch Abspaltungen zugleich zur Aufnahme und zur Neugründung stattfinden. Das setzt offenkundig voraus, dass es wenigstens zwei übernehmende Gesellschaften gibt, was anders als bei einer Aufspaltung nicht immer so ist; bei Abspaltungen kann es neben der übertragenden Gesellschaft eine oder mehrere übernehmende Gesellschaften geben.

Die Vermögensübertragung erfolgt dabei nach § 131 Abs. 1 Nr. 1 UmwG auch bei jeder Abspaltung mit der Eintragung ins Handelsregister durch Sonderrechtsnachfolge (partielle Gesamtrechtsnachfolge). Das Vermögen geht also, insoweit es auf eine übernehmende Gesellschaft transferiert wird, ohne gesonderte Übertragungsakte als Gesamtheit über.

[83] Vgl. Verse in BeckOGK UmwG (1.1.2024), § 126 UmwG, Rn. 44.

Wie bei Aufspaltungen kann die Zuordnung von Vermögen zum Übertragungsgegenstand beziehungsweise zu den jeweiligen Übertragungsgegenständen auch bei Abspaltungen grundsätzlich beliebig vorgenommen werden. Wegen des Fortbestehens der übertragenden Gesellschaft ist damit in diesem Zusammenhang das bei dieser Einheit verbleibende Vermögen ebenso von Interesse.[84]

Bei mehreren übernehmenden Gesellschaften stellt sich dabei wie bei einer Aufspaltung die Frage, ob der auf eine dieser Einheiten entfallende Übertragungsgegenstand einen negativen Wert aufweisen kann.

Weil die übertragende Einheit nach der Maßnahme weiter existiert, ist es anders als bei einer Aufspaltung prinzipiell auch möglich, dass der Übertragungsgegenstand insgesamt einen negativen Wert aufweist.

Auch bei einer Abspaltung werden die Anteilseigner der übertragenden Kapitalgesellschaft nach § 131 Abs. 1 Nr. 3 S. 1 UmwG kraft Gesetzes Anteilseigner der übernehmenden Kapitalgesellschaften, insoweit die entsprechenden Anteile vor der Maßnahme nicht von einer übernehmenden Gesellschaft – oder einem Dritten, der im eigenen Namen, jedoch für Rechnung dieser Kapitalgesellschaft handelt – gehalten werden oder eigene Anteile der übertragenden Gesellschaft sind. Auch bei einer Abspaltung ist dabei der Erwerb von Aktien an einer beherrschenden AG möglich.

5.4.2 Umtauschverhältnis

Anders als bei einer Aufspaltung, bei der die übertragende Gesellschaft wie bei einer Verschmelzung untergeht, existiert die übertragende Einheit nach einer Abspaltung weiter. Damit bestehen auch die Anteile an dieser Gesellschaft fort; sie werden also nicht tatsächlich getauscht. Im Ergebnis muss aber auch eine Abspaltung so umgesetzt werden, dass die entsprechenden Vermögenspositionen der Anteilsinhaber der übertragenden Gesellschaft im Zuge der Maßnahme nicht beeinträchtigt werden. Es sind also grundsätzlich Anteile an der übernehmenden Gesellschaft oder den übernehmenden Gesellschaften mit Werten zu gewähren, so dass die mit der Vermögensübertragung eintretenden Wertminderungen der Anteile an der übertragenden Gesellschaft damit ausgeglichen werden.[85]

---

[84] Vgl. Leonard in Semler/Stengel/Leonard (2021), § 131 UmwG, Rn. 7; Lieder in Lutter (2024), § 123 UmwG, Rn. 19 f.; Sagasser in Sagasser/Bula (2024), § 18. Rn. 26.

[85] Vgl. Schröer/Greitemann in Semler/Stengel/Leonard (2021), § 126 UmwG, Rn. 37; Hörtnagl in Schmitt/Hörtnagl (2024), § 126 UmwG, Rn. 2, Verse in BeckOGK UmwG (1.1.2024), § 126 UmwG, Rn. 38.

Hinsichtlich der (wirtschaftlichen) Konsequenzen ist das im Ergebnis allerdings nichts anderes als die Verallgemeinerung der entsprechenden Vorgänge bei Verschmelzungen (und Aufspaltungen). Tatsächlich grundlegend ist hier also die Abspaltung.[86] Der Begriff Umtauschverhältnis wird hier folglich auch im Zusammenhang mit Abspaltungen verwendet.

Findet eine Abspaltung (zum Teil) zur Aufnahme statt, sind im Zusammenhang mit einem angemessenen Umtauschverhältnis wieder auch die Vermögenspositionen der bisherigen Anteilseigner der übernehmenden Gesellschaften zu berücksichtigen. Anders als bei Aufspaltungen können dabei auch solche Anteile von Interesse sein, die vor der Abspaltung von der Überträgerin gehalten und nicht Bestandteil des Übertragungsgegenstandes werden. Solche Anteile liegen also vor und nach der Maßnahme bei der Übertragerin einer Beteiligung zugrunde.

Der Kreis der berechtigten Anteilseigner der Überträgerin wird bei Abspaltungen wie bei Aufspaltungen durch § 131 Abs. 1 Nr. 3 S. 1 UmwG festgelegt. Eigene Anteile der übertragenden Einheit und Anteile, die vor der Abspaltung einer Beteiligung der übernehmenden Gesellschaft an der Überträgerin zugrunde liegen, begründen also keinen Anspruch auf die Gewährung von Anteilen an einer übernehmenden Gesellschaft.

Die spaltungsspezifischen Vorgaben betreffen damit auch bei Abspaltungen dieselben Anteile wie die verschmelzungsbezogenen Vorgaben. Die damit geregelten wirtschaftlichen Vorgänge stimmen aber bei Abspaltungen anders als bei Aufspaltungen systematisch nur zum Teil mit denen bei einer Verschmelzung überein.

Für eine Beteiligung der übernehmenden Einheit an der Überträgerin ist dabei auch für eine Abspaltung eine inhaltliche Übereinstimmung mit einer entsprechenden Konstellation bei einer Verschmelzung festzustellen. Auch hier gehen die §§ 54 Abs. 1 S. 1 Nr. 1, 68 Abs. 1 S. 1 Nr. 1 UmwG einher mit § 131 Abs. 1 Nr. 3 S. 1 UmwG.

Für Anteile, die vor der Maßnahme eigene Anteile der Überträgerin sind, ist demgegenüber keine Situation festzustellen, die entsprechend auch bei einer Verschmelzung vorkommt. Die §§ 54 Abs. 1 S. 1 Nr. 2, 68 Abs. 1 S. 1 Nr. 2 UmwG führen im Rahmen von Verschmelzungen, bei denen sie eine Kapitalerhöhung bei der Übernehmerin verhindern, insoweit die Überträgerin vor der Umwandlung eigene Anteile hält, nur wegen des Untergangs der Überträgerin und damit ihrer eigenen Anteile zu einem sachgerechten Ergebnis. Es wird verhindert, dass eine Kapitalerhöhung stattfindet, ohne dass es zu einem Transfer von Werten kommt.

[86] Dazu eingehend in Kapitel 6.

Bei einer Abspaltung geht die Überträgerin aber nicht unter und die Anteile, die sie vor der Maßnahme als eigene Anteile hält, existieren weiter.

Verbleiben eigene Anteile im Zuge einer Abspaltung bei der Überträgerin, verhindert § 131 Abs. 1 Nr. 3 S. 1 UmwG, dass die übertragende Gesellschaft im Zuge der Maßnahme Anteile an einer übernehmenden Gesellschaft erhält. Bei Verschmelzungen verhindert § 131 Abs. 1 Nr. 3 S. 1 UmwG demgegenüber, dass die Übernehmerin eigene Anteile[87] erwirbt, was offenkundig etwas vollkommen anderes ist. Bei einer Abspaltung gibt es im Zusammenhang mit bei der Überträgerin verbleibenden eigenen Anteilen folglich überhaupt keine inhaltliche Grundlage für eine entsprechende Anwendung der §§ 54 Abs. 1 S. 1 Nr. 2, 68 Abs. 1 S. 1 Nr. 2 UmwG mit § 125 S. 1 UmwG.

Werden eigene Anteile der übertragenden Gesellschaft bei einer Abspaltung Bestandteil des Übertragungsgegenstandes, begründen oder erhöhen sie bei der sie übernehmenden Gesellschaft eine Beteiligung an der auch nach der Maßnahme bestehenden Überträgerin. Für die Übernehmerin bedeutet das also neues Vermögen mit einem positiven Wert. Eine Anwendung von §§ 54 Abs. 1 S. 1 Nr. 2, 68 Abs. 1 S. 1 Nr. 2 UmwG wäre insoweit also falsch. Auch hier ist es aber nicht sachgerecht, die transferierten eigenen Anteile der Überträgerin einer Gewährung von Anteilen an der übernehmenden Gesellschaft zugrunde zu legen, weil diese dann eigene Anteile erwerben würde. § 131 Abs. 1 Nr. 3 S. 1 UmwG ist also auch hier – allerdings wieder als alleinstehende Vorgabe – anzuwenden.[88]

Wie Aufspaltungen können Abspaltungen nach § 128 S. 1 UmwG nichtverhältniswahrend umgesetzt werden. Dabei können Anteile an der übernehmenden Einheit nur bestimmten Anteilseignern der Überträgerin gewährt werden, die dafür den Umfang ihrer Beteiligung an der Überträgerin zugunsten der anderen Anteilseigner dieser Gesellschaft reduzieren.[89] Werden in diesem Zusammenhang eigene Anteile der Überträgerin gewährt, können diese wieder nicht die Grundlage für die Gewährung von Anteilen an einer übernehmenden Einheit sein.[90]

---

[87] D. h. eigene Anteile der Übernehmerin.

[88] Vgl. (nur im Ergebnis) Sickinger in Kallmeyer (2024), § 125 UmwG, Rn. 56, 76; § 131 UmwG, Rn. 24.

[89] Vgl. Priester/Lieder in Lutter (2024), § 128 UmwG, Rn. 15.

[90] Vgl. Sickinger in Kallmeyer (2024), § 131 UmwG, Rn. 24.

5.5 Ausgliederung

5.5.1 Ablauf

Bei einer ***Ausgliederung zur Aufnahme*** nach § 123 Abs. 3 Nr. 1 UmwG überträgt eine Kapitalgesellschaft einen Teil ihres Vermögens auf eine vor der Umwandlung bestehende Kapitalgesellschaft oder mehrere Teile ihres Vermögens auf mehrere vor der Umwandlung bestehende Kapitalgesellschaften. Für die Vermögensübertragung werden der übertragenden Einheit Anteile an der übernehmenden Gesellschaft oder den übernehmenden Gesellschaften gewährt. Die Übertragung des Vermögens erfolgt auf jede übernehmende Gesellschaft jeweils als Gesamtheit. Die übertragende Gesellschaft besteht fort.

Bei einer ***Ausgliederung zur Neugründung*** nach § 123 Abs. 3 Nr. 2 UmwG überträgt eine Kapitalgesellschaft einen Teil ihres Vermögens auf eine damit neugegründete Kapitalgesellschaft oder mehrere Teile ihres Vermögens auf mehrere damit neugegründete Kapitalgesellschaften. Für die Vermögensübertragung werden der übertragenden Einheit Anteile an der übernehmenden Gesellschaft oder den übernehmenden Gesellschaften gewährt. Die Übertragung des Vermögens erfolgt auf jede übernehmende Gesellschaft jeweils als Gesamtheit. Die übertragende Gesellschaft besteht fort.

Wie Aufspaltungen und Abspaltungen können grundsätzlich auch Ausgliederungen nach § 123 Abs. 4 UmwG zugleich zur Aufnahme und zur Neugründung stattfinden. Wie bei Abspaltungen gibt es aber auch bei Ausgliederungen nicht immer zwei übernehmende Gesellschaften; neben der ausgliedernden Gesellschaft kann es eine oder mehrere übernehmende Gesellschaften geben.

Die Vermögensübertragung erfolgt nach § 131 Abs. 1 Nr. 1 UmwG auch bei einer Ausgliederung – wie bei Aufspaltungen und bei Abspaltungen – durch Sonderrechtsnachfolge (partielle Gesamtrechtsnachfolge).

Hinsichtlich des Wertes – beziehungsweise der Werte seiner Teile bei mehreren übernehmenden Einheiten – des Übertragungsgegenstandes stellen sich dabei grundsätzlich die gleichen Fragen wie bei einer Abspaltung. Anders als bei der Abspaltung ist es im Rahmen einer Ausgliederung trotz des Fortbestehens der übertragenden Einheit allerdings prinzipiell möglich, dass diese ihr gesamtes Vermögen überträgt. Nach der Ausgliederung besteht das Vermögen der Überträgerin dann nur noch aus den für die Vermögensübertragung gewährten Anteilen an der oder den übernehmenden Einheiten.[91]

[91] Vgl. Verse in BeckOGK UmwG (1.1.2024), § 123 UmwG, Rn. 72; Sickinger in Kallmeyer (2024), § 123 UmwG, Rn. 12.

Die übertragende Kapitalgesellschaft wird nach § 131 Abs. 1 Nr. 3 S. 3 UmwG kraft Gesetztes Anteilseignerin der übernehmenden Gesellschaften.[92] Einschränkungen, wie sie in diesem Zusammenhang § 20 Abs. 1 Nr. 3 UmwG für Verschmelzungen und § 131 Abs. 1 Nr. 3 S. 1 UmwG für Aufspaltungen und Abspaltungen vorsehen, gibt es dementsprechend bei Ausgliederungen nicht.

Eine ausgliedernde Kapitalgesellschaft muss dabei im Zuge der Anteilsgewährung für die Vermögensübertragung auch Anteile an einer sie beherrschenden AG erwerben können. Das entspricht insoweit der Situation, in der eine Kapitalgesellschaft, die vor einer Verschmelzung (beziehungsweise vor einer Auf- oder Abspaltung) an einer (beziehungsweise der) übertragenden Kapitalgesellschaft beteiligt ist, von einer übernehmenden AG abhängig ist.[93] Ohne dass der Überträgerin Anteile für die Vermögensübertragung gewährt würden, ginge das zulasten ihres Beteiligungswertes und – ist die sie beherrschende Übernehmerin nicht ihre einzige Gesellschafterin – aller ihrer Gesellschafter außer der herrschenden AG. Entsprechend zugutekäme das der übernehmenden AG und ihren Aktionären mit Ausnahme der abhängigen Gesellschaft.[94]

5.5.2 Umtauschverhältnis

Auch im Rahmen einer Ausgliederung geht es um die Übertragung von Vermögen einer Kapitalgesellschaft gegen die Gewährung von Anteilen an einer oder mehreren übernehmenden Gesellschaften. Ein (eigentlicher) Anteilstausch wie bei Verschmelzungen und Aufspaltungen beziehungsweise damit systematisch übereinstimmend bei Abspaltungen findet bei einer Ausgliederung allerdings nicht statt. Dementsprechend sind, wie beschrieben, die Angabe und Erläuterung des Umtauschverhältnisses in § 126 Abs. 1 Nr. 3 UmwG und § 127 UmwG für Ausgliederungen nicht explizit vorgegeben. Entsprechende Angaben zur Vermögensübertragung und zur Höhe der zu erbringenden Gegenleistung, das heißt den zu gewährenden Anteilen, müssen aber offenkundig trotzdem vertraglich festgehalten werden, damit es zur Umsetzung der Maßnahme kommen kann.[95] Ebenso sind diese Elemente bei einer Ausgliederung im Ergebnis nicht anders

---

[92] Vgl. Sickinger in Kallmeyer (2024), § 131 UmwG, Rn. 23.

[93] Vgl. Oechsler in MüKoAktG (2024), § 71 AktG, Rn. 174, 190 f.

[94] Vgl. dazu 5.2.1. Hinnehmbar wäre eine unterbleibende Anteilsgewährung demnach nur bei einer Beteiligungsquote der Übernehmerin an der Überträgerin in Höhe von 100 Prozent. (vgl. (wohl) Schmitt/Hörtnagl (2024), § 126 UmwG, Rn. 16; Sagasser in Sagasser/Bula (2024), § 18. Rn. 189 f.).

[95] Vgl. Hörtnagl in Schmitt/Hörtnagl (2024), § 126 UmwG, Rn. 36.

als bei Auf- und Abspaltungen im Spaltungsbericht zu behandeln. Auch für Ausgliederungen fordert § 127 UmwG die umfassende rechtliche und wirtschaftliche Erläuterung und Begründung der Umwandlung. Ohne im Einzelnen auf die Werte des Übertragungsgegenstandes, die Werte der Anteile an der übertragenden Gesellschaft sowie – bei einer Ausgliederung, die (auch) zur Aufnahme stattfindet – die Werte der Anteile an der oder den übernehmenden Gesellschaften einzugehen, ist das aber unmöglich. Die für Verschmelzungen beziehungsweise Auf- und Abspaltungen beschriebenen Anforderungen an die Angemessenheit des Verhältnisses der Werte des transferierten Vermögens und der gewährten Anteile gelten dabei auch bei Ausgliederungen.[96]

Der übertragenden Gesellschaft sind hier grundsätzlich Anteile an der oder den übernehmenden Gesellschaften mit einem Wert zu gewähren, der übereinstimmt mit dem Wert des (jeweils) übertragenen Vermögens. Auch wenn sie insoweit nicht unmittelbar betroffen sind, würden die Anteilsinhaber der übertragenden Gesellschaft bei einer Ausgliederung, die (auch) zur Aufnahme stattfindet, die Maßnahme grundsätzlich immer dann ablehnen, wenn die Umsetzung im Ergebnis nachteilig für die Vermögensposition der Überträgerin wäre und sich dementsprechend auf den Wert ihrer Beteiligungen an ihr auswirken würde.[97]

Ganz wesentlich ist in diesem Zusammenhang, dass der Wert der (im Sinne einer angemessenen Anteilsgewährung) zu gewährenden Anteile dann nicht mit dem Wert des Übertragungsgegenstandes übereinstimmt, wenn (auch) eigene Anteile der Überträgerin ausgegliedert werden. In diesen Fällen kommt es auch bei Ausgliederungen (auch) unmittelbar auf die Gesellschafterebene der übertragenden Einheit an.[98]

Zugleich müssen auch bei einer Ausgliederung, die (auch) zur Aufnahme stattfindet, die Vermögenspositionen der bisherigen Anteilseigner der (schon vor der Maßnahme existierenden) übernehmenden Gesellschaften sichergestellt sein. Dabei sind gegebenenfalls auch solche Anteile von Interesse, die die Übertragerin vor der Maßnahme hält und die nicht Bestandteil des Übertragungsgegenstandes werden. In dieser Hinsicht macht es dabei grundsätzlich keinen Unterschied, dass die gewährten Anteile an die übertragende Gesellschaft selbst und nicht an ihre Anteilseigner gehen.

[96] Vgl. Hörtnagl in Schmitt/Hörtnagl (2024), § 127 UmwG, Rn. 9, 10; Verse in BeckOGK UmwG (1.1.2024), § 127 UmwG, Rn. 36.

[97] Vgl. Hörtnagl in Schmitt/Hörtnagl (2024), § 127 UmwG, Rn. 9.

[98] Dazu eingehend in 6.1.4.

Vor diesem Hintergrund einer in den wesentlichen Punkten systematischen Übereinstimmung wird der Begriff Umtauschverhältnis hier auch im Zusammenhang mit Ausgliederungen verwendet, um die für die Vermögensübertragung stattfindende Anteilsgewährung zu beschreiben.

Weil nur der ausgliedernden Einheit Anteile für die Vermögensübertragung gewährt werden können, erfasst die Regelung des § 131 Abs. 1 Nr. 3 UmwG Ausgliederungen nicht und § 125 S. 1 UmwG schließt die entsprechende Anwendung der §§ 54 Abs. 1 S. 1 Nr. 1, 68 Abs. 1 S. 1 Nr. 1 UmwG für Kapitalerhöhungen bei übernehmenden Gesellschaften explizit aus.[99] Demgegenüber sind die Wahlrechte der §§ 54 Abs. 1 S. 2 Nr. 1 u. 2, 68 Abs. 1 S. 2 Nr. 1 u. 2 UmwG nach § 125 S. 1 UmwG auch bei Ausgliederungen entsprechend anzuwenden.[100]

Weil entsprechende Gestaltungen damit außerhalb der Systematik der Maßnahme umgesetzt werden müssten, kommen nichtverhältniswahrende Ausgliederungen nicht in Frage. Dementsprechend werden Ausgliederungen anders als Aufspaltungen und Abspaltungen von § 128 UmwG nicht erfasst.[101]

5.6 Weitere Untergliederung von Umwandlungen

Wie dargestellt, unterscheidet das Umwandlungsgesetz neben den möglichen Umwandlungsarten Verschmelzung, Aufspaltung, Abspaltung und Ausgliederung danach, ob diese zur Neugründung oder zur Aufnahme stattfinden.

Im Rahmen dieser Arbeit wird eine weitere Gliederung vorgenommen. Diese bezieht sich auf die Anzahl an Kapitalgesellschaften, die bei einer bestimmten Umwandlung umzuwandelnde Rechtsträger (übertragende, übernehmende beziehungsweise beteiligte Rechtsträger) sind.

Dabei wird die Menge der umzuwandelnden Kapitalgesellschaften mit

$$U = \{u | u \text{ ist umzuwandelnde Einheit}\}$$

beschrieben. Die Anzahl der umzuwandelnden Kapitalgesellschaften ist also mit $|U|$ gegeben. Es wird festgelegt, dass jede umzuwandelnde Kapitalgesellschaft, die schon vor einer Maßnahme existiert, eine des oben bestimmten Verbundes von N Kapitalgesellschaften ist. Bei allen Umwandlungen, die ausschließlich zur

[99] Vgl. Hörtnagl in Schmitt/Hörtnagl (2024), § 126 UmwG, Rn. 53.

[100] Vgl. Hörtnagl/Rinke in Schmitt/Hörtnagl (2024), § 125 UmwG, Rn. 17; Bundestag-Drucksache 20/3822, S. 82 f.

[101] Vgl. Priester/Lieder in Lutter (2024), § 128 UmwG, Rn. 3.

Aufnahme stattfinden, ist U damit eine Teilmenge von N:

$$U \subseteq N \tag{5.1}$$

Die Menge der im Rahmen einer Umwandlung zur Neugründung entstehenden Kapitalgesellschaften wird mit

$$G = \{g | g \text{ ist neugegründete Einheit}\}$$

beschrieben. Dabei gilt $g \notin N \; \forall \; g \in G$, weil eine neu entstehende Kapitalgesellschaft vor einer Umwandlung nicht dem oben bestimmten aus N Kapitalgesellschaften bestehenden Verbund zugehörig sein kann.

Unabhängig von der im Einzelnen umgesetzten Maßnahme handelt es sich bei einer neu entstehenden Kapitalgesellschaft immer um eine übernehmende, das heißt um eine umzuwandelnde Einheit. Es gilt also $g \in U \; \forall \; g \in G$ und damit

$$G \subset U . \tag{5.2}$$

G ist also eine echte Teilmenge von U.

Verschmelzungen können zur Aufnahme oder zur Neugründung stattfinden.

Bei einer ***Verschmelzung zur Aufnahme*** sind mindestens zwei Kapitalgesellschaften umzuwandelnde Rechtsträger. Das heißt, es gibt wenigstens eine übertragende und eine übernehmende Kapitalgesellschaft. Es ist aber auch möglich, dass mehrere Einheiten, also maximal alle Gesellschaften des Verbundes, abgesehen von der übernehmenden Einheit, im Zuge einer einzelnen Umwandlung auf eine andere Gesellschaft des Verbundes verschmolzen werden. Damit können hier höchstens $N - 1$ Einheiten übertragende Rechtsträger sein. Für eine Verschmelzung zur Aufnahme gilt demnach

$$2 \leq |U| \leq N .$$

Bei einer ***Verschmelzung zur Neugründung*** sind wenigsten zwei schon vor der Maßnahme existierende Einheiten auf eine mit der Maßnahme entstehende – also eine neue – Kapitalgesellschaft zu verschmelzen. Bei einer Verschmelzung zur Neugründung sind also zumindest drei Kapitalgesellschaften umzuwandelnde Rechtsträger. Auf der anderen Seite können hier maximal alle N Einheiten des Verbundes auf eine neue Kapitalgesellschaft verschmolzen werden. Es gilt hier also immer $|G| = 1$ und damit

$$3 \leq |U| \leq N + 1 \, .$$

Aufspaltungen können zur Aufnahme oder zur Neugründung oder zugleich zur Aufnahme und zur Neugründung stattfinden.

Bei einer ***Aufspaltung zur Aufnahme*** kann eine Kapitalgesellschaft auf mindestens zwei andere Einheiten des Verbundes aufgespalten werden. Damit sind wenigstens drei Kapitalgesellschaften umzuwandelnde Rechtsträger. Mit allen Einheiten des Verbundes abgesehen von der übertragenden Einheit gibt es höchstens $N - 1$ übernehmende Kapitalgesellschaften. Für eine Aufspaltung zur Aufnahme gilt demnach

$$3 \leq |U| \leq N.$$

Bei einer ***Aufspaltung zur Neugründung*** gibt es wenigstens zwei mit der Maßnahme neu entstehende übernehmende Einheiten ($|G| \geq 2$). Zusammen mit der übertragenden Gesellschaft sind also mindestens drei Kapitalgesellschaften umzuwandelnde Rechtsträger. Grundsätzlich – also soweit der Übertragungsgegenstand ihre erforderliche Ausstattung zulässt – können im Zuge der Maßnahme beliebig viele Einheiten neu gegründet werden. Demnach ist die Anzahl der umzuwandelnden Rechtsträger nach oben nicht begrenzt.

Damit folgt für eine Aufspaltung zur Neugründung

$$|U| \geq 3 \, .$$

Bei einer kombinierten ***Aufspaltung zur Aufnahme und zur Neugründung*** sind wenigstens drei Einheiten umzuwandelnde Rechtsträger. Neben der übertragenden Einheit sind das mindestens eine bestehende übernehmende und eine mit der Umwandlung neu entstehende übernehmende Kapitalgesellschaft ($|G| \geq 1$). Die Anzahl der bestehenden Einheiten ist insoweit wie bei einer ausschließlichen Aufspaltung zur Aufnahme auf $N - 1$ begrenzt. Es können aber grundsätzlich beliebig viele neue Einheiten hinzukommen. Für eine kombinierte Aufspaltung zur Aufnahme und zur Neugründung gilt also

$$|U| \geq 3 \, .$$

Auch ***Abspaltungen*** können zur Aufnahme oder zur Neugründung oder zugleich zur Aufnahme und zur Neugründung stattfinden.

Bei einer ***Abspaltung zur Aufnahme*** kann eine Einheit des Verbundes Teile ihres Vermögens zugleich auf eine oder mehrere andere Gesellschaften des Verbundes abspalten. Es gibt damit eine übertragende Einheit sowie wenigstens eine und maximal $N-1$ übernehmende Einheiten. Für eine Abspaltung zur Aufnahme gilt damit

$$2 \leq |U| \leq N \; .$$

Bei einer ***Abspaltung zur Neugründung*** sind mit der übertragenden Einheit und wenigstens einer Kapitalgesellschaft, die im Zuge der Maßnahme neu entsteht ($|G| \geq 1$), mindestens zwei Kapitalgesellschaften umzuwandelnde Rechtsträger. Soweit der Übertragungsgegenstand das zulässt, kann grundsätzlich eine beliebige Anzahl Kapitalgesellschaften mit der Maßnahme gegründet werden. Für eine Abspaltung zur Neugründung gilt damit

$$|U| \geq 2 \; .$$

Bei einer kombinierten ***Abspaltung zur Aufnahme und zur Neugründung*** gibt es neben der Überträgerin wenigstens eine schon vor der Maßnahme existierende übernehmende Kapitalgesellschaft und wenigstens eine mit der Umwandlung neu entstehende übernehmende Kapitalgesellschaft. Die Anzahl der schon vor der Maßnahme bestehenden Übernehmerinnen ist auf $N - 1$ begrenzt; die Anzahl der übernehmenden neuen Gesellschaften ist grundsätzlich beliebig. Bei einer ***Abspaltung zur Aufnahme und zur Neugründung*** gilt demnach

$$|U| \geq 3.$$

Hinsichtlich der Anzahl umzuwandelnder Rechtsträger entspricht die Situation bei ***Ausgliederungen*** derjenigen bei Abspaltungen.

Damit gelten bei einer ***Ausgliederung zur Aufnahme***

$$2 \leq |U| \leq N \; ,$$

bei einer ***Ausgliederung zur Neugründung***

$$|U| \geq 2$$

und bei einer kombinierten ***Ausgliederung zur Aufnahme und zur Neugründung***

$$|U| \geq 3 .$$

Schließlich ist es möglich, dass eine übertragende Einheit Vermögen zum Teil abspaltet und zum Teil ausgliedert.[102] Im Ergebnis gilt auch hier

$$|U| \geq 3 .$$

Die weitere Untersuchung unterscheidet nun in einem ersten Schritt zwischen Umwandlungen mit $|U| = 2$ und solchen mit $|U| > 2$ und gliedert sich dann nach den jeweils in Frage kommenden Maßnahmen:

Umwandlungen mit $|U| = 2$ werden in Kapitel 6 betrachtet und dabei als erstes solche zur Aufnahme untersucht. Im Einzelnen sind das die Verschmelzung zur Aufnahme mit einer übertragenden Kapitalgesellschaft sowie die Abspaltung zur Aufnahme und die Ausgliederung zur Aufnahme mit jeweils einer übernehmenden Kapitalgesellschaft. Anschließend werden mit der Abspaltung zur Neugründung und der Ausgliederung zur Neugründung mit jeweils einer übernehmenden Kapitalgesellschaft die beiden möglichen Umwandlungen zur Neugründung mit $|U| = 2$ behandelt.

Umwandlungen mit $|U| > 2$ sind Inhalt des siebten Kapitels. Im Einzelnen sind das die Verschmelzung zur Aufnahme mit mehr als einer übertragenden Kapitalgesellschaft sowie jede Verschmelzung zur Neugründung, Abspaltungen und Ausgliederungen zur Aufnahme oder Neugründung mit jeweils mehr als einer übernehmenden Kapitalgesellschaft, jede kombinierte Abspaltung beziehungsweise Ausgliederung zur Aufnahme und Neugründung sowie jede Aufspaltung.

---

[102] Vgl. Lieder in Lutter (2024), § 123 UmwG, Rn. 64.

Umwandlungen mit zwei umzuwandelnden Kapitalgesellschaften

6

6.1 Umwandlungen zur Aufnahme

6.1.1 Ausgangssituation

Bei einer Umwandlung zur Aufnahme mit zwei umzuwandelnden Kapitalgesellschaften ($|U| = 2$) gibt es eine Gesellschaft, deren Vermögen insgesamt oder in Teilen übertragen wird, und eine übernehmende Gesellschaft.

Für die Analyse werden ausschließlich Umwandlungen zwischen den im betrachteten Verbund N enthaltenen Kapitalgesellschaften betrachtet.

Die übertragende (veräußernde) Kapitalgesellschaft wird mit dem Index v gekennzeichnet und im Folgenden auch als *Einheit* v bezeichnet, die übernehmende (erwerbende) Kapitalgesellschaft wird mit dem Index e gekennzeichnet und im Folgenden auch als *Einheit* e bezeichnet. Für die Beteiligungswerte der *Einheit* v und der *Einheit* e gelten gemäß (4.6) unmittelbar vor einer Umwandlung:

***Einheit* v**

$$
\begin{aligned}
Y_{\mathrm{v}} &= W_{\mathrm{v}} + F_{\mathrm{v}}^{\boldsymbol{A}} + Y_{\mathrm{v}}^{\boldsymbol{P}} - F_{\mathrm{v}}^{\boldsymbol{V}} \\
\Leftrightarrow Y_{\mathrm{v}} &= W_{\mathrm{v}} + \sum_{n}^{N} F_{\mathrm{v},n} + \sum_{n}^{N} x_{\mathrm{v},n} \cdot Y_n - \sum_{n}^{N} F_{n,\mathrm{v}}
\end{aligned}
\tag{6.1}
$$

D. Klumpe, *Die Umwandlung von Kapitalgesellschaften*,
https://doi.org/10.1007/978-3-658-51872-1_6

***Einheit* e**

$$Y_e = W_e + F_e^A + Y_e^P - F_e^V$$

$$\Leftrightarrow \; Y_e = W_e + \sum_n^N F_{e,n} + \sum_n^N x_{e,n} \cdot Y_n - \sum_n^N F_{n,e} \tag{6.2}$$

Wie beschrieben, kommen auf dieser Grundlage Verschmelzungen, Abspaltungen und Ausgliederungen als Umwandlungen in Frage.

Vor der Betrachtung der verschiedenen Maßnahmen in den folgenden Abschnitten werden hier zwei grundlegende Zusammenhänge, die unter den getroffenen Annahmen gelten, vorab kurz allgemein dargestellt.[1]

Es geht dabei um die Entwicklung der Werte von Anteilen an Kapitalgesellschaften, bei denen es sich nicht um die umzuwandelnden Einheiten handelt – also um Anteile an dritten Kapitalgesellschaften des Verbundes – und das Verhältnis zwischen den Ansprüchen der Anteilseigner der Überträgerin (beziehungsweise bei Ausgliederungen der Überträgerin selbst) und den Ansprüchen der Anteilseigner der Übernehmerin bei der Bestimmung eines angemessenen Umtauschverhältnisses.

Zunächst ist dabei das Vermögen der umzuwandelnden Gesellschaften unter Berücksichtigung der bisherigen Ausführungen zu betrachten. Den umzuwandelnden Gesellschaften kann dabei im Rahmen einer Umwandlung insgesamt kein zusätzliches Realvermögen zugeführt werden; für den Wert der vorhandenen Realinvestitionen ist es irrelevant, wenn sie in unterschiedlichen Strukturen verwirklicht werden.[2] Nach einer Abspaltung oder Ausgliederung verfügen also die Überträgerin und die Übernehmerin zusammen über dasselbe – wertmäßig unveränderte – Realvermögen wie vor der Maßnahme; nach einer Verschmelzung befindet sich dieses Realvermögen dementsprechend insgesamt bei der Übernehmerin. Transferiert die Überträgerin im Zuge einer Umwandlung Ansprüche oder Verpflichtungen gegenüber anderen Einheiten des Verbundes als der Übernehmerin, wird die Übernehmerin Gläubigerin oder Schuldnerin; werden Ansprüche oder Verpflichtungen gegenüber der Übernehmerin übertragen, gehen diese zusammen mit der entsprechenden Gegenposition unter. Es ändert sich

[1] Werden dabei bisher noch nicht behandelte Inhalte berücksichtigt und an dieser Stelle nur umrissen, erfolgt ihre detaillierte Betrachtung im weiteren Verlauf.

[2] Vgl. dazu Kapitel 2.

demnach nichts am Wert eines Überhangs der Ansprüche oder der Verpflichtungen der umzuwandelnden Gesellschaften gegenüber allen anderen Einheiten des Verbundes.

Der Wert aller Anteile an mehreren Kapitalgesellschaften, ausgenommen solcher, die Beteiligungen dieser Einheiten untereinander zugrunde liegen, stimmt insgesamt überein mit den summierten Werten ihrer Realvermögen, Ansprüche und Verpflichtungen aus Fremdkapitalverträgen und Anteile an sonstigen Gesellschaften des Verbundes.[3]

Geht man nun zunächst davon aus, dass die umzuwandelnden Einheiten vor der Maßnahme keine Anteile an dritten Gesellschaften des Verbundes halten, stimmt offenkundig der Wert aller Anteile an den umzuwandelnden Gesellschaften, die nach der Maßnahme nicht von einer der umzuwandelnden Einheiten gehalten werden, überein mit dem Wert aller Anteile an den umzuwandelnden Gesellschaften, die vor der Maßnahme nicht von der Überträgerin oder der Übernehmerin gehalten werden. Damit kann es insoweit einen Vorteil zugunsten unmittelbarer Beteiligungen an der Überträgerin nur zulasten unmittelbarer Beteiligungen an der Übernehmerin geben und umgekehrt.

Möglich wäre ein solches Ergebnis also nur bei einem nicht angemessenen Umtauschverhältnis. Das gilt auch für Ausgliederungen, bei denen Anteile an der Übernehmerin zwar der übertragenden Einheit selbst gewährt werden, aber sich dementsprechend auf die Ebene ihrer Anteilseigner auswirken.[4] Auf der anderen Seite ist auch bei Ausgliederungen die Ebene der Anteilseigner der Übernehmerin maßgeblich.

Bei einem angemessenen Umtauschverhältnis gibt es für die unmittelbaren Anteilseigner der umzuwandelnden Gesellschaften also keinen Vermögenszugewinn oder -verlust. Handelt es sich bei ihnen um Kapitalgesellschaften des Verbundes, bleiben damit im Zuge einer Maßnahme auch ihre Beteiligungswerte unverändert.

Halten nun die umzuwandelnden Gesellschaften vor der Maßnahme Anteile an ihren unmittelbaren Anteilseignern – entweder bei einer unmittelbar wechselseitigen Beteiligung oder die Überträgerin hält Anteile an unmittelbaren Anteilseignern der Übernehmerin beziehungsweise die Übernehmerin hält Anteile an unmittelbaren Anteilseignern der Überträgerin – ändert sich im Zuge einer Umwandlung nichts am Bestand dieser Anteile. Bei einem angemessenen Umtauschverhältnis gilt das gleiche aber auch für ihren Wert. Ein Wertzuwachs der Anteile an unmittelbaren Anteilseignern der Überträgerin wäre auch hier nur

[3] Vgl. dazu Kapitel 4.

[4] Dazu eingehend in 6.1.4.1.3.

möglich zulasten des Wertes der Anteile an unmittelbaren Anteilseignern der Übernehmerin und umgekehrt.[5]

Wenn sich mit der Umsetzung eines angemessenen Umtauschverhältnisses aber nichts am Beteiligungswert von Einheiten des Verbundes ändert, die vor der Maßnahme unmittelbar an den umzuwandelnden Gesellschaften beteiligt sind, muss das auch für die Einheiten gelten, die unmittelbar an diesen Gesellschaften beteiligt sind und damit in der Folge für alle anderen Kapitalgesellschaften des Verbundes.

Unter der Voraussetzung eines angemessenen Umtauschverhältnisses muss der Wert der Anteile an diesen Gesellschaften damit auch dann gleich bleiben, wenn sie vor der Maßnahme von der Überträgerin oder der Übernehmerin gehalten werden.

Zusammenfassend lässt sich also festhalten, dass unter der Voraussetzung der Ermittlung eines angemessenen Umtauschverhältnisses der Wert von Anteilen an dritten Kapitalgesellschaften des Verbundes im Zuge einer Umwandlung jedenfalls unverändert bleibt.

Vor dem Hintergrund der dargestellten Wertentwicklungen folgt zudem, dass bei jeder Umwandlung die Summe der Werte, die auf die bei der Bestimmung eines angemessenen Umtauschverhältnisses zu berücksichtigenden Positionen entfallen, vor und nach der Maßnahme genau übereinstimmt.

Werden also den Anteilseignern der Überträgerin beziehungsweise der Überträgerin selbst Anteile an der Übernehmerin gewährt, so dass die mit der Vermögensübertragung einhergehende Wertminderung exakt ausgeglichen wird, dann stimmt auch der Wert der Anteile an der Übernehmerin vor und nach der Maßnahme überein und umgekehrt.

Im Ergebnis kann also bei der Bestimmung eines angemessenen Umtauschverhältnisses die Seite, der Anteile für die Vermögensübertragung zu gewähren sind, so gut wie die andere Seite – also die der Anteilseigner der Übernehmerin – an den Anfang der Überlegung gestellt werden.

Im Folgenden werden die Ansprüche auf eine Gewährung von Anteilen für die Vermögensübertragung an Anteilseigner der Überträgerin oder die Überträgerin selbst als ***Bedingung 1*** eines angemessenen Umtauschverhältnisses erfasst.

Die für die Anteilseigner der Übernehmerin zu formulierenden Ansprüche, dass sich am Wert ihrer Anteile im Zuge einer Maßnahme nichts ändert, werden als ***Bedingung 2*** eines angemessenen Umtauschverhältnisses erfasst.

---

[5] Dazu eingehend in 6.1.2.1.2.

6.1.2 Verschmelzung

6.1.2.1 Durchführung

6.1.2.1.1 Entwicklung der Überträgerin

Im Zuge einer Verschmelzung mit $|U| = 2$ überträgt die *Einheit* v ihr gesamtes Realvermögen, alle Anteile an den übrigen Gesellschaften der Gruppe sowie sämtliche Ansprüche und Verpflichtungen aus Fremdkapitalverträgen. Bei den übertragenen Positionen aus Fremdkapitalverträgen betrifft das also genauso solche gegenüber der *Einheit* e und bei den transferierten Eigenkapitaltiteln Anteile an dieser Gesellschaft; der Übertragungsgegenstand umfasst jeden Beitrag zum Beteiligungswert der *Einheit* v vor der Umwandlung.

Die *Einheit* v geht im Zuge der Verschmelzung unter. Damit erlöschen auch die Anteile an dieser Gesellschaft, auf die vor der Maßnahme ein den Beteiligungsquoten $x_{n,\mathrm{v}}(\forall\, n \in N)$ und $x_{m,\mathrm{v}}(\forall\, m \in M)$ entsprechender Teil des Beteiligungswertes Y_{v} entfällt. Falls die *Einheit* v vor der Verschmelzung eigene Anteile hält $\left(k_{\mathrm{v}}^{eA} > 0\right)$, erlöschen auch diese Anteile mit dem Untergang der Überträgerin. Eigene Anteile können bei einer Verschmelzung also nicht übertragen werden.

6.1.2.1.2 Entwicklung der Übernehmerin

Für den Beteiligungswert der *Einheit* e nach der Maßnahme $\left(Y_{\mathrm{e}}^{nU}\right)$ ergeben sich nach Art des transferierten Vermögens die folgenden Auswirkungen:

Wie dargestellt, ändert sich durch die Vermögensübertragung nichts an den Werten der betroffenen Realvermögen und der betroffenen Ansprüche und Verpflichtungen aus Fremdkapitalverträgen. Für das Realvermögen der übernehmenden Einheit nach der Maßnahme resultiert also die Summe der Werte bei *Einheit* v und *Einheit* e vor der Verschmelzung. Entsprechendes folgt für die übertragenen Ansprüche und Verpflichtungen aus Fremdkapitalverträgen. Findet dabei vor der Maßnahme eine Fremdfinanzierung von *Einheit* v durch *Einheit* e oder umgekehrt statt, werden die gegenseitigen Positionen aufgehoben.

Sind Eigenkapitaltitel Bestandteil des Übertragungsgegenstandes, ist zu unterscheiden, ob es Anteile an dritten Gesellschaften des Verbundes sind oder ob Anteile an der übernehmenden *Einheit* e transferiert werden.

Für Anteile an dritten Kapitalgesellschaften wurde oben allgemein festgestellt, dass sich ihre Werte im Zuge einer Umwandlung nicht ändern, wenn ein angemessene Umtauschverhältnis umgesetzt wird. Für entsprechende Anteile, die dabei auch in den Übertragungsgegenstand eingehen, werden die zugrundeliegenden Zusammenhänge im Folgenden exemplarisch veranschaulicht.

Werden Anteile an dritten Kapitalgesellschaften Bestandteil des Übertragungsgegenstandes, begründen sie bei der Übernehmerin Beteiligungen oder erweitern gegebenenfalls schon vor der Maßnahme bestehende. Die Verschmelzung hat dabei weder Auswirkungen auf das Nennkapital der Einheiten, deren Anteile übertragen werden, noch auf das Nennkapital der transferierten und aller anderen Anteile an diesen Gesellschaften. Die jeweiligen Beteiligungsquoten können also auf Ebene der *Einheit* e ohne weiteres zusammengefasst werden. Für die Werte dieser Anteile ist die Zulässigkeit eines entsprechenden Vorgehens nicht unmittelbar ersichtlich. So kann es in diesem Zusammenhang dazu kommen, dass direkt wechselseitige Beteiligungsverhältnisse mit der *Einheit* e neu entstehen beziehungsweise verändert werden oder dass – unter Berücksichtigung tieferer Beteiligungsebenen – Ringbeteiligungen resultieren oder beeinflusst werden. Als Beispiel lässt sich hier eine Situation anführen, in der zwischen der *Einheit* v und einer anderen Einheit des Verbundes als der *Einheit* e ein unmittelbar wechselseitiges Beteiligungsverhältnis besteht. Der Gesellschaft, deren Anteile übertragen werden, sind dann im Zuge der Maßnahme (grundsätzlich) Anteile an der Übernehmerin zu gewähren. Nach der Verschmelzung befindet sich also gegebenenfalls die *Einheit* e (an Stelle der *Einheit* v) in einem unmittelbar wechselseitigen Beteiligungsverhältnis mit dieser Gesellschaft.

Der Beteiligungswert der Einheit, deren Anteile transferiert werden, beeinflusst dabei den Wert des Übertragungsgegenstandes. Von diesem hängt ab, inwieweit dieser Gesellschaft Anteile an der *Einheit* e zu gewähren sind. Der Wert der gewährten Anteile geht dann aber wieder ein in den Beteiligungswert der Einheit, deren Anteile transferiert werden und beeinflusst damit den Wert dieser Anteile.

Ein weiteres Beispiel ist eine Situation, in der Anteile an Einheiten des Verbundes übertragen werden, die vor der Umwandlung unmittelbar an der Übernehmerin beteiligt sind. Die Folge ist ein unmittelbar wechselseitiges Beteiligungsverhältnis zwischen diesen Gesellschaften und der *Einheit* e. Der Wert der transferierten Anteile hängt dann im Ergebnis ab vom Wert der Anteile an der *Einheit* e bei der Gesellschaft, deren Anteile transferiert werden und damit vom Beteiligungswert der *Einheit* e sowie – wegen der resultierenden Verwässerung – vom Umfang der Anteilsgewährung an die Anteilseigner der *Einheit* v.

Betrachtet man für die beschriebenen Konstellationen die Übernehmerin für sich, isoliert also die unmittelbaren Folgen des Vermögenstransfers, ist eine Aussage zu den resultierenden Werten der transferierten Anteile sowie der entsprechenden Anteile, die sich schon vor der Maßnahme bei *Einheit* e befinden, und damit zum Beteiligungswert der Übernehmerin nach der Verschmelzung nicht möglich.

Aufzulösen sind die beschriebenen Konstellationen mit der Systematik eines angemessenen Umtauschverhältnisses:

Im Rahmen des ersten Beispiels verlangt die *Bedingung 1* eines angemessenen Umtauschverhältnisses, dass eine Einheit, deren Anteile von der *Einheit* v auf die *Einheit* e übergehen, als Ausgleich für den Untergang ihrer Anteile an der Überträgerin eine wertentsprechende Beteiligung an der Übernehmerin erhält. Ist das der Fall, dann kann es aber keine Auswirkungen auf ihren eigenen Beteiligungswert geben.

Für das zweite Beispiel ist die *Bedingung 2* eines angemessenen Umtauschverhältnisses heranzuziehen. Diese fordert, dass Anteile an der Übernehmerin, soweit sie vor der Maßnahme nicht von der Überträgerin gehalten werden oder eigene Anteile sind, nach der Verschmelzung den gleichen Wert haben wie davor. Das gilt also auch für Anteile, die von Einheiten gehalten werden, an denen die Übernehmerin durch den Vermögenstransfer eine Beteiligung erwirbt. Damit müssen aber auch die Beteiligungswerte dieser Gesellschaften unverändert bleiben.

Für die Einheiten, deren Anteile im Zuge der Verschmelzung von der *Einheit* v auf die *Einheit* e übergehen, resultieren also weder Veränderungen im Zusammenhang mit ihrem Nennkapital noch andere Beteiligungswerte. Damit haben aber auch die transferierten Anteile an diesen Gesellschaften nach der Verschmelzung genau den Wert wie vor der Maßnahme. Zugleich ändert sich damit auch nichts am Wert entsprechender Anteile, die schon vor der Maßnahme von der Übernehmerin gehalten werden oder vor und nach der Verschmelzung einer Beteiligung bei anderen Einheiten des Verbundes oder außenstehenden Individuen zugrunde liegen.

Unter der Voraussetzung, dass ein angemessenes Umtauschverhältnis ermittelt wird, sind für dessen Berechnung also die transferierten Anteile an dritten Gesellschaften des Verbundes und die entsprechenden Anteile, die bereits vor der Verschmelzung von der Übernehmerin gehalten werden, mit ihren Werten vor der Maßnahme zu berücksichtigen.

Für die Entwicklung der *Einheit* e folgt im Ergebnis, dass die Summe der Werte der diesbezüglichen Bestände der *Einheit* v und der *Einheit* e vor der Maßnahme zu bilden ist. Offenkundig können dabei die diesen Werten zugrundeliegenden Zahlungen nach der Maßnahme aber andere sein als vor der Umwandlung.

Anteile an der Übernehmerin, die vor der Verschmelzung von der Überträgerin gehalten werden, gehen auf die *Einheit* e über und verbleiben dort nach der Verschmelzung als eigene Anteile oder sie werden entsprechend den Wahlrechten der §§ 54 Abs. 1 S. 1 Nr. 2, 68 Abs. 1 S. 1 Nr. 2 UmwG den berechtigten Anteilseignern der *Einheit* v gewährt. Unabhängig davon, was mit diesen

Anteilen geschieht, leisten sie nach der Verschmelzung also keinen Beitrag zum Beteiligungswert der *Einheit* e.

Eine vor der Verschmelzung bestehende Beteiligung der Übernehmerin an der Überträgerin ist insoweit ebenfalls irrelevant. Die zugrundeliegenden Anteile gehen wie alle anderen Anteile an der *Einheit* v mit der Überträgerin unter.

Wie beschrieben, können damit auch eigene Anteile der *Einheit* v im Zuge einer Verschmelzung nicht transferiert werden und sind folglich für die *Einheit* e und ihren Beteiligungswert nach der Maßnahme ebenso ohne Bedeutung.

Für den Beteiligungswert der *Einheit* e nach der Umwandlung folgt vor diesem Hintergrund insgesamt[6]

$$
\begin{aligned}
Y_{\mathrm{e}}^{nU} &= W_{\mathrm{v}} + W_{\mathrm{e}} + \sum_{n}^{N}\left(\left(F_{\mathrm{v},n} + F_{\mathrm{e},n}\right) - \left(F_{n,\mathrm{v}} + F_{n,\mathrm{e}}\right)\right) \\
&+ \left(\sum_{\substack{n \\ n \neq \mathrm{e}}}^{N} x_{\mathrm{v},n} + \sum_{n}^{N} x_{\mathrm{e},n}\right) \cdot Y_n. \qquad (6.3)
\end{aligned}
$$

6.1.2.1.3 Bedingungen eines angemessenen Umtauschverhältnisses

Bei jeder Umwandlung geht es um die Umstrukturierung von Finanzierungsbeziehungen. Maßgeblich ist dabei die Umsetzung eines angemessenen Umtauschverhältnisses.

Bei einer Verschmelzung knüpfen die gesetzlichen Vorgaben dazu an die Vermögenspositionen der Anteilseigner der Überträgerin an. Nach § 20 Abs. 1 Nr. 3 S. 1 UmwG begründen nur Anteile an der Überträgerin, die vor der Maßnahme von der Übernehmerin gehalten werden und eigene Anteile der Überträgerin keinen grundsätzlichen Anspruch auf die Gewährung von Anteilen an der *Einheit* e. Bei einer Gewährung von Anteilen müssen diese demnach allen Einheiten des Verbundes außer den umzuwandelnden Gesellschaften sowie allen Individuen, die vor der Maßnahme Anteile an der Überträgerin halten, zugeteilt werden. Für ein angemessenes Umtauschverhältnis muss jeder so berechtigte Anteilseigner nach der Umwandlung über ihm im Zuge der Maßnahme gewährte Anteile an der *Einheit* e verfügen, deren Wert mit dem Wert seiner Beteiligung an der Überträgerin übereinstimmt. Diese Ansprüche sind als *Bedingung 1* eines angemessenen Umtauschverhältnisses zu erfassen. Bezeichnet dabei $x_{n,\mathrm{e}}^{gA}$

[6] Wie dargestellt, gelten dabei $F_{\mathrm{v},\mathrm{v}} = F_{\mathrm{e},\mathrm{e}} = 0$ sowie $x_{\mathrm{v},\mathrm{v}} = x_{\mathrm{e},\mathrm{e}} = 0$ und damit $x_{\mathrm{v},\mathrm{v}} \cdot Y_{\mathrm{v}} = x_{\mathrm{e},\mathrm{e}} \cdot Y_{\mathrm{e}} = 0$.

die Beteiligungsquote einer Kapitalgesellschaft n, die auf ihr im Zuge der Maßnahme gewährte Anteile an der *Einheit* e zurückgeht, und $x^{gA}_{m,\mathrm{e}}$ die entsprechende Beteiligungsquote eines Individuums m, folgt

Bedingung 1

$$\begin{aligned} x_{n,\mathrm{v}} \cdot Y_{\mathrm{v}} &= x^{gA}_{n,\mathrm{e}} \cdot Y^{nU}_{\mathrm{e}} \quad \forall\, n \in N \mid \neg\mathrm{v} \wedge \neg\mathrm{e} \\ x_{m,\mathrm{v}} \cdot Y_{\mathrm{v}} &= x^{gA}_{m,\mathrm{e}} \cdot Y^{nU}_{\mathrm{e}} \quad \forall\, m \in M\,. \end{aligned} \tag{6.4}$$

Die *Bedingung 1* beschreibt – hier für eine Verschmelzung – die Voraussetzungen eines angemessenen Umtauschverhältnisses für die Anteilseigner der Übertrögerin. Gegebenenfalls treten die zu gewährenden Anteile dabei an die Seite von Anteilen, die bereits vor der Umwandlung bei einer Kapitalgesellschaft oder einem Individuum einer Beteiligung an der *Einheit* e zugrunde liegen. Bezeichnen $x^{nU}_{n,\mathrm{e}}$ ($\forall\, n \in N \mid \neg\mathrm{v} \wedge \neg\mathrm{e}$) und $x^{nU}_{m,\mathrm{e}}$($\forall\, m \in M$) die gesamten Beteiligungsquoten der berechtigten Einheiten des Verbundes und außenstehenden Individuen nach erfolgter Verschmelzung, gelten demnach grundsätzlich $x^{gA}_{n,\mathrm{e}} \leq x^{nU}_{n,\mathrm{e}}$ sowie $x^{gA}_{m,\mathrm{e}} \leq x^{nU}_{m,\mathrm{e}}$, und $x^{gA}_{n,\mathrm{e}} < x^{nU}_{n,\mathrm{e}}$ beziehungsweise $x^{gA}_{m,\mathrm{e}} < x^{nU}_{m,\mathrm{e}}$ folgen, wenn Gesellschaften oder Individuen vor der Maßnahme sowohl Anteile der *Einheit* v als auch Anteile der *Einheit* e halten. Für die Bemessung eines Anspruchs nach *Bedingung 1* ist das allerdings ohne Bedeutung. Die Anteile an der übertragenden Einheit sind jedenfalls für sich zu betrachteten.

Dass das sachgerecht ist, ergibt sich vor dem Hintergrund der *Bedingung 2* eines angemessenen Umtauschverhältnisses. Wie für die Anteilseigner der Überträgerin ist ein angemessenes Umtauschverhältnis auch für die Anteilseigner der Übernehmerin ausschlaggebend. Nicht zu berücksichtigen sind insoweit nur Anteile an *Einheit* e, die vor der Verschmelzung von der Überträgerin gehalten werden, und eigene Anteile der *Einheit* e. Sind dritte Gesellschaften des Verbundes und Individuen vor der Verschmelzung an der Übernehmerin beteiligt, dann halten sie die entsprechenden Anteile auch nach der Maßnahme. Für ein angemessen Umtauschverhältnis müssen die Werte dieser Anteile vor und nach der Verschmelzung übereinstimmen. Es folgt

Bedingung 2

$$\begin{aligned} x_{n,\mathrm{e}} \cdot Y_{\mathrm{e}} &= x^{nU}_{n,\mathrm{e}} \cdot Y^{nU}_{\mathrm{e}} \quad \forall\, n \in N \mid \neg\mathrm{v} \wedge \neg\mathrm{e} \\ x_{m,\mathrm{e}} \cdot Y_{\mathrm{e}} &= x^{nU}_{m,\mathrm{e}} \cdot Y^{nU}_{\mathrm{e}} \quad \forall\, m \in M\,. \end{aligned} \tag{6.5}$$

Die *Bedingung 2* beschreibt – hier für eine Verschmelzung – die Voraussetzungen eines angemessenen Umtauschverhältnisses für die Anteilseigner der Übernehmerin und damit, welche Anteile an der *Einheit* e vor und nach der Maßnahme den gleichen Wert aufweisen müssen. Zu den so erfassten Anteilen gehören also auch solche, die von Einheiten des Verbundes oder Individuen gehalten werden, die auch Anteilseigner der Überträgerin sind. Ändert sich trotz der Vermögenübertragung – und einer damit einhergehenden Veränderung des Beteiligungswertes der Übernehmerin – nichts am Wert von Anteilen an der *Einheit* e, dann kann das Bestehen einer solchen Beteiligung auch keinen Unterschied machen für eine Anteilsgewährung im Sinne der *Bedingung 1*, wenn vor der Maßnahme zugleich Anteile an der Überträgerin gehalten werden.

6.1.2.1.4 Zu gewährende Anteile und umzusetzende Kapitalveränderungen

Auf die in diesem Abschnitt durchgeführten Berechnungen zur Bestimmung des Umfangs der für die Vermögensübertragung zu gewährenden Anteile an der Übernehmerin und der damit umzusetzenden Nennkapitalveränderungen wird im Zuge der entsprechenden Berechnungen bei der Analyse anderer Umwandlungen zurückgegriffen. Einige Zwischenschritte sind insbesondere bei diesen – beispielsweise vor dem Hintergrund eines dann zu berücksichtigenden Fortbestehens der übertragenden Einheit – von besonderer Bedeutung und damit auch Grundlage des anschließenden Vergleichs der wirtschaftlichen Ergebnisse der verschiedenen Maßnahmen. Dass es auch für die wirtschaftliche Beurteilung einer Umwandlung insgesamt notwendig ist, die Bestandteile des Übertragungsgegenstandes für sich zu betrachten – das heißt, ein bloßes Heranziehen der (gesamten) Beteiligungswerte der umzuwandelnden Gesellschaften unzureichend ist -, wird bereits unmittelbar im Anschluss in Abschnitt 6.1.2.2 deutlich werden.

Im Zuge einer Verschmelzung sind den berechtigten Anteilseignern der *Einheit* v für die Vermögensübertragung Anteile an der übernehmenden *Einheit* e zu gewähren. Zur Bestimmung des Nennkapitalbetrages der insgesamt verfügbar zu machenden Anteile sind in einem ersten Schritt die in *Bedingung 1* für jeden einzelnen entsprechenden Anteilseigner der Überträgerin festgelegten Ansprüche zu aggregieren. Das geschieht durch Aufsummieren der $N-2+|M|$ Gleichungen aus (6.4):

$$\left(\sum_{\substack{n \\ n\neq \mathrm{v,e}}}^{N} x_{\mathrm{n,v}} + \sum_{m}^{M} x_{m,\mathrm{v}}\right) \cdot Y_{\mathrm{v}} = \left(\sum_{\substack{n \\ n\neq \mathrm{v,e}}}^{N} x_{n,\mathrm{e}}^{gA} + \sum_{m}^{M} x_{m,\mathrm{e}}^{gA}\right) \cdot Y_{\mathrm{e}}^{nU} \tag{6.6}$$

Wird der Klammerausdruck auf der linken Seite als $\left(1 - x_{\mathrm{e,v}}\right)$ geschrieben und für die rechte Seite

$$\sum_{\substack{n \\ n \neq \mathrm{v,e}}}^{N} x_{n,\mathrm{e}}^{gA} + \sum_{m}^{M} x_{m,\mathrm{e}}^{gA} = x_{\mathrm{e}}^{gA} \tag{6.7}$$

definiert, erhält man für (6.6)

$$\left(1 - x_{\mathrm{e,v}}\right) \cdot Y_{\mathrm{v}} = x_{\mathrm{e}}^{gA} \cdot Y_{\mathrm{e}}^{nU}. \tag{6.8}$$

x_{e}^{gA} erfasst demnach alle Beteiligungen, denen im Zuge der Verschmelzung gewährte Anteile zugrunde liegen. Entsprechend geht x_{e}^{gA} zurück auf das effektive Nennkapital der *Einheit* e nach der Umwandlung $\left(K_{\mathrm{e}}^{II,nU}\right)$ und das Nennkapital aller zur Umsetzung eines angemessenen Umtauschverhältnisses zu gewährenden Anteile an der Übernehmerin $\left(k_{\mathrm{e}}^{gA}\right)$. Es gilt also

$$x_{\mathrm{e}}^{gA} = \frac{k_{\mathrm{e}}^{gA}}{K_{\mathrm{e}}^{II,nU}} \Leftrightarrow x_{\mathrm{e}}^{gA} \cdot K_{\mathrm{e}}^{II,nU} = k_{\mathrm{e}}^{gA}. \tag{6.9}$$

Dass es nur einen einzigen (das heißt einen eindeutig bestimmbaren) Betrag k_{e}^{gA} gibt, folgt aus

$$K_{\mathrm{e}}^{II,nU} = K_{\mathrm{e}}^{II} + \Delta K_{\mathrm{e}}^{II}. \tag{6.10}$$

mit $\Delta K_{\mathrm{e}}^{II}$ als gesamter Veränderung des effektiven Nennkapitals der *Einheit* e im Zuge der Umwandlung. Weil $K_{\mathrm{e}}^{II} > 0$ gilt, sind k_{e}^{gA} und genauso $\Delta K_{\mathrm{e}}^{II}$ in $x_{\mathrm{e}}^{gA} = k_{\mathrm{e}}^{gA} / \left(K_{\mathrm{e}}^{II} + \Delta K_{\mathrm{e}}^{II}\right)$ für eine gegebene Beteiligungsquote x_{e}^{gA} eindeutig bestimmt; sie stehen also in einem festen Verhältnis zueinander. $K_{\mathrm{e}}^{II,nU}$ ist damit ebenfalls eindeutig bestimmt.

Das bedeutet, dass sich gegebenenfalls mögliche Wahlrechtsausübungen nach §§ 54 Abs. 1 S. 2 Nr. 1 u. 2, 68 Abs. 1 S. 2 Nr. 1 u. 2 UmwG auf den Nennkapitalbetrag der zu gewährenden Anteile und die Entwicklung des effektiven Nennkapitals der übernehmenden Gesellschaft im Ergebnis nicht auswirken dürfen.

Dabei können die zu gewährenden Anteile aus einer umwandlungsbedingten Kapitalerhöhung stammen oder es kann sich bei ihnen um Anteile handeln, die vor der Maßnahme eigene Anteile der *Einheit* e sind oder zu diesem Zeitpunkt einer Beteiligung der *Einheit* v an der *Einheit* e zugrunde liegen.

Für die resultierenden Auswirkungen auf das Nennkapital der *Einheit* e wird entsprechend den Bezeichnungen in Kapitel 3 eine Kapitalerhöhung mit $\Delta K_{\mathrm{e}}^{I} > 0$ beschrieben, $k_{\mathrm{e}}^{eA(+)}$ ist das Nennkapital von Anteilen an der *Einheit* e, die im Zuge der Maßnahme zu eigenen Anteilen werden, und $k_{\mathrm{e}}^{eA(-)}$ ist das Nennkapital eigener Anteile der *Einheit* e, die die Ebene der Gesellschaft im Zuge der Maßnahme verlassen. Wie beschrieben, mindern zusätzliche eigene Anteile das effektive Nennkapital $\left(\Delta K_{\mathrm{e}}^{II} = -k_{\mathrm{e}}^{eA(+)}\right)$ und mit der Ausgabe eigener Anteile wird das effektive Nennkapital der Gesellschaft größer $\left(\Delta K_{\mathrm{e}}^{II} = k_{\mathrm{e}}^{eA(-)}\right)$. Vor dem Hintergrund der Kapitalerhöhungsverbote der §§ 54 Abs. 1 S. 1 Nr. 1 – 3, 68 Abs. 1 S. 1 Nr. 1 – 3 UmwG müssen alle Anteile, die im Zuge der Verschmelzung durch eine ordentliche Kapitalerhöhung geschaffen werden, den ausgleichsberechtigten Anteilseigner der *Einheit* v gewährt werden. Neue eigene Anteile der *Einheit* e $\left(k_{\mathrm{e}}^{eA(+)} > 0\right)$ kann es damit nur mit solchen Anteilen geben, die vor der Maßnahme einer Beteiligung bei der Überträgerin zugrunde liegen. Diese Anteile können nach den Wahlrechten der §§ 54 Abs. 1 S. 2 Nr. 2, 68 Abs. 1 S. 2 Nr. 2 UmwG den berechtigten Anteilseignern der *Einheit* v gewährt werden oder sie gehen auf die *Einheit* e über und verbleiben dort nach der Verschmelzung als eigene Anteile.

Bei Annahme eines *Durchgangserwerbs* sind dabei die Beträge von $k_{\mathrm{e}}^{eA(+)}$ und $k_{\mathrm{e}}^{eA(-)}$ gegenüber der Annahme eines Direkterwerbs jeweils höher um das Nennkapital der Anteile der von *Einheit* v transferierten Anteile an *Einheit* e, die den ausgleichsberechtigten Anteilseignern der Überträgerin gewährt werden. Im Ergebnis $\left(k_{\mathrm{e}}^{eA(-)} - k_{\mathrm{e}}^{eA(+)}\right)$ macht das offenkundig keinen Unterschied und auch nicht dafür, welche Anteile nach der Maßnahme eigene Anteile der *Einheit* e sind. Bei Annahme eines Durchgangserwerbs müssen die Anteile an der *Einheit* e, die von der *Einheit* v transferiert werden und nicht für die Vermögensübertragung gewährt werden, allerdings für sich unterschieden werden, um sie im Nachhinein abgrenzen zu können von Anteilen, die vor der Maßnahme eigene Anteile der Übernehmerin sind und nicht für die Vermögensübertragung gewährt werden. Eine entsprechende Unterscheidung ist dann erforderlich für die gewährten eigenen Anteile.

Bei der Annahme eines *Direkterwerbs* sind die Anteile an der *Einheit* e, die Bestandteil des Übertragungsgegenstandes werden und nicht für die Vermögensübertragung gewährt werden, $k_{\mathrm{e}}^{eA(+)}$ dagegen eindeutig zuzuordnen. Dementsprechend – das heißt unter der Annahme eines Direkterwerbs – wird hier verfahren.

Mit dem Nennbetrag der Anteile, die vor der Verschmelzung einer Beteiligung von *Einheit* v an *Einheit* e zugrunde liegen $\left(x_{\mathrm{v,e}} \cdot K_{\mathrm{e}}^{II}\right)$, folgt für das Nennkapital der durch *Einheit* v transferierten Anteile an *Einheit* e, die für die Vermögensübertragung gewährt werden, $x_{\mathrm{v,e}} \cdot K_{\mathrm{e}}^{II} + k_{\mathrm{e}}^{eA(+)}$. Werden den Anteilseignern der *Einheit* v eigene Anteile der *Einheit* e gewährt, sind das hiernach immer Anteile, die schon vor der Maßnahme eigene Anteile der *Einheit* e sind – die also nach den Wahlrechten der §§ 54 Abs. 1 S. 2 Nr. 1, 68 Abs. 1 S. 2 Nr. 1 UmwG gewährt werden –, so dass sie $k_{\mathrm{e}}^{eA(-)}$ eindeutig zuordenbar sind.

Insgesamt setzt sich das Nennkapital der zu gewährenden Anteile in Abhängigkeit von den jeweiligen Wahlrechtsausübungen also gemäß

$$k_{\mathrm{e}}^{gA} = \Delta K_{\mathrm{e}}^{I} + k_{\mathrm{e}}^{eA(-)} + x_{\mathrm{v,e}} \cdot K_{\mathrm{e}}^{II} - k_{\mathrm{e}}^{eA(+)} \tag{6.11}$$

zusammen. Im Sinne der Wahlrechte – je nach Ausgangssituation – veränderlich sind $\Delta K_{\mathrm{e}}^{I}, k_{\mathrm{e}}^{eA(-)}$ und $k_{\mathrm{e}}^{eA(+)}$. Der Betrag $x_{\mathrm{v,e}} \cdot K_{\mathrm{e}}^{II}$ steht demgegenüber fest. Anteile an der *Einheit* e, die vor der Maßnahme einer Beteiligung bei der *Einheit* v zugrunde liegen, werden jedenfalls Bestandteil des Übertragungsgegenstandes.

Die Veränderung des effektiven Nennkapitals der *Einheit* e folgt aus dem Betrag einer Kapitalerhöhung und den gesamten Änderungen des Bestandes eigener Anteile

$$\Delta K_{\mathrm{e}}^{II} = \Delta K_{\mathrm{e}}^{I} - \left(k_{\mathrm{e}}^{eA(+)} - k_{\mathrm{e}}^{eA(-)}\right). \tag{6.12}$$

Sie setzt sich also zusammen aus den variablen Größen der Bestimmungsgleichung von k_{e}^{gA}. Wenn eine Wahlrechtsausübung also zu einem vorgegebenen k_{e}^{gA} führt, dann resultiert damit immer auch ein identischer Betrag für $\Delta K_{\mathrm{e}}^{II}$. Werden also Anteile mit einem Nennkapital von k_{e}^{gA} verfügbar gemacht, dann genügt x_{e}^{gA} der *Bedingung 1* eines angemessenen Umtauschverhältnisses. Sowohl hinsichtlich des Nennkapitals der zu gewährenden Anteile als auch hinsichtlich des effektiven Nennkapitals der *Einheit* e nach der Umwandlung findet demnach ein Ausgleich zwischen $\Delta K_{\mathrm{e}}^{I}$, $k_{\mathrm{e}}^{eA(+)}$ und $k_{\mathrm{e}}^{eA(-)}$ statt:

Verfügt die übernehmende *Einheit* e vor der Verschmelzung über eigene Anteile und werden diese nach §§ 54 Abs. 1 S. 2 Nr. 1, 68 Abs. 1 S. 2 Nr. 1 UmwG den berechtigten Anteilseignern der *Einheit* v gewährt, hat im Umfang des Nennkapitals dieser Anteile eine Kapitalerhöhung nicht stattzufinden oder die Gewährung von Anteilen mit einem entsprechenden Nennkapital, die vor der Maßnahme einer Beteiligung der *Einheit* v an der *Einheit* e zugrunde liegen, darf nicht stattfinden. Werden nach den Wahlrechten der §§ 54 Abs. 1 S. 2 Nr. 2, 68 Abs. 1 S. 2 Nr. 2 UmwG Anteile, die vor der Verschmelzung von *Einheit* v gehalten werden, nicht den ausgleichsberechtigten Anteilseignern der Überträgerin gewährt, sondern verbleiben nach der Maßnahme als eigene Anteile bei der Übernehmerin, müssen die zu gewährenden Anteile entweder mit einer Kapitalerhöhung geschaffen werden oder es sind alte eigene Anteile der *Einheit* e heranzuziehen. Werden demgegenüber Anteile an *Einheit* e, die vor der Verschmelzung von der Überträgerin gehalten werden, den berechtigten Anteilseignern der *Einheit* v gewährt, dann führt das entweder zu einer um ihren Nennbetrag niedrigeren Kapitalerhöhung oder zum Verbleib von alten eigenen Anteilen bei *Einheit* e.

Bei der Ermittlung des Betrags k_{e}^{gA} ist zu berücksichtigen, dass grundsätzlich

$$K_{\mathrm{e}}^{II} \overset{>}{\underset{<}{=}} K_{\mathrm{e}}^{II,nU} \Rightarrow \Delta K_{\mathrm{e}}^{II,nU} \overset{>}{\underset{<}{=}} 0 \tag{6.13}$$

gilt. Es gibt keine Vorgaben, die einer Minderung des effektiven Nennkapitals der *Einheit* e im Zuge einer Umwandlung entgegenstehen. Das effektive Nennkapital der *Einheit* e kann durch eine Verschmelzung also steigen, unverändert bleiben, aber eben auch kleiner werden. Hintergrund ist, dass die Gewährung von Anteilen an *Einheit* e, die vor der Verschmelzung von *Einheit* v gehalten werden, nach dem beschriebenen Muster zwar immer eine Minderung von $\Delta K_{\mathrm{e}}^{I} + k_{\mathrm{e}}^{eA(-)}$ nach sich zieht, dass der Umkehrschluss, das Nichtheranziehen dieser Anteile bedeute zwingend eine Erhöhung von $\Delta K_{\mathrm{e}}^{I} + k_{\mathrm{e}}^{eA(-)}$, aber falsch ist. Damit $\Delta K_{\mathrm{e}}^{I} + k_{\mathrm{e}}^{eA(-)}$ bei einem Verbleib bisher von *Einheit* v gehaltener Anteile an *Einheit* e als (dann) eigene Anteile bei *Einheit* e tatsächlich größer wird, ist es vielmehr erforderlich, dass überhaupt die Notwendigkeit besteht, über den verwendeten Teil von $x_{\mathrm{v,e}} \cdot K_{\mathrm{e}}^{II}$ hinaus Anteile zu gewähren. Unterschreitet hingegen der benötigte Betrag k_{e}^{gA} den Betrag $x_{\mathrm{v,e}} \cdot K_{\mathrm{e}}^{II}$, muss die Differenz über $k_{\mathrm{e}}^{eA(+)}$ zulasten von K_{e}^{II} gehen.

Es wird sich im weiteren Verlauf zeigen, dass es regelmäßig zu Konstellationen kommen kann, in denen eine entsprechende Umsetzung erforderlich ist, was dann in verschiedenen Zusammenhängen zu ganz spezifischen wirtschaftlichen Ergebnissen der Umwandlung insgesamt führt. Dass es (bislang) keine diesbezügliche Betrachtung gibt, ist tatsächlich also nicht zu rechtfertigen.

Insoweit $x_{\mathrm{v,e}} \cdot K_{\mathrm{e}}^{II}$ den Betrag k_{e}^{gA} überschreitet, muss es neue eigene Anteile bei der *Einheit* e geben. Bis dahin steht $k_{\mathrm{e}}^{eA(+)}$ also fest. Die zu gewährenden Anteile können dabei auch weiter durch eine unterschiedliche Ausübung der beschriebenen Wahlrechte verfügbar gemacht werden. Es können also durch die *Einheit* v transferierte Anteile an *Einheit* e verwendet werden, aber auch solche, die aus einer umwandlungsbedingten Kapitalerhöhung stammen oder alte eigene Anteile. Für $k_{\mathrm{e}}^{eA(+)}$ gilt bei $x_{\mathrm{v,e}} \cdot K_{\mathrm{e}}^{II} < k_{\mathrm{e}}^{gA}$ demnach

$$x_{\mathrm{v,e}} \cdot K_{\mathrm{e}}^{II} - k_{\mathrm{e}}^{gA} \leq k_{\mathrm{e}}^{eA(+)} \leq x_{\mathrm{v,e}} \cdot K_{\mathrm{e}}^{II}. \tag{6.14}$$

Aus den obigen Darstellungen resultiert zudem der folgende Zusammenhang:

Für $\Delta K_{\mathrm{e}}^{I}$ erhält man durch Umstellen von (6.12)

$$\Delta K_{\mathrm{e}}^{I} = \Delta K_{\mathrm{e}}^{II} - k_{\mathrm{e}}^{eA(+)} + k_{\mathrm{e}}^{eA(-)}. \tag{6.15}$$

Eingesetzt in (6.11) führt das zu

$$\begin{aligned} k_{\mathrm{e}}^{gA} &= \left(\Delta K_{\mathrm{e}}^{II} - k_{\mathrm{e}}^{eA(+)} + k_{\mathrm{e}}^{eA(-)}\right) - \Delta k_{\mathrm{e}}^{eA(-)} + x_{\mathrm{v,e}} \cdot K_{\mathrm{e}}^{II} - \Delta k_{\mathrm{e}}^{eA(+)} \\ \Leftrightarrow k_{\mathrm{e}}^{gA} &= \Delta K_{\mathrm{e}}^{II} + x_{\mathrm{v,e}} \cdot K_{\mathrm{e}}^{II}. \end{aligned} \tag{6.16}$$

Der Nennbetrag der Anteile an der Übernehmerin, die den berechtigten Anteilseignern der *Einheit* v zu gewähren sind, entspricht also immer der Summe aus der Veränderung des effektiven Nennkapitals der *Einheit* e, die betragsmäßig feststeht, aber durch die Ausübung von Wahlrechten unterschiedlich zustande kommen kann, und dem Nennbetrag der Anteile an *Einheit* e, die vor der Maßnahme einer Beteiligung bei der Überträgerin zugrunde liegen und im Zuge der Verschmelzung transferiert werden. Wie ausgeführt, bedeutetet das nicht, dass diese Anteile an *Einheit* e auch tatsächlich selbst gewährt werden. Mit (6.16) gilt für die aufsummierten Beteiligungsquoten an der *Einheit* e, insoweit diesen im Zuge der Maßnahme gewährte Anteile zugrunde liegen, immer

$$x_{\mathrm{e}}^{gA} = \left(\frac{k_{\mathrm{e}}^{gA}}{K_{\mathrm{e}}^{II} + \Delta K_{\mathrm{e}}^{II}}\right) = \frac{\Delta K_{\mathrm{e}}^{II} + x_{\mathrm{v,e}} \cdot K_{\mathrm{e}}^{II}}{K_{\mathrm{e}}^{II} + \Delta K_{\mathrm{e}}^{II}}. \tag{6.17}$$

Diese Darstellung von x_e^{gA} erfasst also allgemein sämtliche in Frage kommenden Kapitalmaßnahmen, die im Zuge der Verschmelzung das Ziel eines angemessenen Umtauschverhältnisses erreichen. Wie dargestellt, sind mögliche Wahlrechtsausübungen im Sinne der §§ 54 Abs. 1 S. 2 Nr. 2, 68 Abs. 1 S. 2 Nr. 2 UmwG irrelevant für die zur Umsetzung eines angemessenen Umtauschverhältnisses ausschlaggebenden Größen k_e^{gA} und ΔK_e^{II}. Angedachte alternative Wahlrechtsausübungen können bei deren Ermittlung also zunächst vernachlässigt und dann gegebenenfalls im Nachhinein für sich geprüft werden.

Für die Ermittlung von ΔK_e^{II} ist an dieser Stelle zurückzugehen zu der aus der *Bedingung 1* abgeleiteten Gleichung (6.8) $\left(\left(1 - x_{e,v}\right) \cdot Y_v = x_e^{gA} \cdot Y_e^{nU}\right)$, in der die Ansprüche der berechtigten Anteilseigner der *Einheit* v verdichtet sind. Einsetzen von (6.17) führt zu

$$\left(1 - x_{e,v}\right) \cdot Y_v = \frac{\Delta K_e^{II} + x_{v,e} \cdot K_e^{II}}{K_e^{II} + \Delta K_e^{II}} \cdot Y_e^{nU}. \tag{6.18}$$

Alle bis hier durchgeführten Berechnungen haben ihren Ausgangspunkt in den Ansprüchen der ausgleichsberechtigten Anteilseigner der übertragenden *Einheit* v, sind also aus der *Bedingung 1* abgeleitet. (6.18) hängt dabei ab vom Beteiligungswert der *Einheit* e nach der Umwandlung. Dessen Bestimmungsgleichung (6.3) wurde oben im Zusammenhang mit der Entwicklung der *Einheit* e ermittelt. Angeknüpft wird hier aber an die *Bedingung 2* eines angemessenen Umtauschverhältnisses – also an die von dieser erfassten Positionen der Anteilseigner der *Einheit* e – und damit zurückgegriffen auf die Systematik eines angemessenen Umtauschverhältnisses, nach der die Anteilseigner der Überträgerin und der Übernehmerin in gleicher Weise von seiner Umsetzung betroffen sind. Zunächst sind dabei die $N - 2 + |M|$ Gleichungen der *Bedingung 2* entsprechendem Vorgehen für die *Bedingung 1* aufzusummieren. Es resultiert

$$\left(1 - x_{v,e}\right) \cdot Y_e = \left(\sum_{\substack{n \\ n \neq v,e}}^{N} x_{n,e}^{nU} + \sum_{m}^{M} x_{m,e}^{nU}\right) \cdot Y_e^{nU}. \tag{6.19}$$

Die *Einheit* e muss also nach der Maßnahme einen Beteiligungswert aufweisen, so dass die in *Bedingung 2* erfassten Anteile auf Grundlage der dann durch sie vermittelten Beteiligungsquoten den gleichen Wert haben wie vor der Verschmelzung.

Unter Verwendung der den Beteiligungsquoten zugrundeliegenden Kapitalbeträge ergibt sich

$$\left(1-\frac{k_{\mathrm{v,e}}}{K_{\mathrm{e}}^{II}}\right)\cdot Y_{\mathrm{e}}=\left(\sum_{\substack{n\\ n\neq \mathrm{v,e}}}^{N}\frac{k_{n,\mathrm{e}}}{K_{\mathrm{e}}^{II,nU}}+\sum_{m}^{M}\frac{k_{m,\mathrm{e}}}{K_{\mathrm{e}}^{II,nU}}\right)\cdot Y_{\mathrm{e}}^{nU}. \tag{6.20}$$

Mit $K_{\mathrm{e}}^{II,nU}=K_{\mathrm{e}}^{II}+\Delta K_{\mathrm{e}}^{II}$ ist das nach dem Beteiligungswert der *Einheit* e nach der Verschmelzung umzustellen:

$$\begin{aligned}
&\left(1-\frac{k_{\mathrm{v,e}}}{K_{\mathrm{e}}^{II}}\right)\cdot Y_{\mathrm{e}}=\left(\sum_{\substack{n\\ n\neq \mathrm{v,e}}}^{N}\frac{k_{n,\mathrm{e}}}{K_{\mathrm{e}}^{II}+\Delta K_{\mathrm{e}}^{II}}+\sum_{m}^{M}\frac{k_{m,\mathrm{e}}}{K_{\mathrm{e}}^{II}+\Delta K_{\mathrm{e}}^{II}}\right)\cdot Y_{\mathrm{e}}^{nU}\\
\Leftrightarrow &\left(1-\frac{k_{\mathrm{v,e}}}{K_{\mathrm{e}}^{II}}\right)\cdot Y_{\mathrm{e}}=\frac{1}{K_{\mathrm{e}}^{II}+\Delta K_{\mathrm{e}}^{II}}\cdot\left(\sum_{\substack{n\\ n\neq \mathrm{v,e}}}^{N}k_{n,\mathrm{e}}+\sum_{m}^{M}k_{m,\mathrm{e}}\right)\cdot Y_{\mathrm{e}}^{nU}\\
\Leftrightarrow &\left(1-\frac{k_{\mathrm{v,e}}}{K_{\mathrm{e}}^{II}}\right)\cdot Y_{\mathrm{e}}=\frac{1}{K_{\mathrm{e}}^{II}+\Delta K_{\mathrm{e}}^{II}}\cdot\left(K_{\mathrm{e}}^{II}-k_{\mathrm{v,e}}\right)\cdot Y_{\mathrm{e}}^{nU}\\
\Leftrightarrow &\frac{K_{\mathrm{e}}^{II}-k_{\mathrm{v,e}}}{K_{\mathrm{e}}^{II}}\cdot Y_{\mathrm{e}}=\frac{K_{\mathrm{e}}^{II}-k_{\mathrm{v,e}}}{K_{\mathrm{e}}^{II}+\Delta K_{\mathrm{e}}^{II}}\cdot Y_{\mathrm{e}}^{nU}\\
\Leftrightarrow &Y_{\mathrm{e}}^{nU}=\frac{K_{\mathrm{e}}^{II}+\Delta K_{\mathrm{e}}^{II}}{K_{\mathrm{e}}^{II}}\cdot Y_{\mathrm{e}}
\end{aligned} \tag{6.21}$$

Aus *Bedingung 2* folgt also das (intuitive) Ergebnis, dass das Verhältnis der Beteiligungswerte der Übernehmerin vor und nach der Verschmelzung übereinstimmen muss mit dem Verhältnis ihres effektiven Nennkapitals vor und nach der Maßnahme $\left(Y_{\mathrm{e}}^{nU}=\left(\left(K_{\mathrm{e}}^{II}+\Delta K_{\mathrm{e}}^{II}\right)/K_{\mathrm{e}}^{II}\right)\cdot Y_{\mathrm{e}}\Leftrightarrow Y_{\mathrm{e}}^{nU}/Y_{\mathrm{e}}=K_{\mathrm{e}}^{II,nU}/K_{\mathrm{e}}^{II}\right)$.

Dabei ist es in diesem Zusammenhang unproblematisch, dass der Änderungsbetrag des effektiven Nennkapitals gegebenenfalls kleiner ist als der Nennkapitalbetrag, der den Anteilseignern der *Einheit* v zu gewährenden Anteile, also $\Delta K_{\mathrm{e}}^{II}<k_{\mathrm{e}}^{gA}$ gilt. Die Differenz entspricht nach (6.16) dem Betrag des Nennkapitals der Anteile an *Einheit* e, die vor der Maßnahme von der Überträgerin gehalten werden $\left(x_{\mathrm{v,e}}\cdot K_{\mathrm{e}}^{II}\right)$. Insoweit haben die von *Bedingung 2* erfassten Anteile also schon vor der Verschmelzung nicht am Beteiligungswert der *Einheit* e teilgenommen. In (6.21) zeigt sich dieser Zusammenhang daran, dass $K_{\mathrm{e}}^{II}-k_{\mathrm{v,e}}$ im letzten Berechnungsschritt eliminiert werden kann.

Für die durch *Einheit* v übertragenen Anteile an der *Einheit* e ist demgegenüber nicht sicher, ob sie nach der Umwandlung am Beteiligungswert der *Einheit* e teilnehmen – weil auch ihr Nennkapital unverändert ist, würden sie dann wie die von *Bedingung 2* erfassten Anteile von ΔK_e^{II} und Y_e^{nU} abhängen – oder nicht. Bei $\Delta K_e^{II} < 0$ steht sogar fest, dass nicht alle vor der Maßnahme von der *Einheit* v gehaltenen Anteile an der *Einheit* e nach der Maßnahme einer Beteiligung an der Übernehmerin zugrunde liegen.

Steigt vor diesem Hintergrund das effektive Nennkapital der *Einheit* e im Zuge der Verschmelzung $\left(\Delta K_e^{II} > 0\right)$, dann entfällt der zusätzliche Kapitalbetrag immer auf Anteile, die im Rahmen der Verschmelzung gegen Anteile der *Einheit* v getauscht werden. Er geht also jedenfalls zulasten der alten Beteiligungen an der Übernehmerin. Damit deren Wert unverändert bleibt, muss also der Beteiligungswert der Übernehmerin nach der Verschmelzung größer sein als vor der Maßnahme.

Übersteigt das Nennkapital der durch die *Einheit* v übertragenen Anteile an der *Einheit* e das Nennkapital der zu gewährenden Anteile $\left(x_{v,e} \cdot K_e^{II} > k_e^{gA}\right)$ folgt aus (6.16) $\left(k_e^{gA} = \Delta K_e^{II} + x_{v,e} \cdot K_e^{II}\right)$ für die im Zuge der Maßnahme herbeizuführende Veränderung des effektiven Nennkapitals der *Einheit* e mit $\Delta K_e^{II} < k_e^{gA} - x_{v,e} \cdot K_e^{II} = 0$ ein negativer Wert. Es muss also zu einer Minderung des effektiven Nennkapitals der *Einheit* e kommen. Das Nennkapital der von *Bedingung 2* erfassten Anteile betrifft das nicht. Damit wird die auf diese Anteile zurückgehende Beteiligungsquote an der Gesellschaft größer. Das wiederum muss aber mit einem im Zuge der Verschmelzung kleiner werdenden Beteiligungswert der *Einheit* e einhergehen $(\Delta Y_e < 0)$, damit der *Bedingung 2* entsprochen werden kann. Setzt man Y_e^{nU} nach (6.21) in die Gleichung (6.18) ein, so resultiert

$$\left(1 - x_{e,v}\right) \cdot Y_v = \frac{\Delta K_e^{II} + x_{v,e} \cdot K_e^{II}}{K_e^{II} + \Delta K_e^{II}} \cdot \frac{K_e^{II} + \Delta K_e^{II}}{K_e^{II}} \cdot Y_e$$

$$\Leftrightarrow \frac{\left(1 - x_{e,v}\right) \cdot Y_v}{Y_e} \cdot K_e^{II} = \Delta K_e^{II} + x_{v,e} \cdot K_e^{II}$$

$$\Leftrightarrow \Delta K_e^{II} = \frac{\left(1 - x_{e,v}\right) \cdot Y_v}{Y_e} \cdot K_e^{II} - x_{v,e} \cdot K_e^{II}. \tag{6.22}$$

Mit Einsetzen des Beteiligungswertes der *Einheit* v vor der Verschmelzung (Y_v) aus (6.1) führt das schließlich zu

$$\begin{aligned}\Delta K_{\mathrm{e}}^{II} &= \left(1 - x_{\mathrm{e,v}}\right) \cdot \left(W_{\mathrm{v}} + \sum_{n}^{N} F_{\mathrm{v},n} + \sum_{n}^{N} x_{\mathrm{v},n} \cdot Y_n - \sum_{n}^{N} F_{n,\mathrm{v}}\right) \cdot \frac{K_{\mathrm{e}}^{II}}{Y_{\mathrm{e}}} \\ &\quad - x_{\mathrm{v,e}} \cdot K_{\mathrm{e}}^{II} \\ &= \left(1 - x_{\mathrm{e,v}}\right) \cdot \left(W_{\mathrm{v}} + \sum_{n}^{N} F_{\mathrm{v},n} + \sum_{\substack{n \\ n \neq \mathrm{e}}}^{N} x_{\mathrm{v},n} \cdot Y_n - \sum_{n}^{N} F_{n,\mathrm{v}}\right) \cdot \frac{K_{\mathrm{e}}^{II}}{Y_{\mathrm{e}}} \\ &\quad + \left(1 - x_{\mathrm{e,v}}\right) \cdot x_{\mathrm{v,e}} \cdot Y_{\mathrm{e}} \cdot \frac{K_{\mathrm{e}}^{II}}{Y_{\mathrm{e}}} - x_{\mathrm{v,e}} \cdot K_{\mathrm{e}}^{II}. \qquad (6.23)\end{aligned}$$

Beschrieben wird hiermit also die Veränderung des Betrages des effektiven Nennkapitals der *Einheit* e, die herbeigeführt werden muss, damit die Bedingungen eines angemessenen Umtauschverhältnisses im Zuge der Verschmelzung erfüllt werden können.

Der Nennbetrag der zu gewährenden Anteile an der Übernehmerin ist nach (6.16) $\left(k_{\mathrm{e}}^{gA} = \Delta K_{\mathrm{e}}^{II} + x_{\mathrm{v,e}} \cdot K_{\mathrm{e}}^{II}\right)$ also die Summe des Betrages nach (6.23) und des Nennbetrages der durch *Einheit* v übertragenen Anteile an *Einheit* e. Die Anteile sind den berechtigten Anteilseignern der Überträgerin entsprechend ihrem bisherigen Beteiligungsverhältnis[7] und somit entsprechend den $N - 2 + |M|$ Gleichungen der *Bedingung 1* zuzuteilen. Dabei ist zu beachten, dass nur das innere Verhältnis der berechtigten Gesellschaften und Individuen ausschlaggebend ist und ihre kumulierten Beteiligungsquoten als Bezugsgröße heranzuziehen sind. Der jeweilige Anteil eines berechtigten Anteilseigners der *Einheit* v übersteigt also seine Beteiligungsquote an der Überträgerin, wenn die *Einheit* e vor der Maßnahme an der Überträgerin beteiligt ist. Damit folgt für die Nennkapitalbeträge der zu gewährenden Anteile an der *Einheit* e im Einzelnen:

$$\begin{aligned}&\frac{x_{n,\mathrm{v}}}{\left(1 - x_{\mathrm{e,v}}\right)} \cdot k_{\mathrm{e}}^{gA} \quad \forall\, n \in N \mid \neg \mathrm{v} \wedge \neg \mathrm{e} \\ &\frac{x_{m,\mathrm{v}}}{\left(1 - x_{\mathrm{e,v}}\right)} \cdot k_{\mathrm{e}}^{gA} \quad \forall\, m \in M \qquad (6.24)\end{aligned}$$

[7] Vgl. Missio in Schmitt/Hörtnagl (2024), § 55 UmwG, Rn. 23, allerdings nur bezogen auf die mit einer Kapitalerhöhung neu geschaffenen Anteile.

6.1.2.2 Ermittlung der wirtschaftlichen Vorgänge und Ergebnisse

6.1.2.2.1 Vorgehensweise

Auf Grundlage der bisherigen Darstellungen sind die mit einer Verschmelzung stattfindenden wirtschaftlichen Vorgänge und ihre Ergebnisse zu ermitteln.

Wie beschrieben kommt es im Zuge von Umwandlungen zu keinen realwirtschaftlichen Veränderungen; es geht ausschließlich um die mit einer Maßnahme stattfindende Neufassung der Fremd- und Eigenfinanzierungsbeziehungen von Kapitalgesellschaften.

Hinsichtlich fremdfinanzierter Werte kann sich insoweit nur etwas ändern, wenn sich die umzuwandelnden Kapitalgesellschaften vor der Verschmelzung ein- oder wechselseitig Fremdkapital zur Verfügung stellen. Die entsprechenden Positionen erlöschen dann durch Konfusion. Im Übrigen gehen alle Ansprüche und Verpflichtungen aus Fremdkapitalverträgen der *Einheit* v für sich unverändert auf die *Einheit* e über. Positionen in Fremdkapitalbeziehungen zwischen dritten Einheiten des Verbundes und ihr Wert werden im Zuge einer Verschmelzung nicht verändert.

Vor und nach der Maßnahme steht also dem Wert jedes Anspruchs aus einem Fremdkapitalvertrag der Wert einer entsprechenden Verpflichtung bei einer anderen Einheit des Verbundes gegenüber. Durch Konfusion werden die vor der Verschmelzung jeweils zweimal (als Anspruch und als Verpflichtung) berücksichtigten Werte $F_{\mathrm{v,e}}$ und $F_{\mathrm{e,v}}$ nach der Maßnahme nicht mehr erfasst. Insoweit kommt es mit einer Verschmelzung also gegebenenfalls zu einem Rückgang der Komplexität der Finanzierungsbeziehungen.

Diese Folgen einer Verschmelzung für die Fremdfinanzierungen selbst sind dabei allerdings abzugrenzen von dem Einfluss, den Fremdfinanzierungen ihrerseits auf die Umsetzung der Maßnahme nehmen. Es wird sich zeigen, dass Ansprüche und insbesondere Verpflichtungen aus Fremdkapitalverträgen – über ihre Bedeutung für die resultierende Kapitalstruktur der Übernehmerin hinaus – entscheidend sein können für die wirtschaftlichen Eigenschaften der mit einer Verschmelzung stattfindenden Neuordnung der Eigenfinanzierungsbeziehungen.

Die Umstrukturierung der Eigenfinanzierung der umzuwandelnden Gesellschaften ist dabei die Hauptsache jeder Verschmelzung und ihre Umsetzung dementsprechend die wesentliche Schwierigkeit.

Wie in Kapitel 2 und Kapitel 4 dargestellt, werden eigenfinanzierte Werte bei der finanzierten Kapitalgesellschaft als Wert der Investitionen und zugleich bei den finanzierenden Kapitalgesellschaften und Individuen als Wert der Anteile erfasst. Durch mehrstufige Eigenfinanzierungsbeziehungen zwischen Kapitalgesellschaften kommt es damit zu einer vielfachen Erfassung des Wertes des stochastischen Zahlungsstroms eines Realinvestitionsobjektes.

Vor diesem Hintergrund dient im Folgenden das Ausmaß, zu dem eine solche mehrfache Erfassung stattfindet, als Ausgangpunkt für die Untersuchung der wirtschaftlichen Vorgänge und Ergebnisse, zu denen es mit einer Umwandlung kommt.

Bezogen auf den zugrunde gelegten Verbund von N Kapitalgesellschaften geht es also um die Komplexität der Finanzierung des in seinem Rahmen umgesetzten und vor und nach einer Maßnahme unveränderten Realinvestitionsprogramms mit einem Wert von

$$W = \sum_{n}^{N} W_n = \sum_{\substack{n \\ n \neq \mathrm{v}}}^{N} W_n^{nU}. \tag{6.25}$$

In dieser Hinsicht zeigt sich das Gesamtergebnis einer Verschmelzung in der Veränderung der Summen der innerhalb des Verbundes vorhandenen Beteiligungswerte, ist also mit

$$\sum_{\substack{n \\ n \neq \mathrm{v}}}^{N} Y_n^{nU} - \sum_{n}^{N} Y_n \tag{6.26}$$

gegeben. Weil die Beteiligungswerte dritter Kapitalgesellschaften des Verbundes unter den getroffenen Annahmen gleich bleiben, lässt sich das konkretisieren zu

$$Y_{\mathrm{e}}^{nU} - (Y_{\mathrm{v}} + Y_{\mathrm{e}}). \tag{6.27}$$

Mit dem Zustandekommen dieser Differenz sind also die wirtschaftlichen Vorgänge und Ergebnisse einer Umwandlung zu erklären, wobei auch die Möglichkeiten gegenläufiger Effekte zu berücksichtigen sind.

Für die Analyse der Auswirkungen des Transfers der unterschiedlichen Bestandteile des Übertragungsgegenstandes findet dabei zunächst eine Betrachtung im Einzelnen statt. Es werden die jeweiligen Konsequenzen für die Eigenfinanzierung der *Einheit* v – also die Bedeutung im Zusammenhang mit dem Untergang dieser Gesellschaft und damit ihres Beteiligungswertes – sowie der Eigenfinanzierung der *Einheit* e betrachtet.

Davon ausgehend wird im Anschluss der Übertragungsgegenstand im Ganzen behandelt und damit untersucht, welche Abhängigkeiten zwischen den Auswirkungen der Übertragung der unterschiedlichen Bestandteile des Übertragungsgegenstandes resultieren und welche Bedeutung diese haben.

Die Untersuchung geht dabei für die Ebene der Übernehmerin von (6.23), also der im vorigen Abschnitt hergeleitete Bestimmungsgleichung der im Zuge einer Verschmelzung umzusetzenden Kapitalveränderung aus.

6.1.2.2.2 Übertragungsgegenstand im Einzelnen

6.1.2.2.2.1 Realvermögen

Für sich führt der Transfer des gesamten Realvermögens der *Einheit* v im Umfang seines Wertes W_{v} zu einem Rückgang – beziehungsweise Untergang – des Beteiligungswertes der Überträgerin. In (6.23) – der Bestimmungsgleichung der umzusetzenden Kapitalveränderung – beschreibt

$$\left(1 - x_{\mathrm{e,v}}\right) \cdot W_{\mathrm{v}} \cdot \frac{K_{\mathrm{e}}^{II}}{Y_{\mathrm{e}}}$$

die Erhöhung des effektiven Nennkapitals der Übernehmerin, die für die Übertragung des Realvermögens für sich im Zuge der Verschmelzung herbeizuführen ist.

Die *Einheit* e erhält im Zeitpunkt der Verschmelzung mit dem übertragenen Realvermögen also neue und zusätzliche Eigenmittel mit einem Wert von $\left(1 - x_{\mathrm{e,v}}\right) \cdot W_{\mathrm{v}}$. Bei einer isolierten Betrachtung der Übertragung des Realvermögens der *Einheit* v sind von der Überträgerin vor der Maßnahme gehaltene Anteile an der übernehmenden *Einheit* e offenkundig ohne Bedeutung. Nach (6.16) gilt hier insoweit also $k_{\mathrm{e}}^{gA} = \Delta K_{\mathrm{e}}^{II}$.

Betrachtet man nur die Ebene der übernehmenden *Einheit* e, resultiert für diese Gesellschaft mit der Übernahme des Realvermögens in dem Umfang, zu dem sie vor der Maßnahme nicht an der Überträgerin beteiligt ist, eine Situation, die vergleichbar ist mit einer Einlage gegen die Gewährung von Anteilen, wie sie außerhalb von Umwandlungen stattfindet. Mit der Übertragung eines Realvermögens im Rahmen einer Verschmelzung kommt es also, insoweit die übernehmende Einheit vor der Maßnahme nicht an der übertragenden Einheit beteiligt ist, insgesamt zu einer ***mittelbaren Einlage***.[8]

Dass bei einer Verschmelzung Anteilseignern der *Einheit* v Anteile an der *Einheit* e zu gewähren sind und nicht der übertragenden Gesellschaft selbst, führt

---

[8] Vgl. so z. B. auch IDW RS HFA 42 (29.10.2012), Rn. 41.

im Ergebnis dazu, dass die mit diesem Anteil des Vermögenstransfers, das heißt in einem Umfang von $-(1 - x_{e,v}) \cdot W_v$, eintretende Minderung des Beteiligungswertes der *Einheit* v nicht ausgeglichen wird. Anders als bei einer Sacheinlage nach § 183 AktG beziehungsweise § 56 GmbHG gibt es also insgesamt keine zusätzlichen eigenfinanzierten Werte. Stattdessen tritt die Eigenfinanzierung des transferierten Realvermögens bei der übernehmenden *Einheit* e an die Stelle der Eigenfinanzierung dieses Vermögens bei der *Einheit* v vor der Maßnahme. An der Summe der im Verbund insgesamt eigenfinanzierten Werte ändert der Vorgang nichts.

Wie beschrieben, besteht nach §§ 54 Abs. 1 S. 2 Nr. 1, 68 Abs. 1 S. 2 Nr. 1 UmwG die Möglichkeit, an Stelle der Gewährung neuer Anteile, die durch eine umwandlungsbedingte Kapitalerhöhung geschaffenen werden, alte eigene Anteile der Übernehmerin an die berechtigten Anteilseigner der Überträgerin auszugeben. Entsprechend den Darstellungen in 3.5 zur entgeltlichen Veräußerung eigener Anteile macht das wirtschaftlich allerdings keinen Unterschied. Es ist also auch im Fall einer solchen Wahlrechtsausübung von einer ***mittelbaren Einlage*** auszugehen.[9] Insoweit gelten bei einem gegebenen ΔK_e^{II} für das effektive Nennkapital der Übernehmerin also $\Delta K_e^{II} = \Delta K_e^{I} + k_e^{eA(-)}$ und damit $K_e^{II,nU} = K_e^{I} + \Delta K_e^{I} - k_e^{eA} + k_e^{eA(-)}$.

Insoweit die *Einheit* e vor der Maßnahme an der *Einheit* v beteiligt ist – insoweit also ein Aufwärtselement Bestandteil der Umwandlung ist – beruht der Beteiligungswert Y_e auf dem Wert einer Beteiligung an der *Einheit* v. Die dieser Beteiligung zugrundeliegenden Anteile gehen wie alle anderen Anteile an der Überträgerin im Zuge der Verschmelzung unter und tragen damit nach der Maßnahme nichts mehr zum Beteiligungswert der fusionierten Einheit bei. Ist also die *Einheit* e vor der Umwandlung an der übertragenden Einheit beteiligt, dann kommt es im Umfang der Beteiligungsquote $x_{e,v}$ mit der Übertragung des Realvermögens nicht zu einer Steigerung des Beteiligungswertes der *Einheit* e. Dementsprechend sind eine Erhöhung des effektiven Nennkapitals und eine Anteilsgewährung insoweit auszuschließen. Das stimmt überein mit den in §§ 54 Abs. 1 S. 1 Nr. 1, 68 Abs. 1 S. 1 Nr. 1 UmwG (und damit einhergehend den Vorgaben des § 20 Abs. 1 Nr. 3 UmwG) festgelegten Verboten einer Kapitalerhöhung.

In diesem Zusammenhang wird fast ausschließlich geschlussfolgert, dass es sich um einen tauschähnlichen Vorgang handelt, die *Einheit* e ihre Anteile also gegen das übergehende anteilige Realvermögen tauscht.[10]

---

[9] Vgl. z. B. IDW RS HFA 42 (29.10.2012), Rn. 53.

[10] Vgl. z. B. IDW RS HFA 42 (29.10.2012), Rn. 46.

Angesicht der tatsächlichen wirtschaftlichen Abläufe ist dieser Sichtweise zu widersprechen:

Das transferierte Realvermögen stellt insoweit auf Ebene der Übernehmerin kein neues und zusätzliches Vermögen dar, sondern es gleicht den Wegfall der Beteiligung an der Überträgerin aus, insoweit dieser auf die Übertragung des Realvermögens zurückgeht. Auf Ebene der Übernehmerin wird damit im Zuge der Maßnahme aus einer mittelbaren Teilnahme an einem Realinvestitionsobjekt über das Instrument einer Eigenkapitalbeteiligung ein unmittelbares Durchführen dieser Investition.[11] Tatsächlich wechselt die Übernehmerin also den rechtlichen Rahmen, in dem sie wirtschaftlich tätig wird. Dabei werden vor der Verschmelzung die Zahlungen aus dem Realvermögen der *Einheit* v bei dieser erfasst und bewertet; zugleich bestimmen sie den Wert der bei *Einheit* e liegenden Anteile an der Überträgerin. Es geht hier also um identische Zahlungen, die durch eine Umstrukturierung ihrer Finanzierung anders gezählt werden. Es kommt also nicht zu einem wertensprechenden Ersatz durch etwas anderes. Die im Zuge der Verschmelzung vorzunehmende Verrechnung folgt damit wirtschaftlich der Systematik einer Ausschüttung[12] beziehungsweise der einer anteiligen Rückzahlung von Einlagen (einer anteiligen Kapitalrückzahlung) und gerade nicht der eines Tausches.

Dieser Ausgang auf Ebene der *Einheit* e führt dazu, dass die mit diesem Teil des Vermögenstransfers, das heißt in einem Umfang von $-x_{e,v} \cdot W_v$, eintretende Minderung des Beteiligungswertes der *Einheit* v nicht durch einen neuen und zusätzlichen Beteiligungswert kompensiert wird. Dass insoweit auf das Realvermögen nicht mehr mittelbar über eine Eigenkapitalbeteiligung zugegriffen wird, führt im Ergebnis also zu einem Rückgang der Summe der im Verbund insgesamt eigenfinanzierten Werte.

Wirtschaftlich kommt es mit der Übertragung eines Realvermögens im Rahmen einer Verschmelzung, insoweit die übernehmende Einheit vor der Maßnahme an der übertragenden Einheit beteiligt ist, also zu einer ***Ausschüttung oder Rückzahlung von Einlagen***.

Zusammengenommen führt die Übertragung von Realvermögen im Zuge einer Verschmelzung für sich also zu einer ***mittelbaren Einlage***, insoweit die übernehmende Einheit vor der Maßnahme nicht an der übertragenden Einheit beteiligt ist. Insoweit die übernehmende Einheit vor der Maßnahme an der übertragenden

[11] Vgl. *insoweit* auch Bula/Thees in Sagasser/Bula (2024), § 10. Rn. 148.

[12] Sachausschüttungen sind nach § 58 Abs. 5 AktG bei AGs und bei GmbHs dementsprechend ohne spezielle Regelung (vgl. Verse in Scholz (2022), § 29 GmbHG, Rn. 80 f., Hommelhoff in Lutter/Hommelhoff (2023), § 29 GmbHG, Rn. 44a) auch außerhalb des Umwandlungsrechts möglich.

Einheit beteiligt ist, kommt es zu einer ***Ausschüttung oder Rückzahlung von Einlagen***.

Für die Summe der insgesamt eigenfinanzierten Werte resultiert mit den dargestellten Auswirkungen auf die Beteiligungswerte der *Einheit* v und der *Einheit* e eine Veränderung von

$$-W_{\mathrm{v}} + \left(1 - x_{\mathrm{e,v}}\right) \cdot W_{\mathrm{v}} = -x_{\mathrm{e,v}} \cdot W_{\mathrm{v}}. \tag{6.28}$$

6.1.2.2.2.2 Ansprüche aus Fremdfinanzierungsverträgen

Wie im Zusammenhang mit der Entwicklung der *Einheit* e beschrieben, tauchen übertragene Ansprüche aus Fremdfinanzierungsverträgen im Beteiligungswert der fusionierten Einheit nach der Umwandlung nur dann auf, wenn sie nicht aus einer direkten Vereinbarung zwischen der *Einheit* v und der *Einheit* e resultieren. Steht vor der Maßnahme einem Anspruch der *Einheit* v eine Verpflichtung der *Einheit* e gegenüber, dann erlöschen die gegenseitigen Positionen durch Konfusion. Für die Ermittlung eines angemessenen Umtauschverhältnisses und die danach erforderlichen Kapitalveränderungen sind entsprechende Ansprüche aber gleichermaßen von Bedeutung. Im Ergebnis macht es keinen Unterschied, ob ein Fremdfinanzierungsvertrag zwischen Überträgerin und Übernehmerin geschlossen wurde oder entsprechende Vereinbarungen der *Einheit* v mit dritten Gesellschaften bestehen. Der Wegfall ihrer eigenen Verpflichtung erhöht den Beteiligungswert der *Einheit* e am Ende genauso wie die Übernahme eines Anspruchs gegenüber einer dritten Einheit des Verbundes.

Damit entsprechen die Auswirkungen der Übertragung von Ansprüchen aus Fremdkapitalverträgen systematisch denen der Übertragung von Realvermögen.

Für sich führt der Transfer sämtlicher Ansprüche aus Fremdkapitalverträgen der *Einheit* v dabei im Umfang ihres Wertes zu einem entsprechenden Rückgang des Beteiligungswertes der Überträgerin.

In (6.23) beschreibt

$$\left(1 - x_{\mathrm{e,v}}\right) \cdot \sum_{n}^{N} F_{\mathrm{v},n} \cdot \frac{K_{\mathrm{e}}^{II}}{Y_{\mathrm{e}}}$$

die Erhöhung des effektiven Nennkapitals der *Einheit* e, die für die Übertragung von Ansprüchen aus Fremdkapitalverträgen für sich im Zuge der Verschmelzung herbeigeführt werden muss und die mit einer im Verhältnis übereinstimmenden Steigerung des Beteiligungswertes der Übernehmerin einhergeht. Das Nennkapital der den berechtigten Anteilseignern der *Einheit* v insoweit zu gewährenden

Anteile stimmt betragsmäßig mit der Erhöhung des effektiven Nennkapitals überein.

Für sich kommt es also mit der Übertragung von Ansprüchen aus Fremdkapitalverträgen im Zuge einer Verschmelzung, insoweit die *Einheit* e vor der Maßnahme nicht an der *Einheit* v beteiligt ist, zu einer ***mittelbaren Einlage*** und, insoweit die *Einheit* e vor der Maßnahme an der *Einheit* v beteiligt ist, zu einer ***Ausschüttung oder Rückzahlung von Einlagen***.

Hinsichtlich transferierter Ansprüche aus Fremdkapitalverträgen gegenüber dritten Einheiten des Verbundes stellt die *Einheit* e also infolge der Verschmelzung keine Eigenmittel mehr zur Verfügung, die als Fremdkapital an eine oder mehrere andere Gesellschaften weitergegeben werden, sondern wird selbst unmittelbare Gläubigerin. Stellt die *Einheit* v der *Einheit* e vor der Maßnahme Fremdkapital zur Verfügung, ist der Wert des resultierenden Anspruchs im Umfang der Beteiligungsquote $x_{\mathrm{e,v}}$ schon zu diesem Zeitpunkt im Beteiligungswert der Übernehmerin enthalten. Im Zuge der Verschmelzung heben sich also die zu leistenden Zins- und Tilgungszahlungen und der auf diese zurückgehende anteilige Wert der Beteiligung an der Überträgerin auf.

Für die Summe der insgesamt eigenfinanzierten Werte resultiert eine Veränderung von

$$-\sum_{n}^{N} F_{\mathrm{v},n} + \left(1 - x_{\mathrm{e,v}}\right) \cdot \sum_{n}^{N} F_{\mathrm{v},n} = -x_{\mathrm{e,v}} \cdot \sum_{n}^{N} F_{\mathrm{v},n}. \tag{6.29}$$

6.1.2.2.2.3 Anteile an dritten Kapitalgesellschaften

Wie oben festgestellt, haben im Zuge der Maßnahme übertragene Anteile an dritten Einheiten des Verbundes und entsprechende Anteile, die die Überträgerin schon vor der Maßnahme hält, nach der Verschmelzung den gleichen Wert wie davor.

Vor diesem Hintergrund gibt es hier systematisch keine Unterschiede zu der Übertragung von Realvermögen beziehungsweise der Übertragung von Ansprüchen aus Fremdkapitalverträgen.

Für sich führt der Transfer von Anteilen an dritten Gesellschaften des Verbundes im Umfang ihres Wertes vor der Maßnahme zu einem entsprechenden Rückgang des Beteiligungswertes der Überträgerin.

In (6.23) beschreibt

$$\left(1 - x_{\mathrm{e,v}}\right) \cdot \sum_{\substack{n \\ n \neq \mathrm{e}}}^{N} x_{\mathrm{v},n} \cdot Y_n \cdot \frac{K_{\mathrm{e}}^{II}}{Y_{\mathrm{e}}}$$

die Erhöhung des effektiven Nennkapitals der *Einheit* e, die für die Übertragung von Anteilen an dritten Gesellschaften des Verbundes für sich im Zuge der Verschmelzung herbeigeführt werden muss und die mit einer im Verhältnis übereinstimmenden Steigerung des Beteiligungswertes der Übernehmerin einhergeht. Das Nennkapital der den ausgleichsberechtigten Anteilseignern der *Einheit* v insoweit zu gewährenden Anteile muss betragsmäßig mit der Erhöhung des effektiven Nennkapitals übereinstimmen.

Für sich kommt es also mit der Übertragung von Anteilen an dritten Kapitalgesellschaften im Zuge einer Verschmelzung, insoweit die *Einheit* e vor der Maßnahme nicht an der *Einheit* v beteiligt ist, zu einer ***mittelbaren Einlage*** und, insoweit die *Einheit* e vor der Maßnahme an der *Einheit* v beteiligt ist, zu einer ***Ausschüttung oder Rückzahlung von Einlagen***.

Für die Summe der insgesamt eigenfinanzierten Werte resultiert eine Veränderung von

$$-\sum_{\substack{n \\ n\neq \mathrm{e}}}^{N} x_{\mathrm{v},n} \cdot Y_n + \left(1 - x_{\mathrm{e,v}}\right) \cdot \sum_{\substack{n \\ n\neq \mathrm{e}}}^{N} x_{\mathrm{v},n} \cdot Y_n = -x_{\mathrm{e,v}} \cdot \sum_{\substack{n \\ n\neq \mathrm{e}}}^{N} x_{\mathrm{v},n} \cdot Y_n. \tag{6.30}$$

6.1.2.2.2.4 Anteile an der Übernehmerin

Für sich führt der Transfer der Anteile an der Übernehmerin im Umfang ihres Wertes vor der Maßnahme zu einem entsprechenden Rückgang des Beteiligungswertes der Überträgerin. Für die *Einheit* v wirkt sich ihre Übertragung also nicht anders aus als der Transfer von Anteilen an dritten Gesellschaften des Verbundes.

In (6.23) beschreibt

$$\left(1 - x_{\mathrm{e,v}}\right) \cdot x_{\mathrm{v,e}} \cdot Y_{\mathrm{e}} \cdot \frac{K_{\mathrm{e}}^{II}}{Y_{\mathrm{e}}} - x_{\mathrm{v,e}} \cdot K_{\mathrm{e}}^{II}$$

die gesamten Auswirkungen der Übertragung von Anteilen an *Einheit* e auf die bei der Übernehmerin umzusetzenden Kapitalveränderung $\Delta K_{\mathrm{e}}^{II}$. Mit dem Term $-x_{\mathrm{v,e}} \cdot K_{\mathrm{e}}^{II}$ wird dabei nicht der Wert eines übergehenden Vermögens erfasst, sondern ein Nennkapitalbetrag angegeben, der bei der Ermittlung von $\Delta K_{\mathrm{e}}^{II}$ jedenfalls abzusetzen ist. Dabei entspricht $x_{\mathrm{v,e}} \cdot K_{\mathrm{e}}^{II}$ offenkundig dem Nennkapital der übertragenen Anteile an *Einheit* e. Wie dargestellt, können diese Anteile im Zuge einer Verschmelzung nach §§ 54 Abs. 1 S. 2 Nr. 2, 68 Abs. 1 S. 2 Nr. 2 UmwG den Anteilseignern der Überträgerin gewährt werden. Am Betrag des effektiven Nennkapitals der *Einheit* e ändert sich dabei nichts. Nach den Ausführungen in 6.1.2.1.4 ist das im Ergebnis allerdings genauso, wenn stattdessen nach §§ 54 Abs. 1 S. 2 Nr. 2, 68 Abs. 1 S. 2 Nr. 2 UmwG eine umwandlungsbedingte Kapitalerhöhung durchgeführt wird oder nach §§ 54 Abs. 1 S. 2 Nr. 1, 68 Abs. 1 S. 2 Nr. 1 UmwG alte eigene Anteile der Übernehmerin ausgegeben werden. Die transferierten Anteile verbleiben dann nach der Maßnahme als neue eigene Anteile bei der Übernehmerin und neutralisieren die Auswirkungen von Kapitalerhöhung beziehungsweise Ausgabe alter eigener Anteile auf das effektive Nennkapital. Für die Übernehmerin sind auch diese neuen eigenen Anteile als solche ohne Wert. Bei ihrer Übertragung kann es sich also nicht um eine Sacheinlage handeln.[13]

Ist die Übernehmerin vor der Verschmelzung nicht an der Überträgerin beteiligt $\left(x_{\mathrm{e,v}} = 0\right)$, folgt für den obigen Ausdruck

$$x_{\mathrm{v,e}} \cdot Y_{\mathrm{e}} \cdot \frac{K_{\mathrm{e}}^{II}}{Y_{\mathrm{e}}} - x_{\mathrm{v,e}} \cdot K_{\mathrm{e}}^{II} = x_{\mathrm{v,e}} \cdot K_{\mathrm{e}}^{II} - x_{\mathrm{v,e}} \cdot K_{\mathrm{e}}^{II} = 0. \qquad (6.31)$$

Der Bemessung der für die Vermögensübertragung zu gewährenden Anteile wird auch hier das Verhältnis des Wertes des transferierten Vermögens und des Beteiligungswertes der Übernehmerin zugrunde gelegt $\left(x_{\mathrm{v,e}} \cdot Y_{\mathrm{e}} \cdot \left(K_{\mathrm{e}}^{II}/Y_{\mathrm{e}}\right)\right)$. Die transferierten Anteile werden also mit ihrem Wert vor der Umwandlung bei der Überträgerin berücksichtigt, obwohl sie zum Beteiligungswert der Übernehmerin nach der Maßnahme – unabhängig von ihrem Verbleib – nichts beitragen. Insoweit unterscheidet sich die Situation von der Übertragung anderer positiver Vermögen. Für sich betrachtet – also ohne Berücksichtigung der mit der Vermögensübertragung zugleich stattfindenden Anteilsgewährung – gehen die transferierten Anteile dabei auf die Übernehmerin über und mindern bei dieser das effektive Nennkapital. Der Beteiligungswert der Gesellschaft bleibt währenddessen unverändert, weil dafür kein positives Vermögen abgegeben oder ein negatives Vermögen übernommen wird. Insoweit gilt also $Y_{\mathrm{e}} = Y_{\mathrm{e}}^{nU}$. Im Ergebnis steigen die übrigen Beteiligungsquoten an der *Einheit* e und der Wert der diesen zugrundeliegenden Anteile wird größer um den Wert der transferierten Anteile, die nun nicht mehr an Y_{e} teilnehmen. Der Zugewinn der von *Bedingung 2* eines angemessenen Umtauschverhältnisses erfassten Anteilseigner der Übernehmerin entspricht im Ergebnis also dem Wertverlust, der von *Bedingung 1* erfassten Anteilseigner der Überträgerin, den diese durch den Untergang ihrer Beteiligung (an der *Einheit* v) erleiden, insoweit er auf den Transfer der Anteile an *Einheit* e zurückgeht. Für die Bemessung der zu gewährenden Anteile das Verhältnis des

[13] Vgl. Kocher in Kallmeyer (2024), § 55 UmwG, Rn. 11.

Wertes der transferierten Anteile an der Übernehmerin vor der Verschmelzung und des Beteiligungswertes der Übernehmerin zugrunde zu legen, ist also richtig.

Findet eine entsprechende Anteilsgewährung statt, werden die dargestellten Folgen für das effektive Nennkapital der Übernehmerin neutralisiert, wenn ein Durchgangserwerb angenommen wird oder die transferierten Anteile zu eigenen Anteilen werden und an ihrer Stelle alte eigene Anteile oder solche aus einer Kapitalerhöhung mit einem entsprechenden Nennkapital gewährt werden. Unter der Annahme eines Direkterwerbs betrifft der Vorgang das effektive Nennkapital der *Einheit* e erst gar nicht.

Vor diesem Hintergrund müssen die Beträge des Nennkapitals der gewährten Anteile und der transferierten Anteile an der Übernehmerin übereinstimmen. Das gleiche gilt für die Werte dieser Anteile. Die aufgelöste Beteiligung der *Einheit* v an der *Einheit* e wird also ersetzt durch eine neue (identische) Beteiligung auf Ebene der Anteilseigner der *Einheit* v. Damit wird der Untergang der Beteiligungen an der Überträgerin kompensiert, insoweit dieser auf den Transfer der Anteile an der Übernehmerin zurückgeht. Bezogen auf die im Verbund insgesamt eigenfinanzierten Werte kommt es damit im Zuge der Maßnahme zu einem Rückgang in Höhe von $x_{v,e} \cdot Y_e$.

Insoweit handelt es sich bei einer Verschmelzung wirtschaftlich also um einen ***Erwerb einer Beteiligung der Überträgerin an der Übernehmerin durch Anteilseigner der Überträgerin***. Diese wirtschaftliche Konsequenz steht dabei fest, ist also vor dem Hintergrund eines angemessenen Umtauschverhältnisses zwingend herbeizuführen. Es kann hier also für die Einordnung grundsätzlich keinen Unterschied machen, wie sich eine entsprechende Umsetzung darstellt:

Werden die übertragenen Anteile an der Übernehmerin nicht selbst gewährt, gehen sie auf die *Einheit* e über und verbleiben dort als eigene Anteile. An ihrer Stelle sind alte eigene Anteile oder Anteile aus einer umwandlungsbedingten Kapitalerhöhung zu verwenden. Ebenso wie es bei der Übernahme von positiven Vermögen gegen die Gewährung von Anteilen wirtschaftlich keinen Unterschied macht, ob es sich dabei um eigene Anteile oder Anteile aus einer umwandlungsbedingten Kapitalerhöhung handelt, stimmen die wirtschaftlichen Konsequenzen auch hier überein. Das gleiche gilt im Verhältnis zu einer Gestaltung, bei der die transferierten Anteile selbst gewährt werden. Dabei ist es wiederum irrelevant, ob diese Anteile durch Direkterwerb oder durch Durchgangserwerb an die Anteilseigner der Überträgerin gehen. An dieser Stelle wird der Grundsatz deutlich, dass es bei der Umsetzung einer Verschmelzung tatsächlich auf das Verhältnis der Anteilseigner der umzuwandelnden Gesellschaften und nicht auf diese Gesellschaften selbst ankommt.

Ist die Übernehmerin vor der Verschmelzung an der Überträgerin beteiligt $\left(x_{\mathrm{e,v}} > 0\right)$, folgt

$$\left(1 - x_{\mathrm{e,v}}\right) \cdot x_{\mathrm{v,e}} \cdot Y_{\mathrm{e}} \cdot \frac{K_{\mathrm{e}}^{II}}{Y_{\mathrm{e}}} - x_{\mathrm{v,e}} \cdot K_{\mathrm{e}}^{II} = -x_{\mathrm{e,v}} \cdot x_{\mathrm{v,e}} \cdot K_{\mathrm{e}}^{II} < 0. \tag{6.32}$$

Der Betrag des effektiven Nennkapitals der Übernehmerin ist demnach zu mindern.[14] Nach (6.16) beträgt das Nennkapital der den berechtigten Anteilseignern der *Einheit* v zu gewährenden Anteile jedenfalls $k_{\mathrm{e}}^{gA} = \Delta K_{\mathrm{e}}^{II} + x_{\mathrm{v,e}} \cdot K_{\mathrm{e}}^{II}$. Es resultiert also

$$k_{\mathrm{e}}^{gA} = -x_{\mathrm{e,v}} \cdot x_{\mathrm{v,e}} \cdot K_{\mathrm{e}}^{II} + x_{\mathrm{v,e}} \cdot K_{\mathrm{e}}^{II} = \left(1 - x_{\mathrm{e,v}}\right) \cdot x_{\mathrm{v,e}} \cdot K_{\mathrm{e}}^{II}. \tag{6.33}$$

Für die Übertragung der Anteile an *Einheit* e sind demnach Anteile mit einem Nennkapital zu gewähren, das dem Nennkapital der transferierten Anteile entspricht, insoweit die Übernehmerin vor der Maßnahme nicht an der Überträgerin beteiligt ist. Es werden (vor dem Hintergrund des insgesamt transferierten Nennkapitals $\left(x_{\mathrm{v,e}} \cdot K_{\mathrm{e}}^{II}\right)$) also Anteile an der *Einheit* e frei, die in diesem Zusammenhang den berechtigten Anteilseignern der *Einheit* v nicht gewährt werden dürfen. Diese Anteile (das heißt der verbleibende Nennkapitalbetrag) entsprechen der herbeizuführenden Änderungen des effektiven Nennkapitals der Übernehmerin $\left(\left(1 - x_{\mathrm{e,v}}\right) \cdot x_{\mathrm{v,e}} \cdot K_{\mathrm{e}}^{II} - x_{\mathrm{v,e}} \cdot K_{\mathrm{e}}^{II} = -x_{\mathrm{e,v}} \cdot x_{\mathrm{v,e}} \cdot K_{\mathrm{e}}^{II}\right)$. Im Ergebnis müssen von der *Einheit* v übertragene Anteile an der *Einheit* e nach der Umwandlung zwingend als eigene Anteile bei der Übernehmerin verbleiben, ohne dass den grundsätzlich berechtigten Anteilseignern der *Einheit* v an ihrer Stelle alte eigene Anteile der Übernehmerin oder Anteile aus einer umwandlungsbedingten Kapitalerhöhung gewährt werden. So zu verfahren ist dabei grundsätzlich die einzige Möglichkeit, das effektive Nennkapital der Übernehmerin im (rechtlichen) Rahmen einer Verschmelzung zu mindern. Es müssen hier also von der *Einheit* v transferierte Anteile an der *Einheit* e mit einem Nennkapital von $x_{\mathrm{e,v}} \cdot x_{\mathrm{v,e}} \cdot K_{\mathrm{e}}^{II}$ zu neuen und zusätzlichen eigenen Anteilen der Übernehmerin werden.

Diese Entwicklung des effektiven Nennkapitals geht einher mit einer entsprechenden Entwicklung des Beteiligungswertes der Übernehmerin. Insoweit die *Einheit* e vor der Maßnahme nicht an der *Einheit* v beteiligt ist, lässt die Übertragung der Anteile unabhängig von ihrem Verbleib den Beteiligungswert der Übernehmerin unverändert; insoweit eine entsprechende Beteiligung existiert,

---

[14] Zu der grundsätzlichen Möglichkeit von $\Delta K_{\mathrm{e}}^{II} < 0$ vgl. 6.1.2.1.4.

wird der Beteiligungswert der Übernehmerin kleiner. Das ist darauf zurückzuführen, dass der Untergang der Beteiligung der Übernehmerin an der Überträgerin, insoweit er auf den Transfer der Anteile an der Übernehmerin zurückgeht, (anders als das bei einer Aufwärtsverschmelzung für die übrigen Bestandteile des Übertragungsgegenstandes festzustellen ist) nicht mit der entsprechenden Übernahme eines positiven Vermögens einhergeht. Insoweit also der Wert ihrer Anteile an der Überträgerin vor der Verschmelzung auf deren (Rück-)Beteiligung an ihr selbst zurückgeht, wird der Beteiligungswert der übernehmenden *Einheit* e im Zuge der Maßnahme kleiner.

Die Anteile an der Übernehmerin tragen dabei vor der Verschmelzung einen Wert von $x_{v,e} \cdot Y_e$ zum Beteiligungswert der Überträgerin bei. Mit einem Wert von $x_{v,e} \cdot (x_{e,v} \cdot Y_v)$ ist darin der auf sie entfallende Teil der Beteiligung an ihr selbst (der Rückbeteiligung der *Einheit* e an der *Einheit* v) enthalten.

Für die Übernehmerin gelten entsprechend $x_{e,v} \cdot Y_v$ für den Wert ihrer gesamten Beteiligung an der Überträgerin und $x_{e,v} \cdot (x_{v,e} \cdot Y_e)$ für den darin enthaltenen Wert des auf sie entfallenden Teils der Beteiligung an ihr selbst (der Rückbeteiligung der *Einheit* v an der *Einheit* e). Für den Wert des wechselseitigen Beteiligungsverhältnisses insgesamt folgt demnach

$$x_{v,e} \cdot (x_{e,v} \cdot Y_v) + x_{e,v} \cdot (x_{v,e} \cdot Y_e) = x_{v,e} \cdot x_{e,v} \cdot (Y_v + Y_e). \tag{6.34}$$

$x_{v,e} \cdot (x_{e,v} \cdot Y_v)$ geht dabei im Zuge einer Verschmelzung wie der gesamte Wert der Anteile, die die *Einheit* v vor der Maßnahme an der *Einheit* e hält, mit der Übertragung dieser Anteile für die Überträgerin verloren. Insoweit sich also die wechselseitige Beteiligung vor der Maßnahme im Beteiligungswert der *Einheit* v wiederfindet, muss sie im Sinne der *Bedingung 1* bei der Ermittlung eines angemessenen Umtauschverhältnis berücksichtigt werden. Das geschieht durch das oben beschriebene Zugrundelegen des Wertes, den die übertragenen Anteile an der *Einheit* e vor der Verschmelzung auf Ebene der *Einheit* v aufweisen.

Mit dem Erlöschen des wechselseitigen Beteiligungsverhältnisses geht für die Beteiligung der *Einheit* e an der *Einheit* v der Wert $x_{e,v} \cdot (x_{v,e} \cdot Y_e)$ verloren, ohne dass dem der Zugang eines entsprechenden Vermögens gegenübersteht und damit auch der Beteiligungswert der *Einheit* e in diesem Umfang kleiner wird $(\Delta Y_e = -x_{e,v} \cdot x_{v,e} \cdot Y_e)$.

Vor dem Hintergrund der *Bedingung 2* eines angemessenen Umtauschverhältnisses ist das nur zulässig, wenn es auch zu einer Minderung des effektiven Nennkapitals der Übernehmerin kommt, so dass die durch die maßgeblichen Anteile vermittelten Beteiligungsquoten insoweit steigen, dass der Rückgang des Beteiligungswertes ausgeglichen wird.

Die Minderung des effektiven Nennkapitals hat folglich im Verhältnis dem Rückgang des Beteiligungswertes zu entsprechen. Es muss hier also

$$\frac{-x_{e,v} \cdot x_{v,e} \cdot Y_e}{Y_e} = \frac{\Delta K_e^{II}}{K_e^{II}} \tag{6.35}$$

gelten. Das ist äquivalent zu

$$\Delta K_e^{II} = -x_{e,v} \cdot x_{v,e} \cdot K_e^{II} \tag{6.36}$$

und stimmt mit dem dargestellten Ergebnis aus der Berechnungsformel der umzusetzenden Kapitalveränderung überein.

Insgesamt reduziert sich im Zusammenhang mit der Übertragung von Anteilen an der Übernehmerin die Summe der im Verbund insgesamt eigenfinanzierten Werte um den Wert dieser Anteile vor der Maßnahme – bei der übertragenden *Einheit* v – und zusätzlich um den Beteiligungswert der *Einheit* e, insoweit dieser vor der Maßnahme auf eine Rückbeteiligung der Überträgerin zurückgeht:

$$-x_{v,e} \cdot Y_e - x_{e,v} \cdot x_{v,e} \cdot Y_e = -x_{v,e} \cdot \left(1 + x_{e,v}\right) \cdot Y_e \tag{6.37}$$

Im Ergebnis liegt hier eine Situation vor, die es vergleichbar außerhalb von Umwandlungen nicht gibt. Ein Gleichsetzen mit einem entgeltlichen Erwerb eigener Anteile scheidet aus, weil es weder unmittelbar noch mittelbar eine Gegenleistung für den Erwerb der Anteile gibt. Bei einer Liquidation wären die Anteile an der Übernehmerin grundsätzlich in einem ersten Schritt entgeltlich zu veräußern. Es handelt sich hier also um einen ***umwandlungsspezifischen Vorgang***.

Kommt es zu der Situation, dass übertragende Anteile an der *Einheit* e für ihren eigenen Transfer nicht selbst und auch keine ihnen entsprechenden Anteile gewährt werden dürfen, können solche Anteile im Sinne der Wahlrechte der §§ 54 Abs. 1 S. 2 Nr. 2, 68 Abs. 1 S. 2 Nr. 2 UmwG gegebenenfalls für die Übertragung eines anderen positiven Vermögens aber dennoch zum Umtausch verwendet werden. Dabei handelt es sich dann allerdings um zwei voneinander zu trennende Vorgänge. Es findet also mit der Auflösung eines wechselseitigen Beteiligungsverhältnisses der Erwerb eigener Anteile durch die Übernehmerin statt und zudem ein Anteilstauch auf Ebene der Anteilseigner der Überträgerin. Diese Zusammenhänge werden bei der Analyse des Übertragungsgegenstandes im Ganzen detailliert betrachtet.

Ein zentrales Ergebnis dieses Abschnittes besteht darin, dass sich die wirtschaftlichen Konsequenzen einer Beteiligung der Überträgerin an der Übernehmerin darin zeigen, dass die dieser Beteiligung zugrunde liegenden Anteile Bestandteil des Übertragungsgegenstandes werden.

Besteht eine entsprechende Beteiligung, werden bei einer Verschmelzung wegen der vollständigen Vermögensübertragung sämtliche dieser Anteile transferiert. Nur deshalb ist es zulässig, von den Finanzierungsbeziehungen vor der Umwandlung direkt auf die Merkmale der Maßnahme zu schließen und von einem Abwärtselement als Bestandteil der Maßnahme auszugehen beziehungsweise die Umwandlung als „Abwärtsverschmelzung" zu bezeichnen. Die Bedeutung dieses Zusammenhangs wird insbesondere noch einmal bei der späteren Betrachtung von Abspaltungen und Ausgliederungen deutlich werden. Bei diesen Umwandlungen können Anteile an der Übernehmerin, die vor der Maßnahme einer Beteiligung bei der Überträgerin zugrunde liegen, grundsätzlich in beliebigem Umfang dem Übertragungsgegenstand zugeordnet werden. Findet das nicht statt, dann weist eine Maßnahme folglich kein Abwärtselement auf, auch wenn die Überträgerin vor der Maßnahme an der Übernehmerin beteiligt ist.

6.1.2.2.2.5 Verpflichtungen aus Fremdfinanzierungsverträgen

Mit dem Transfer von Verpflichtungen aus Fremdkapitalverträgen geht die Finanzierungsstruktur der Überträgerin in die Verschmelzung ein.

Weil der Übertragungsgegenstand die gesamte Ausstattung der Überträgerin umfasst, wäre es hier offenkundig möglich, die transferierten Verpflichtungen aus Fremdkapitalverträgen unter Verwendung der Eigenkapitalquote der *Einheit* v $\left(Y_{\mathrm{v}}/\left(Y_{\mathrm{v}}+F_{\mathrm{v}}^{V}\right)\right)$ direkt in die Beurteilung der übrigen Bestandteile des Übertragungsgegenstandes einzubeziehen.

Der Ausdruck in der zweiten Klammer in der ersten Zeile in (6.23) lässt sich hier dementsprechend auch in der Form

$$\left(W_{\mathrm{v}}+\sum_{n}^{N}\left(F_{\mathrm{v},n}+x_{\mathrm{v},n}\cdot Y_{n}\right)\right)\cdot\frac{Y_{\mathrm{v}}}{Y_{\mathrm{v}}+F_{\mathrm{v}}^{V}} \tag{6.38}$$

schreiben.[15] Für die in den folgenden Abschnitten stattfindende Beurteilung der für die Umwandlung insgesamt resultierenden Systematiken müssten die Auswirkungen der Übertragung dieser Verpflichtungen dann aber wieder isoliert werden. Zudem wäre ein vergleichbares Vorgehen nicht möglich für die im weiteren Verlauf behandelten Spaltungen und Ausgliederungen, bei denen grundsätzlich jeder Fremdkapitalvertrag Bestandteil des Übertragungsgegenstandes werden kann oder eben nicht. Die Kapitalstruktur eines transferierten positiven Vermögens weicht bei diesen Umwandlungen regelmäßig von der Kapitalstruktur der Überträgerin ab. Eine entsprechende indirekte Berücksichtigung von Verpflichtungen kommt dann nicht in Frage.

Verpflichtungen aus Fremdkapitalverträgen gehen vor der Verschmelzung zulasten des Beteiligungswertes der *Einheit* v. Für sich betrachtet steigert ihre Übertragung den Beteiligungswert der Überträgerin also in entsprechender Höhe.

In (6.23) beschreibt

$$\left(1 - x_{\mathrm{e,v}}\right) \cdot \sum_{n}^{N} (-1) \cdot F_{n,\mathrm{v}} \cdot \frac{K_{\mathrm{e}}^{II}}{Y_{\mathrm{e}}}$$

die Auswirkungen der Übertragung von Verpflichtungen aus Fremdkapitalverträgen auf die umzusetzende Veränderung des effektiven Nennkapitals der *Einheit* e. Es resultiert hier ein negatives Ergebnis, wenn wenigstens eine solche Verpflichtung vor der Maßnahme existiert. Für das Nennkapital der den ausgleichsberechtigten Anteilseignern zu gewährenden Anteile resultiert damit insoweit ebenfalls ein negativer Betrag.

Übertragene Verpflichtungen gegenüber der *Einheit* e $\left(F_{\mathrm{e,v}} > 0\right)$ erlöschen wie die transferierten Ansprüche gegenüber dieser Gesellschaft durch Konfusion. Wie diese wirken sie sich dabei im Ergebnis nicht anders aus als Positionen gegenüber Dritten. Es macht wirtschaftlich keinen Unterschied, ob die *Einheit* e eine zusätzliche Verpflichtung übernimmt oder ihr ein (wert)entsprechender Anspruch verlorengeht.

---

[15] Es gilt hier:

$$W_{\mathrm{v}} + \sum_{n}^{N} \left(F_{\mathrm{v},n} + x_{\mathrm{v},n} \cdot Y_n - F_{n,\mathrm{v}}\right) = Y_{\mathrm{v}} \Leftrightarrow W_{\mathrm{v}} + \sum_{n}^{N} \left(F_{\mathrm{v},n} + x_{\mathrm{v},n} \cdot Y_n\right) = Y_{\mathrm{v}} + F_{\mathrm{v}}^{V}$$

$$\Leftrightarrow \left(W_{\mathrm{v}} + \sum_{n}^{N} \left(F_{\mathrm{v},n} + x_{\mathrm{v},n} \cdot Y_n\right)\right) \cdot \frac{Y_{\mathrm{v}}}{Y_{\mathrm{v}} + F_{\mathrm{v}}^{V}} = Y_{\mathrm{v}}.$$

Vor der Verschmelzung gehen Verpflichtungen der Überträgerin im Umfang der Beteiligungsquote $x_{\mathrm{e,v}}$ in den Wert der Beteiligung ein, den die Übernehmerin an ihr hält. Der (negative) Wert der übernommenen Verpflichtungen mindert den Beteiligungswert der Übernehmerin also nur, insoweit eine solche Beteiligung nicht existiert. Im Ergebnis ist der Faktor $\left(1 - x_{\mathrm{e,v}}\right)$ hier genauso anzuwenden wie bei dem Transfer positiver Vermögen.

Mit der Übertragung von Verpflichtungen aus Fremdkapitalverträgen folgt für den Beteiligungswert der Übernehmerin dementsprechend eine Minderung von

$$\left(1 - x_{\mathrm{e,v}}\right) \cdot \sum_{n}^{N} (-1) \cdot F_{n,\mathrm{v}}. \tag{6.39}$$

Verpflichtungen aus Fremdkapitalverträgen reduzieren den Beteiligungswert einer Kapitalgesellschaft und damit den Wert der an ihr gehaltenen Anteile. Der Wegfall einer Beteiligungsebene führt also dazu, dass diese Verpflichtungen nur noch einmal – und zwar unmittelbar bei der Übernehmerin – berücksichtigt werden. Für sich erhöht die Übertragung von Verpflichtungen aus Fremdkapitalverträgen damit die Summe der im Verbund insgesamt eigenfinanzierten Werte, insoweit die *Einheit* e vor der Maßnahme an der *Einheit* v beteiligt ist; insoweit die *Einheit* e vor der Maßnahme nicht an der *Einheit* v beteiligt ist, bleibt die Summe der insgesamt eigenfinanzierten Werte gleich. Es folgt

$$\sum_{n}^{N} F_{n,\mathrm{v}} + \left(1 - x_{\mathrm{e,v}}\right) \cdot \sum_{n}^{N} (-1) \cdot F_{n,\mathrm{v}} = x_{\mathrm{e,v}} \cdot \sum_{n}^{N} F_{n,\mathrm{v}}. \tag{6.40}$$

Die beschriebenen Zusammenhänge sind für sich in der Systematik einer Verschmelzung nicht handhabbar. Die dargestellten Auswirkungen treten vor dem Hintergrund derjenigen des übrigen Übertragungsgegenstandes ein.

6.1.2.2.3 Übertragungsgegenstand im Ganzen

Mit den in 6.1.2.2.2.1 bis 6.1.2.2.2.5 dargestellten Entwicklungen kommt es für die Summe der innerhalb des betrachteten Verbundes eigenfinanzierten Werte insgesamt zu einer Veränderung in Höhe von

$$Y_{\mathrm{e}}^{nU} - (Y_{\mathrm{v}} + Y_{\mathrm{e}}) = - x_{\mathrm{e,v}} \cdot W_{\mathrm{v}} - x_{\mathrm{e,v}} \cdot \sum_{n}^{N} F_{\mathrm{v},n} - x_{\mathrm{e,v}} \cdot \sum_{\substack{n \\ n \neq \mathrm{e}}}^{N} x_{\mathrm{v},n} \cdot Y_n$$

$$- x_{\mathrm{v,e}} \cdot \left(1 + x_{\mathrm{e,v}}\right) \cdot Y_{\mathrm{e}} + x_{\mathrm{e,v}} \cdot \sum_{n}^{N} F_{n,\mathrm{v}}. \tag{6.41}$$

Eine Verschmelzung lässt die Komplexität der Eigenfinanzierungsbeziehungen demnach unverändert, wenn zwischen Überträgerin und Übernehmerin vor der Verschmelzung kein Beteiligungsverhältnis besteht $\left(x_{\mathrm{v,e}} = x_{\mathrm{e,v}} = 0\right)$. Gibt es vor der Maßnahme ein (ein- oder wechselseitiges) Beteiligungsverhältnis, resultiert ein Rückgang der insgesamt eigenfinanzierten Werte; das heißt die Komplexität der Finanzierung des dem Verbund zugrunde liegenden stochastischen Zahlungsstroms nimmt ab.

Die wirtschaftlichen Folgen des Transfers von Realvermögen, Ansprüchen aus Fremdkapitalverträgen und Anteilen an dritten Einheiten des Verbundes sind dabei kumulativ.

Die Übertragung von Verpflichtungen aus Fremdkapitalverträgen wirkt sich entgegengesetzt aus.

Die Übertragung von Anteilen an der Übernehmerin steht ebenfalls für sich und ist dadurch gekennzeichnet, dass diese Anteile vor der Verschmelzung einen positiven Wert zum Beteiligungswert der Überträgerin beitragen, nach der Maßnahme – unabhängig von ihrem Verbleib – den Beteiligungswert der Übernehmerin aber nicht erhöhen.

Vor diesem Hintergrund folgt die Einordnung der wirtschaftlichen Ergebnisse der Verschmelzung insgesamt, das heißt des wirtschaftlichen Ergebnisses der Maßnahme nach (6.41), mit der Erklärung der resultierenden Abhängigkeiten zwischen den verschiedenen Bestandteilen des Übertragungsgegenstandes ausgehend von den dargestellten Konsequenzen ihres Transfers für sich.

Bei einer Verschmelzung ist die Zusammensetzung des Übertragungsgegenstandes wegen der vollständigen Vermögensübertragung festgelegt durch die Ausstattung der übertragenden *Einheit* v vor der Maßnahme. Ausgangspunkt für das Folgende ist damit die Feststellung, dass der Beteiligungswert einer Kapitalgesellschaft keine negativen Werte annehmen kann.[16] Es gilt also

[16] Vgl. dazu Kapitel 2.

$$Y_{\mathrm{V}} = W_{\mathrm{V}} + F_{\mathrm{V}}^{A} + Y_{\mathrm{V}}^{P} - F_{\mathrm{V}}^{V} \geq 0$$

$$\Leftrightarrow W_{\mathrm{V}} + \sum_{n}^{N} F_{\mathrm{V},n} + \sum_{n}^{N} x_{\mathrm{V},n} \cdot Y_n - \sum_{n}^{N} F_{n,\mathrm{V}} \geq 0. \tag{6.42}$$

Einem negativen Wert der Verpflichtungen aus Fremdkapitalverträgen steht also wenigstens ein (betragsmäßig) übereinstimmender positiver Wert der sonstigen Ausstattung gegenüber:

$$Y_{\mathrm{V}} + \sum_{n}^{N} F_{\mathrm{V},n} + \sum_{n}^{N} x_{\mathrm{V},n} \cdot Y_n \geq \sum_{n}^{N} F_{n,\mathrm{V}} \tag{6.43}$$

Hinsichtlich der Werte des im Zuge einer Verschmelzung übergehenden positiven Vermögens in Form von Realvermögen, Ansprüchen aus Fremdkapitalverträgen sowie Anteilen an Einheiten des Verbundes, ausgenommen Anteile an der Übernehmerin,[17] und des transferierten negativen Vermögens in Form von Verpflichtungen aus Fremdkapitalverträgen kommen vor diesem Hintergrund drei Konstellationen in Frage: Der Wert des transferierten positiven Vermögens, ausgenommen Anteile an der Übernehmerin, übersteigt den Betrag des negativen Wertes der übergehenden Verpflichtungen, er stimmt mit diesem überein oder er ist kleiner:

1. Der Wert des transferierten positiven Vermögens, ausgenommen Anteile an *Einheit* e, übersteigt den Betrag des negativen Wertes der übergehenden Verpflichtungen aus Fremdkapitalverträgen. Insoweit wird insgesamt ein positiver Vermögenssaldo übertragen:

$$W_{\mathrm{V}} + \sum_{n}^{N} F_{\mathrm{V},n} + \sum_{\substack{n \\ n \neq \mathrm{e}}}^{N} x_{\mathrm{V},n} \cdot Y_n > \sum_{n}^{N} F_{n,\mathrm{V}}$$

$$\Leftrightarrow W_{\mathrm{V}} + \sum_{n}^{N} F_{\mathrm{V},n} + \sum_{\substack{n \\ n \neq \mathrm{e}}}^{N} x_{\mathrm{V},n} \cdot Y_n - \sum_{n}^{N} F_{n,\mathrm{V}} > 0 \tag{6.44}$$

[17] Weil bei Verschmelzungen eigene Anteile der Überträgerin nicht transferiert werden können, geht es an dieser Stelle also um Anteile an dritten Gesellschaften des Verbundes. Bei Abspaltungen und Ausgliederungen können eigene Anteile der Überträgerin auf die Übernehmerin übergehen. Die hier gewählte Bezeichnung dient der späteren Vergleichbarkeit.

Mit der Übernahme der Verpflichtungen aus Fremdkapitalverträgen werden die Konsequenzen der Übertragung des Realvermögens, der Ansprüche aus Fremdkapitalverträgen sowie der Anteile an Gesellschaften des Verbundes, ausgenommen Anteile an *Einheit* e, neutralisiert, insoweit deren Werte zusammengenommen den negativen Wert der Verpflichtungen ausgleichen. Nur insoweit der Wert des transferierten positiven Vermögens, ausgenommen Anteile an *Einheit* e, den negativen Wert der Verpflichtungen mehr als ausgleicht, wird der Beteiligungswertes der Übernehmerin größer oder es kommt zu einer Verrechnung mit dem Wert einer Beteiligung der *Einheit* e an der *Einheit* v vor der Maßnahme. Betrachtet man die genannten Bestandteile des Übertragungsgegenstandes als Gesamtheit, kommt es demnach im Umfang eines positiven Saldos nach (6.44) zu dem beschriebenen Vorgang einer ***mittelbaren Einlage***, insoweit die Übernehmerin vor der Maßnahme nicht an der Überträgerin beteiligt ist. Insoweit eine solche Beteiligung existiert, resultiert eine ***Ausschüttung oder Rückzahlung von Einlagen***. Der Wert der Beteiligung der Übernehmerin an der Überträgerin ist im Umfang der Beteiligungsquote $x_{e,v}$ mit dem positiven Vermögenssaldo zu verrechnen. Damit findet eine Verrechnung in diesem Zusammenhang nicht statt, insoweit der Wert dieser Beteiligung auf der Rückbeteiligung der Überträgerin beruht.

Für die übertragenen Anteile an der Übernehmerin resultieren die unter 6.1.2.2.2.4 dargestellten Ergebnisse. Insoweit die Übernehmerin also vor der Maßnahme nicht an der Überträgerin beteiligt ist, sind diese Anteile selbst oder entsprechende Anteile den berechtigten Anteilseignern der *Einheit* v zu gewähren; es kommt zu einem ***Erwerb einer Beteiligung der Überträgerin an der Übernehmerin durch Anteilseigner der Überträgerin***. Weil die übertragenen Anteile nach der Maßnahme keinen Beitrag zum Beteiligungswert der Übernehmerin leisten, wird dieser mit ihrem Transfer im Rahmen eines ***umwandlungsspezifischen Vorgangs*** um $x_{e,v} \cdot x_{v,e} \cdot Y_e$ kleiner. Dementsprechend dürfen von den übertragenen Anteilen an der *Einheit* e solche mit einem Nennkapital von $x_{e,v} \cdot x_{v,e} \cdot K_e^{II}$ den berechtigten Anteilseignern der *Einheit* v nicht für ihren eigenen Transfer gewährt werden. Im hier betrachteten Fall können sie aber im Sinne der Wahlrechte der §§ 54 Abs. 1 S. 2 Nr. 2, 68 Abs. 1 S. 2 Nr. 2 UmwG für die Übertragung des im Übrigen positiven Vermögenssaldos gewährt werden. Dabei gilt

$$(1 - x_{e,v}) \cdot \left(W_v + \sum_{n}^{N} F_{v,n} + \sum_{\substack{n \\ n \neq e}}^{N} x_{v,n} \cdot Y_n - \sum_{n}^{N} F_{n,v} \right) \cdot \frac{K_e^{II}}{Y_e} \gtreqless x_{e,v} \cdot x_{v,e} \cdot K_e^{II}. \tag{6.45}$$

Gleichen also die Folgen der Übertragung des im Übrigen positiven Vermögenssaldos (unter Berücksichtigung eines Aufwärtselementes) die Auswirkungen eines Aufwärtselementes auf die Übertragung der Anteile an der Übernehmerin aus, dann folgt $Y_e^{nU} = Y_e$. Den berechtigten Anteilseignern der *Einheit* v sind also Anteile zu gewähren, deren Nennkapital genau mit dem Nennkapital der Anteile an der *Einheit* e, die für ihren eigenen Transfer nicht gewährt werden dürfen, übereinstimmt. Im Ergebnis können solche Anteile im Zuge der Maßnahme also vollständig zum Ausgleich verwendet werden.

Gleichen die Folgen der Übertragung des im Übrigen positiven Vermögenssaldos – unter Berücksichtigung eines Aufwärtselementes – die Folgen eines Aufwärtselementes auf die Übertragung der Anteile an der *Einheit* e mehr als aus, dann folgt $Y_e^{nU} > Y_e$. Den berechtigten Anteilseignern der *Einheit* v sind also Anteile zu gewähren, deren Nennkapital das Nennkapital der transferierten Anteile an der *Einheit* e, die für ihren eigenen Transfer nicht gewährt werden dürfen, übersteigt. Im Ergebnis können solche Anteile im Zuge der Maßnahme also vollständig zum Ausgleich verwendet werden und es muss zudem eine mit $\Delta K_e^{II} > 0$ einhergehende Anteilsgewährung – mit der Ausgabe alter eigener Anteile oder einer umwandlungsbedingten Kapitalerhöhung – stattfinden.

Gleichen die Folgen der Übertragung des im Übrigen positiven Vermögenssaldos – unter Berücksichtigung eines Aufwärtselementes – die Folgen eines Aufwärtselementes auf die Übertragung der Anteile an der *Einheit* e nicht vollständig aus, dann folgt $Y_e^{nU} < Y_e$. Den berechtigten Anteilseignern der *Einheit* v sind also Anteile zu gewähren, deren Nennkapital insgesamt niedriger ist als das Nennkapital der Anteile an der *Einheit* e, die für ihren eigenen Transfer nicht gewährt werden dürfen. Im Ergebnis können solche Anteile im Zuge der Maßnahme also nur teilweise zum Ausgleich verwendet werden und müssen teilweise zwingend zu neuen eigenen Anteilen der Übernehmerin werden, ohne dass an ihrer Stelle andere Anteile gewährt werden.

Wenn in den beschriebenen Fällen eine Wahlrechtsausübung erfolgt, so dass Anteile an der *Einheit* e, die für ihren eigenen Transfer nicht gewährt werden dürfen, den berechtigten Anteilseignern der *Einheit* v gewährt werden, folgen damit wirtschaftlich dennoch zwei voneinander zu trennende Vorgänge: Der vor dem Hintergrund eines wechselseitigen Beteiligungsverhältnisses resultierende ***umwandlungsspezifische Vorgang***, der die entsprechende Verwendung dieser Anteile für sich ausschließt, und ihre Gewährung für die Übertragung eines im Übrigen positiven Vermögenssaldos im Rahmen einer ***mittelbaren Einlage***. Sind den berechtigten Anteilseignern der *Einheit* v für die Übertragung von Anteilen an der Übernehmerin Anteile zu gewähren, kommt es demgegenüber unabhängig davon, ob die transferierten Anteile selbst oder entsprechende Anteile gewährt werden, zu einem einheitlichen Vorgang.

2. Der Wert des transferierten positiven Vermögens, ausgenommen Anteile an *Einheit* e, entspricht dem Betrag des negativen Wertes der übergehenden Verpflichtungen aus Fremdkapitalverträgen. Ohne Anteile an der Übernehmerin ist der Wert des übertragenen Vermögens demnach null:

$$W_{\mathrm{v}} + \sum_{n}^{N} F_{\mathrm{v},n} + \sum_{\substack{n \\ n \neq \mathrm{e}}}^{N} x_{\mathrm{v},n} \cdot Y_n = \sum_{n}^{N} F_{n,\mathrm{v}}$$

$$\Leftrightarrow W_{\mathrm{v}} + \sum_{n}^{N} F_{\mathrm{v},n} + \sum_{\substack{n \\ n \neq \mathrm{e}}}^{N} x_{\mathrm{v},n} \cdot Y_n - \sum_{n}^{N} F_{n,\mathrm{v}} = 0 \tag{6.46}$$

Die Auswirkungen des Transfers von Realvermögen, Ansprüchen aus Fremdkapitalverträgen sowie Anteilen an Gesellschaften des Verbundes, ausgenommen Anteile an *Einheit* e, und der Verpflichtungen aus Fremdkapitalverträgen heben sich also genau auf. So wie die Überträgerin hier insgesamt keinen positiven Vermögenssaldo abgibt, geht der Übernehmerin ein solcher nicht zu. Es hat insoweit keine Anteilsgewährung stattzufinden und die Vermögensübertragung wirkt sich auch nicht auf eine vor der Maßnahme bestehende Beteiligung der *Einheit* e an der *Einheit* v aus; der Wert einer solchen Beteiligung entspricht hier dem anteiligen Wert (nur) der Anteile an der *Einheit* e, die vor der Verschmelzung die *Einheit* v hält $\left(Y_{\mathrm{v}} = x_{\mathrm{v,e}} \cdot Y_{\mathrm{e}}\right)$.

Das wirtschaftliche Ergebnis der Verschmelzung insgesamt entspricht damit den unter 6.1.2.2.2.4 beschriebenen Konsequenzen eines Transfers von Anteilen an der *Einheit* e. Es kommt zu einem ***Erwerb einer Beteiligung der Überträgerin an der Übernehmerin durch Anteilseigner der Überträgerin***, insoweit die Übernehmerin vor der Maßnahme an der Überträgerin beteiligt ist, und zu einem ***umwandlungsspezifischen Vorgang***, insoweit eine solche Beteiligung vor der Umwandlung existiert.

3. Der Wert des transferierten positiven Vermögens, ausgenommen Anteile an *Einheit* e, ist kleiner als der Betrag des negativen Wertes der übergehenden Verpflichtungen aus Fremdkapitalverträgen. Ohne Anteile an der Übernehmerin ist der Wert des übertragenen Vermögens demnach negativ:

$$W_\mathrm{v} + \sum_{n}^{N} F_{\mathrm{v},n} + \sum_{\substack{n \\ n \neq \mathrm{e}}}^{N} x_{\mathrm{v},n} \cdot Y_n < \sum_{n}^{N} F_{n,\mathrm{v}}$$

$$\Leftrightarrow W_\mathrm{v} + \sum_{n}^{N} F_{\mathrm{v},n} + \sum_{\substack{n \\ n \neq \mathrm{e}}}^{N} x_{\mathrm{v},n} \cdot Y_n - \sum_{n}^{N} F_{n,\mathrm{v}} < 0 \tag{6.47}$$

Für Verpflichtungen aus Fremdkapitalverträgen als Bestandteil des Übertragungsgegenstandes wurde festgestellt, dass sie für sich den Beteiligungswert der Übernehmerin mindern. In der hier betrachteten Konstellation kommt es auch unter Berücksichtigung der anderen Bestandteile des Übertragungsgegenstandes zu der Übernahme eines negativen Vermögens durch die *Einheit* e. Die transferierten Verpflichtungen führen insoweit also nicht nur für sich, sondern auch insgesamt dazu, dass der Beteiligungswert der Übernehmerin im Zuge der Verschmelzung kleiner wird. Die zugleich transferierten Anteile an der *Einheit* e ändern daran nichts.

Wird der Beteiligungswert der Übernehmerin im Zuge der Verschmelzung kleiner, muss das vor dem Hintergrund der *Bedingung 2* eines angemessenen Umtauschverhältnisses auch für das effektive Nennkapital der Gesellschaft gelten.

Das kann – im rechtlichen Rahmen einer Verschmelzung – nach wie vor nur umgesetzt werden, indem übertragene Anteile an der *Einheit* e zu neuen eigenen Anteilen der Übernehmerin werden, ohne dass den berechtigten Anteilseignern der *Einheit* v an ihrer Stelle alte eigene Anteile oder Anteile aus einer umwandlungsbedingten Kapitalerhöhung gewährt werden.[18]

Ein übernommener negativer Vermögenssaldo geht dabei in vollem Umfang zulasten des Beteiligungswertes der Übernehmerin. Damit die von *Bedingung 2* erfassten Anteile an der *Einheit* e keine Wertminderung erleiden, muss der durch sie vermittelte Anteil an der Gesellschaft entsprechend dem Rückgang des Beteiligungswertes größer werden:

$$\frac{Y_\mathrm{e}}{K_\mathrm{e}^{II}} = \frac{Y_\mathrm{e} + \Delta Y_\mathrm{e}}{K_\mathrm{e}^{II} + \Delta K^{II}} \Leftrightarrow \Delta K^{II} = \frac{\Delta Y_\mathrm{e}}{Y_\mathrm{e}} \cdot K_\mathrm{e}^{II} (< 0) \tag{6.48}$$

[18] Klarstellend wird darauf hingewiesen, dass es hier nicht darum geht, ob ein Verlust auf Ebene der Übernehmerin verhindert werden kann, indem die übertragenen Anteile an der Übernehmerin den Anteilseignern der Überträgerin gegebenenfalls nicht gewährt werden (vgl. zu dieser Frage Klein/Stephanblome (2007), S. 379 f.).

Es müssen also Anteile mit einem Wert, der betragsmäßig übereinstimmt mit dem negativen Wert des Übertragungsgenstandes, ausgenommen Anteile an der *Einheit* e, zu neuen eigenen Anteilen der Übernehmerin werden.

Im Ergebnis folgt hier eine Situation, die derjenigen eines entgeltlichen ***Erwerbs eigener Anteile*** außerhalb von Umwandlungen entspricht. Der Erwerb findet dabei ***gegen die Übernahme von Verpflichtungen*** aus Fremdkapitalverträgen statt.[19] An die Stelle eines Weniger an Einzahlungen durch das Begleichen des Kaufpreises mit einem positiven Vermögen tritt hier ein Mehr an Auszahlungen durch die Übernahme der entsprechenden Verpflichtungen. Wirtschaftlich macht das offenkundig keinen Unterschied. Die Einordnung als Erwerb eigener Anteile stimmt damit überein, dass eine Beteiligung der Übernehmerin an der Überträgerin dabei keinen Unterschied macht: Insoweit der Wert der transferierten Anteile an der *Einheit* e den negativen Wert des übrigen Übertragungsgegenstandes genau ausgleicht, überträgt die *Einheit* v kein positives Vermögen. Auswirkungen auf den Beteiligungswert der Überträgerin und den Wert der an ihr gehaltenen Anteile gibt es insoweit also nicht. Das gilt auch für entsprechende Anteile, die (vor der Maßnahme) von der der *Einheit* e gehalten werden. Trotz einer vor der Verschmelzung bestehenden Beteiligung der Übernehmerin an der Überträgerin ist für die Umwandlung ein Aufwärtselement insoweit also überhaupt nicht festzustellen.

Ein positiver Beteiligungswert der Überträgerin entspricht in der hier betrachteten Konstellation dem Wert ihrer Beteiligung an der Übernehmerin, insoweit dieser den negativen Wert ihres übrigen Vermögens mehr als ausgleicht. Damit geht auch der Wert einer Beteiligung der *Einheit* e an der *Einheit* v vor der Maßnahme ausschließlich auf diesen übersteigenden Betrag zurück. Die Übertragung der Anteile an der *Einheit* e im Zuge der Verschmelzung läuft zu diesem Teil nach den in 6.1.2.2.2.4 beschriebenen Grundsätzen ab. Insoweit also die Übernehmerin vor der Maßnahme nicht an der Überträgerin beteiligt ist, sind die transferierten Anteile (oder entsprechende Anteile) den berechtigten Anteilseignern der *Einheit* v zu gewähren. Insoweit die *Einheit* e vor der Maßnahme an der *Einheit* v beteiligt ist, müssen die Anteile an der *Einheit* v zwingend auf die *Einheit* e übergehen und dort als eigene Anteile verbleiben, ohne dass an ihrer Stelle andere Anteile für ihre Übertragung gewährt werden. Es kommt hier also gleichzeitig zu einem ***Erwerb eigener Anteile*** (durch die *Einheit* e) ***gegen***

[19] Es kann hier grundsätzlich dazu kommen, dass die Höhe der bei der Übernehmerin vorhandenen Rücklagen einem Erwerb eigener Anteile entgegensteht sind oder die Höhe des Nennkapitals der Übernehmerin der Vermögensübernahme zuwiderläuft (vgl. Bula/Thees in Sagasser/Bula (2024), § 10. Rn. 167; Mayer in Widmann/Mayer (2025), § 5 UmwG, Rn. 40.1). Das ändert nichts an den dargestellten Systematiken.

die Übernahme von Verpflichtungen, zu einem ***Erwerb einer Beteiligung der Überträgerin an der Übernehmerin durch Anteilseigner der Überträgerin*** und mit dem anteiligen Ausgleich des untergehenden wechselseitigen Beteiligungsverhältnis über neue und zusätzliche eigene Anteile bei der *Einheit* e zu einem ***umwandlungsspezifischen Vorgang***.

Im Ergebnis wird der Beteiligungswert der Übernehmerin im Zuge der Verschmelzung dabei kleiner um den (gesamten) negativen Wert des Übertragungsgegenstandes (ohne die Anteile an *Einheit* e) und den gesamten Wert ihrer Beteiligung an der Überträgerin. Insoweit die transferierten Anteile an der *Einheit* e oder entsprechende Anteile den berechtigten Anteilseignern der *Einheit* v gewährt werden, wirkt sich der Vorgang auf den Beteiligungswert der Übernehmerin nicht aus.

Die in diesem Abschnitt dargestellten Zusammenhänge resultieren dann nicht, wenn die Überträgerin vor der Umwandlung Alleingesellschafterin der Übernehmerin ist und damit ausschließlich ihre Anteilseigner nach der Maßnahme an der Übernehmerin beteiligt sind. In diesen Fällen sind die Beteiligungswerte der umzuwandelnden Gesellschaften für die Bemessung des Umfangs der zu gewährenden Anteile irrelevant und die eigentlichen Systematiken einer Verschmelzung kommen damit ausnahmsweise nicht zum Tragen. Damit folgt aber auch, dass Schlussfolgerungen zur Handhabung dieser einen speziellen Konstellation nicht auf die Handhabung anderer Konstellationen übertragen werden dürfen.[20]

6.1.2.2.4 Zusammenfassung

Bei den hier betrachteten Verschmelzungen geht es um die Neufassung der Finanzierungsbeziehungen von Kapitalgesellschaften.

Fremdfinanzierungen sind dabei für sich grundsätzlich nur insoweit betroffen, wie die Übernehmerin in bisher von der Überträgerin besetzte Gläubiger- oder Schuldnerposition eintritt. An den Werten der entsprechenden Ansprüche oder Verpflichtungen ändert sich dabei nichts. Anders ist das nur bei unmittelbar zwischen den umzuwandelnden Gesellschaften geschlossenen Fremdkapitalverträgen. In diesem Fall gehen die gegenseitigen Positionen durch Konfusion unter, so dass die Komplexität der Fremdfinanzierungsbeziehungen insgesamt kleiner wird. Zu neuen und zusätzlichen Fremdfinanzierungen kann es durch eine Verschmelzung nicht kommen.

[20] Beispielsweise wird im Zusammenhang mit der bilanziellen Behandlung einer Abwärtsverschmelzung regelmäßig von einer 100-prozentigen Beteiligung der Überträgerin an der Übernehmerin ausgegangen (vgl. z. B. Bula/Thees in Sagasser/Bula (2024), § 10. Rn. 268; Deubert/Hoffmann in Deubert/Förschle/Störk (2021), K, Rn. 67 f; Langecker (2008), S. 82 ff., S. 121 ff.; IDW RS HFA 42 (29.10.2012), Rn. 47 ff., 74).

Die Hauptsache von Verschmelzungen ist die Neuordnung von Eigenfinanzierungen.

Die Überträgerin transferiert im Zuge einer Verschmelzung ihr gesamtes Vermögen und geht mit der Maßnahme unter. Der Übertragungsgegenstand wird also festgelegt durch die Ausstattung der Überträgerin vor der Umwandlung. Weil der Beteiligungswert einer Kapitalgesellschaft wenigstens null beträgt, kann auch der Übertragungsgegenstand insgesamt keinen negativen Wert aufweisen.

Ist der Wert des übergehenden Realvermögens, der übergehenden Anteile an Kapitalgesellschaften des Verbundes, ausgenommen Anteile an der Übernehmerin, und der transferierten Ansprüche und Verpflichtungen aus Fremdkapitalverträgen zusammengenommen positiv, dann gehen der Übernehmerin, insoweit sie vor der Maßnahme nicht an der Überträgerin beteiligt ist, damit neue und zusätzliche Eigenmittel zu. Den ausgleichsberechtigten Anteilseignern der Überträgerin sind im Gegenzug Anteile an der Übernehmerin zu gewähren. Bei einer Verschmelzung handelt es sich insoweit um eine ***mittelbare Einlage***.

Insoweit die Übernehmerin vor der Maßnahme an der Überträgerin beteiligt ist, tritt ein positiver Saldo der Werte des übergehenden Realvermögens, der übergehenden Anteile an Kapitalgesellschaften des Verbundes, ausgenommen Anteile an der Übernehmerin, und der transferierten Ansprüche und Verpflichtungen aus Fremdkapitalverträgen bei der Übernehmerin an die Stelle des mit dem Transfer dieser Bestandteile des Übertragungsgegenstandes wegfallenden Teils des Wertes ihrer Anteile an der Überträgerin. Eine Anteilsgewährung an die berechtigten Anteilseigner der Überträgerin findet hier nicht statt. Insoweit handelt es sich bei einer Verschmelzung um eine ***Ausschüttung oder Rückzahlung von Einlagen***.

Transferiert die Überträgerin Anteile an der Übernehmerin, tragen diese nach der Maßnahme unabhängig von ihrem Verbleib nichts zum Beteiligungswert der Übernehmerin bei. Insoweit die Übernehmerin dabei vor der Maßnahme nicht an der Überträgerin beteiligt ist, sind den berechtigten Anteilseignern der Überträgerin Anteile an der Übernehmerin zu gewähren, deren Nennkapital dem Nennkapital der transferierten Anteile entspricht. Maßgeblich ist hier ausschließlich das resultierende Beteiligungsverhältnis. Unabhängig davon, welche Anteile dabei im Einzelnen gewährt werden, kommt es hier zu einem ***Erwerb einer Beteiligung der Überträgerin an der Übernehmerin durch Anteilseigner der Überträgerin***.

Insoweit die Übernehmerin vor der Maßnahme an der Überträgerin beteiligt ist, kommt es mit dem Transfer von Anteilen an der Übernehmerin zur Auflösung eines wechselseitigen Beteiligungsverhältnisses zwischen den umzuwandelnden Gesellschaften. Insoweit dessen Wert vor der Maßnahme auf die Übernehmerin entfällt, führt dieses zu einem Rückgang ihres Beteiligungswertes und damit für sich betrachtet zu der Notwendigkeit, ihr effektives Nennkapital zu mindern. Die übergehenden Anteile müssen hier zu neuen und zusätzlichen eigenen Anteilen werden oder sie sind für die Übertragung eines im Übrigen transferierten positiven Vermögenssaldos zu gewähren. Es kommt zu einer Situation, für die es außerhalb des umwandlungsrechtlichen Rahmens nichts Vergleichbares gibt, also zu einem ***umwandlungsspezifischen Vorgang***.

Ist der Wert des Übertragungsgegenstandes, ausgenommen Anteile an der Übernehmerin, negativ, führt die Verschmelzung zu einem Rückgang des Beteiligungswertes der Übernehmerin. Die Anteile an der Übernehmerin müssen insoweit auf diese übergehen und dort als neue und zusätzliche eigene Anteile verbleiben, um den im Übrigen transferierten negativen Vermögenssaldo ausgleichen. Eine Beteiligung der Übernehmerin an der Überträgerin vor der Maßnahme ist in diesem Zusammenhang irrelevant. Insoweit handelt es sich bei einer Verschmelzung um den ***Erwerb eigener Anteile gegen die Übernahme von Verpflichtungen*** aus Fremdkapitalverträgen.

Vor dem Hintergrund der beschriebenen Vorgänge lässt eine Verschmelzung die Komplexität der Eigenfinanzierungsbeziehungen des Verbundes insgesamt wenigstens unverändert und führt regelmäßig dazu, dass diese Komplexität abnimmt und die Umsetzung des dem Verbund zugrundeliegenden Realinvestitionsobjektes unmittelbarer stattfindet.

6.1.3 Abspaltung

6.1.3.1 Durchführung

6.1.3.1.1 Entwicklung der Überträgerin

Bei der Abspaltung zur Aufnahme mit $|U| = 2$ transferiert die Überträgerin einen Teil ihres Vermögens und besteht nach der Maßnahme fort. Dabei ist der Transfer von Realvermögen, von Anteilen an anderen Kapitalgesellschaften einschließlich Anteilen an der Übernehmerin sowie von Ansprüchen und Verpflichtungen aus Fremdkapitalverträgen möglich.

Die Teile, die die transferierten Positionen an den bei der Überträgerin vor der Maßnahme vorhandenen jeweiligen Gesamtbeständen (bemessen nach ihren Werten) ausmachen, werden wie folgt dargestellt:

α :	übertragener Teil des Realvermögens
$\boldsymbol{\beta} = (\beta_1, \ldots, \beta_N)^\mathsf{T}$:	übertragene Teile der Ansprüche aus Fremdkapitalverträgen
$\boldsymbol{\lambda} = (\lambda_1, \ldots, \lambda_N)^\mathsf{T}$:	übertragene Teile der Anteile an Kapitalgesellschaften

$\boldsymbol{\gamma} = (\gamma_1, \ldots, \gamma_N)^{\mathsf{T}}$: übertragene Teile der Verbindlichkeiten aus Fremdkapitalverträgen

Jede der dargestellten Variablen kann dabei grundsätzlich einen beliebigen Wert des Intervalls [0, 1] annehmen. Es ist also möglich, jede Position unangetastet zu lassen, sie vollständig zu übertragen oder sie zu einem beliebigen Bruchteil zu transferieren. Weil jede Finanzierungsbeziehung innerhalb des Verbundes unabhängig davon, ob es sich um Eigen- oder Fremdkapitalverträge handelt, bei der Ermittlung des Beteiligungswertes der *Einheit* v für sich erfasst wird, ist für sie auf Vektoren zurückzugreifen. Weil $F_{\mathrm{v,v}} = 0$ gilt, folgt dabei immer $\beta_{\mathrm{v}} \cdot F_{\mathrm{v,v}} = \gamma_{\mathrm{v}} \cdot F_{\mathrm{v,v}} = 0$. Weil $x_{\mathrm{v,v}} = 0$ und damit $x_{\mathrm{v,v}} \cdot Y_{\mathrm{v}} = 0$ gelten, folgt immer $\lambda_{\mathrm{v}} \cdot x_{\mathrm{v,v}} \cdot Y_{\mathrm{v}} = 0$.

In (4.3) und (4.4) wurden für die jeweiligen Summen der Werte der Verpflichtungen und der Ansprüche aus Fremdkapitalverträgen einer Kapitalgesellschaft n des Verbundes F_n^V und F_n^A definiert. Dabei gelten

$$F_{n'}^V = \sum_{n}^{N} F_{n,n'} = \mathbb{1}_N^{\mathsf{T}} \cdot \left(F_{1,n'}, \ldots, F_{N,n'}\right)^{\mathsf{T}},$$
$$F_{n'}^A = \sum_{n}^{N} F_{n',n} = \mathbb{1}_N^{\mathsf{T}} \cdot \left(F_{n',1}, \ldots, F_{n',N}\right)^{\mathsf{T}}. \tag{6.49}$$

Für den Wert der insgesamt durch die *Einheit* v übertragenen Ansprüche aus Fremdkapitalverträgen folgt demnach

$$\boldsymbol{\beta}^{\mathsf{T}} \cdot \left(F_{\mathrm{v},1}, \ldots, F_{\mathrm{v},N}\right)^{\mathsf{T}} = \sum_{n}^{N} \beta_n \cdot F_{\mathrm{v},n} \tag{6.50}$$

und für den Wert der insgesamt durch die *Einheit* v übertragenen Verpflichtungen aus Fremdkapitalverträgen

$$\boldsymbol{\gamma}^{\mathsf{T}} \cdot \left(F_{1,\mathrm{v}}, \ldots, F_{N,\mathrm{v}}\right)^{\mathsf{T}} = \sum_{n}^{N} \gamma_n \cdot F_{n,\mathrm{v}}. \tag{6.51}$$

Die Werte des bei der Überträgerin verbleibenden Realvermögens und der bei ihr verbleibenden Ansprüche und Verpflichtungen aus Fremdkapitalverträgen entsprechen dem nicht abgespaltenen Bruchteil der jeweiligen Ausstattung vor der Maßnahme.

Für die Summe der Werte der von einer Kapitalgesellschaft n des Verbundes gehaltenen Anteile an anderen Kapitalgesellschaften wurde in (4.5) $Y_n^{\boldsymbol{P}}$ definiert. Dabei gilt

$$Y_{n'}^{\boldsymbol{P}} = \sum_{n}^{N} x_{n',n} \cdot Y_n = \mathbb{1}_N^{\mathsf{T}} \cdot \left(x_{n',1} \cdot Y_1, \ldots, x_{n',N} \cdot Y_N\right)^{\mathsf{T}}. \tag{6.52}$$

Für den Wert der insgesamt durch die *Einheit* v übertragenen Anteile an anderen Kapitalgesellschaften folgt demnach

$$\boldsymbol{\lambda}^{\mathsf{T}} \cdot \left(x_{n,1} \cdot Y_1, \ldots, x_{n,N} \cdot Y_N\right)^{\mathsf{T}} = \sum_{n}^{N} \lambda_n \cdot Y_n. \tag{6.53}$$

Für Anteile an Einheiten des Verbundes, bei denen es sich nicht um die umzuwandelnden Gesellschaften handelt, sind dabei die in 6.1 dargestellten Grundsätze[21] ausschlaggebend, dass sich am Wert übertragener Anteile an dritten Einheiten des Verbundes und allen entsprechenden Anteilen nichts ändert, wenn ein angemessenes Umtauschverhältnis umgesetzt wird. Werden demnach Anteile an dritten Kapitalgesellschaften Bestandteil des Übertragungsgegenstandes, dann ändert sich auch bei Abspaltungen (unter der Voraussetzung eines angemessenen Umtauschverhältnisses) nichts am Wert der transferierten Anteile selbst und auch nichts am Wert aller entsprechenden Anteile. Der Wert von bei der Überträgerin verbleibenden Anteilen an dritten Kapitalgesellschaften stimmt damit nach der Maßnahme überein mit dem entsprechenden Bruchteil des Wertes der gesamten jeweiligen Beteiligung vor der Umwandlung.

Bei der Überträgerin verbleibende Anteile an der Übernehmerin haben nach der Maßnahme ein Nennkapital in Höhe von $(1 - \lambda_{\mathrm{e}}) \cdot x_{\mathrm{v,e}} \cdot K_{\mathrm{e}}^{II}$, das sich auf das effektive Nennkapital der Übernehmerin nach der Umwandlung $\left(K_{\mathrm{e}}^{II,nU} = K_{\mathrm{e}}^{II} + \Delta K_{\mathrm{e}}^{II}\right)$ bezieht. Der *Einheit* v werden im Zuge einer Abspaltung keine Anteile an der *Einheit* e gewährt, so dass diese Anteile nach der Maßnahme ihre gesamte Beteiligung an der Übernehmerin ausmachen. Weil $\Delta K_{\mathrm{e}}^{II}$ bis hier nicht feststeht, gilt das auch für die resultierende Beteiligungsquote

[21] Vgl. dazu auch die diesbezüglichen Erläuterungen im Zusammenhang mit Verschmelzungen in 6.1.2.1.2.

$$x_{v,e}^{nU} = \frac{(1 - \lambda_e) \cdot x_{v,e} \cdot K_e^{II}}{K_e^{II} + \Delta K_e^{II}}. \tag{6.54}$$

Die Überträgerin nimmt damit nach der Maßnahme im Umfang von $x_{v,e}^{nU}$ am (hier ebenfalls noch unbekannten) Beteiligungswert der Übernehmerin nach der Abspaltung $\left(Y_e^{nU}\right)$ teil. Dass der Wert bei der Überträgerin verbleibender Anteile an der Übernehmerin vor und nach der Abspaltung tatsächlich übereinstimmt $\left((1 - \lambda_e) \cdot x_{v,e} \cdot Y_e = x_{v,e}^{nU} \cdot Y_e^{nU}\right)$, ist an dieser Stelle also vorweggenommen. Die dahinterstehenden Zusammenhänge werden bei der folgenden Darstellung der *Bedingung 2* eines angemessenen Umtauschverhältnisses betrachtet.

Weil die Überträgerin nach einer Abspaltung anders als nach einer Verschmelzung fortbesteht, gehen vorhandene eigene Anteile $\left(k_v^{eA} > 0\right)$ im Zuge der Maßnahme nicht unter und können damit ebenfalls Bestandteil des Übertragungsgegenstandes werden. Dementsprechend wird

φ: übertragener Teil der eigenen Anteile der Überträgerin

definiert. Auch φ kann dabei grundsätzlich jeden Wert im Intervall [0, 1] annehmen. Es ist hier festzustellen, dass das Nennkapital des Bestandes eigener Anteile nach der Maßnahme um das Nennkapital der übertragenen eigenen Anteile kleiner ist: Die transferierten eigenen Anteile haben ein Nennkapital von $\varphi \cdot k_v^{eA}$ und die bei der Überträgerin verbleibenden eigenen Anteile haben ein Nennkapital von $k_v^{eA,nU} = (1 - \varphi) \cdot k_v^{eA}$. Das Nennkapital K_v^I bleibt dabei unverändert,[22] während das effektive Nennkapital um den Betrag des Nennkapitals der abgespaltenen eigenen Anteile steigt $\left(\Delta K_v^{II} = \varphi \cdot k_v^{eA} = k_v^{eA(-)} > 0\right)$. Damit folgt die Verwässerung aller vor der Maßnahme bestehenden Beteiligungen an der Überträgerin. Für die Beteiligungsquoten an der *Einheit* v, insoweit sie nach der Maßnahme auf Anteilen beruhen, die vor und nach der Abspaltung einer Beteiligung bei derselben Gesellschaft des Verbundes – einschließlich der *Einheit* e[23] – oder bei

[22] Grundsätzlich kann es nach § 139 UmwG beziehungsweise nach § 145 UmwG bei zu geringen bilanziellen Rücklagen erforderlich werden, das Stammkapital beziehungsweise das Grundkapital der Überträgerin herabzusetzen (vgl. Mayer in Widmann/Mayer (2025), § 139 UmwG, Rn. 1 f.; Rieger in Widmann/Mayer (2025), § 145 UmwG, Rn. 1 f.) Auf die dargestellten Systematiken im Zusammenhang mit der Bemessungsfunktion des Nennkapitals – beziehungsweise des effektive Nennkapitals – der Überträgerin hinsichtlich der Ansprüche auf den Beteiligungswert der Gesellschaft wirkt sich ein solcher Vorgang dabei aber nicht aus und kann hier deshalb vernachlässigt werden.

[23] Dazu eingehend bei der anschließenden Darstellung der Entwicklung der Übernehmerin.

demselben Individuum zugrunde liegen, gelten also

$$x_{n,\text{v}} \cdot \frac{K_\text{v}^{II}}{K_\text{v}^{II} + \varphi \cdot k_\text{v}^{eA}} \quad \forall\, n \in N \mid \neg \text{v}\,,$$
$$x_{m,\text{v}} \cdot \frac{K_\text{v}^{II}}{K_\text{v}^{II} + \varphi \cdot k_\text{v}^{eA}} \quad \forall\, m \in M\,. \tag{6.55}$$

Verfügt die Überträgerin vor der Maßnahme über eigene Anteile, haben diese für die Gesellschaft keinen Wert. Die Abspaltung eigener Anteile ändert am Beteiligungswert der *Einheit* v also nichts.

Zusammengenommen folgt für den Beteiligungswert der übertragenden *Einheit* v nach der Abspaltung

$$\begin{aligned} Y_\text{v}^{nU} &= (1-\alpha) \cdot W_\text{v} \\ &+ \sum_{n}^{N} (1-\beta_n) \cdot F_{\text{v},n} \\ &+ \sum_{\substack{n \\ n \neq \text{e}}}^{N} (1-\lambda_n) \cdot x_{\text{v},n} \cdot Y_n + \frac{(1-\lambda_\text{e}) \cdot x_{\text{v},\text{e}} \cdot K_\text{e}^{II}}{K_\text{e}^{II} + \Delta K_\text{e}^{II}} \cdot Y_\text{e}^{nU} \\ &- \sum_{n}^{N} (1-\gamma_n) \cdot F_{n,\text{v}}. \end{aligned} \tag{6.56}$$

Abhängig vom Wert des abgespaltenen positiven Vermögens und dem negativen Wert der zugleich transferierten Verpflichtungen aus Fremdkapitalverträgen, ist grundsätzlich die Bestimmung eines Übertragungsgegenstandes möglich, der insgesamt einen positiven Wert hat oder der insgesamt einen Wert von null hat.

Der Transfer eines positiven Vermögenssaldos, dessen Wert größer ist als der Beteiligungswert der Überträgerin (durch ein übermäßiges Zurückbehalten von Verpflichtungen aus Fremdkapitalverträgen bei der *Einheit* v) ist dabei nicht möglich. Die Folge wäre ein Wertverlust für die Gläubiger der Gesellschaft, der bei sicherem Fremdkapital ausgeschlossen ist.

In Frage kommt auch die Übertragung von Verpflichtungen aus Fremdkapitalverträgen, deren negativer Wert vom positiven Wert des übrigen Übertragungsgegenstandes nicht ausgeglichen wird, also die Abspaltung eines insgesamt negativen Vermögenssaldos. Das ist für Abspaltungen auf Kapitalgesellschaften für sich zulässig, wenn für die Vermögensübertragung keine Anteilsgewährung stattfindet. Ist eine Anteilsgewährung (vor dem Hintergrund eines angemessen Umtauschverhältnisses) erforderlich, wird aber auch ein positiver Vermögenssaldo transferiert.[24] Von Relevanz ist die Möglichkeit der Abspaltung eines negativen Vermögenssaldos also bei einer 100-prozentigen Beteiligung der Übernehmerin an der Überträgerin.[25] In dem Fall trägt die Übernehmerin den gesamten für die Übertragung bestimmten negativen Vermögenssaldo über ihre Beteiligung wirtschaftlich bereits vor der Maßnahme und ein entsprechender Transfer hat damit keine Auswirkungen auf ihren Beteiligungswert. Im Übrigen steht hier der Übernahme eines negativen Vermögenssaldos die Wertentwicklung der Anteile an der Übernehmerin entgegen. Grundsätzlich steigt mit der Abspaltung eines negativen Vermögenssaldos der Beteiligungswert der Überträgerin und der Beteiligungswert der Übernehmerin wird kleiner. Für die von *Bedingung 2* eines angemessenen Umtauschverhältnisses erfassten Anteile an der *Einheit* e ist das in der Systematik einer Abspaltung ohne weiteres nicht zu kompensieren. Eine Minderung des Beteiligungswertes der Übernehmerin ist – so wie das oben für Verschmelzungen dargestellt wurde – nur umsetzbar bei einem Transfer von Anteilen an der *Einheit* e, die zu neuen und zusätzlichen eigenen Anteilen werden. Mit dem Wert, den diese Anteile vor der Maßnahme bei der Überträgerin aufweisen, findet die Übertragung eines negativen Vermögenssaldos dann aber gerade nicht statt.[26] Im Folgenden wird sich allerdings zeigen, dass die Abspaltung eines negativen Vermögensaldos – und damit ein im Zuge der Maßnahme steigender Beteiligungswert der Überträgerin – auch grundsätzlich möglich ist, wenn die Überträgerin zugleich eigene Anteile abspaltet und der Beteiligungswert der Übernehmerin auf diese Weise konstant gehalten wird.

6.1.3.1.2 Entwicklung der Übernehmerin

Für die Entwicklung des Beteiligungswerts der Übernehmerin gelten bei einer Abspaltung die gleichen Grundsätze wie bei der Verschmelzung. Das transferierte Vermögen tritt also an die Seite der Ausstattung der *Einheit* e vor der Maßnahme. Auch hier sind also die entsprechenden Summen zu bilden.

Soweit sie Bestandteil des Übertragungsgegenstandes werden, gehen unmittelbare Forderungen und Verbindlichkeiten der *Einheit* v gegenüber der *Einheit* e

---

[24] Vgl. (im Ergebnis) Mayer in Widmann/Mayer (2025), § 126 UmwG, Rn. 62; Priester/Lieder in Lutter (2024), § 126 UmwG, Rn. 101.

[25] Vgl. Sickinger in Kallmeyer (2024), § 123 UmwG, Rn. 1.

[26] Im Einzelnen wird das für Abspaltungen in den Abschnitten 6.1.3.2.2.4 und 6.1.3.2.3 betrachtet.

$(\beta_e \cdot F_{v,e}$ und $\gamma_e \cdot F_{e,v})$ durch Konfusion unter. Die vor der Maßnahme bestehenden gegenseitigen Positionen werden also gegebenenfalls nur teilweise verrechnet oder bleiben insgesamt bestehen.

Wie beschrieben, ändert sich im Zuge der Maßnahme nichts am Wert abgespaltener Anteile an dritten Kapitalgesellschaften. Der Transfer entsprechender Anteile begründet oder erhöht eine Beteiligung bei der Übernehmerin.

Anteile an der *Einheit* e, die die *Einheit* v vor der Maßnahme hält und die Bestandteil des Übertragungsgenstandes werden – diese haben ein Nennkapital von $\lambda_e \cdot x_{v,e} \cdot K_e^{II}$ –, können wie bei einer Verschmelzung den berechtigten Anteilseignern der Überträgerin gewährt werden oder sie werden zu neuen eigenen Anteilen. Unabhängig von ihrem Verbleib tragen diese Anteile nach der Maßnahme nichts zum Beteiligungswert der Übernehmerin bei.

Anders als bei einer Verschmelzung kann die Übernehmerin nach einer Abspaltung eine Beteiligung an der (fortbestehenden) Überträgerin halten. Dabei ist zu unterscheiden, ob die einer solchen Beteiligung zugrunde liegenden Anteile vor der Maßnahme eigene Anteile der *Einheit* v sind und im Zuge der Maßnahme als Bestandteil des Übertragungsgegenstandes auf die *Einheit* e übergehen oder ob die Übernehmerin sie schon vor der Maßnahme hält.

Im Zusammenhang mit der Entwicklung der Überträgerin wurde dargestellt, dass Anteile an der Überträgerin, die vor der Maßnahme einer Beteiligung zugrunde liegen, durch die Abspaltung eigener Anteile (der *Einheit* v) verwässert werden. Das gilt in gleicher Weise für Anteile an der Überträgerin, die vor (und nach) der Abspaltung von der Übernehmerin gehalten werden. Diese vermitteln also nach der Maßnahme eine Beteiligungsquote in Höhe von $x_{e,v} \cdot K_v^{II} / (K_v^{II} + \varphi \cdot k_v^{eA})$. Von den Auswirkungen ihrer eigenen Abspaltung auf das effektive Nennkapital der Überträgerin sind aber auch die auf die *Einheit* e übergehenden eigene Anteile (der *Einheit* v) selbst betroffen. Insoweit die Beteiligungsquote der Übernehmerin an der Überträgerin nach der Abspaltung $(x_{v,e}^{nU})$ auf die transferierten eigenen Anteile zurückgeht, beträgt sie also $\varphi \cdot k_v^{eA} / (K_v^{II} + \varphi \cdot k_v^{eA})$. Insgesamt ist die Übernehmerin nach der Abspaltung demnach zu

$$x_{e,v}^{nU} = \frac{x_{e,v} \cdot K_v^{II} + \varphi \cdot k_v^{eA}}{K_v^{II} + \varphi \cdot k_v^{eA}} \tag{6.57}$$

an der *Einheit* v beteiligt. Die Beteiligungsquote $x_{e,v}^{nU}$ bezieht sich auf den Beteiligungswert der Überträgerin nach der Abspaltung (Y_v^{nU}).

Zusammengenommen beträgt der Beteiligungswert der übernehmenden *Einheit* e nach einer Abspaltung

$$\begin{aligned} Y_{\mathrm{e}}^{nU} &= W_{\mathrm{e}} + \alpha \cdot W_{\mathrm{v}} \\ &+ \sum_{n}^{N} F_{\mathrm{e},n} + \sum_{n}^{N} \beta_n \cdot F_{\mathrm{v},n} \\ &+ \sum_{\substack{n \\ n \neq \mathrm{e}}}^{N} \left(\left(x_{\mathrm{e},n} + \lambda_n \cdot x_{\mathrm{v},n} \right) \cdot Y_n \right) + \frac{x_{\mathrm{e,v}} \cdot K_{\mathrm{v}}^{II} + \varphi \cdot k_{\mathrm{v}}^{eA}}{K_{\mathrm{v}}^{II} + \varphi \cdot k_{\mathrm{v}}^{eA}} \cdot Y_{\mathrm{v}}^{nU} \\ &- \sum_{n}^{N} F_{n,\mathrm{e}} - \sum_{n}^{N} \gamma_n \cdot F_{n,\mathrm{v}}. \end{aligned} \tag{6.58}$$

6.1.3.1.3 Bedingungen eines angemessenen Umtauschverhältnisses

Nach § 131 Abs. 1 S. 3 UmwG begründen bei einer Abspaltung (wie bei einer Verschmelzung) nur Anteile an der Überträgerin, die vor der Maßnahme von der Übernehmerin gehalten werden, und eigene Anteile der Überträgerin keinen grundsätzlichen Anspruch auf die Gewährung von Anteilen an der Übernehmerin. Bei einer Abspaltung ist also für jede Kapitalgesellschaft des Verbundes außer der *Einheit* v und der *Einheit* e und für alle außenstehenden Individuen die Wertentwicklung ihrer Anteile an der Überträgerin zu ermitteln:

$$\begin{aligned} & x_{n,\mathrm{v}} \cdot Y_{\mathrm{v}} - x_{n,\mathrm{v}}^{nU} \cdot Y_{\mathrm{v}}^{nU} \quad \forall\, n \in N \mid \neg \mathrm{v} \wedge \neg \mathrm{e} \\ & x_{m,\mathrm{v}} \cdot Y_{\mathrm{v}} - x_{m,\mathrm{v}}^{nU} \cdot Y_{\mathrm{v}}^{nU} \quad \forall\, m \in M \end{aligned} \tag{6.59}$$

Für ein angemessenes Umtauschverhältnis sind resultierende Wertminderungen durch die Gewährung von Anteilen an der Übernehmerin auszugleichen. Es müssen also

$$\begin{aligned} x_{n,\mathrm{v}} \cdot Y_{\mathrm{v}} - x_{n,\mathrm{v}}^{nU} \cdot Y_{\mathrm{v}}^{nU} &= x_{n,\mathrm{e}}^{gA} \cdot Y_{\mathrm{e}}^{nU} \quad \forall\, n \in N \mid \neg \mathrm{v} \wedge \neg \mathrm{e}, \\ x_{m,\mathrm{v}} \cdot Y_{\mathrm{v}} - x_{m,\mathrm{v}}^{nU} \cdot Y_{\mathrm{v}}^{nU} &= x_{m,\mathrm{e}}^{gA} \cdot Y_{\mathrm{e}}^{nU} \quad \forall\, m \in M \end{aligned} \tag{6.60}$$

gelten. Umgestellt nach den Werten der Anteile an der *Einheit* v vor der Umwandlung resultiert die *Bedingung 1* eines angemessenen Umtauschverhältnisses einer Abspaltung zur Aufnahme mit $|U| = 2$:

Bedingung 1

$$\begin{aligned} x_{n,\mathrm{v}} \cdot Y_{\mathrm{v}} &= x_{n,\mathrm{v}}^{nU} \cdot Y_{\mathrm{v}}^{nU} + x_{n,\mathrm{e}}^{gA} \cdot Y_{\mathrm{e}}^{nU} \quad \forall\, n \in N \mid \neg \mathrm{v} \wedge \neg \mathrm{e} \\ x_{m,\mathrm{v}} \cdot Y_{\mathrm{v}} &= x_{m,\mathrm{v}}^{nU} \cdot Y_{\mathrm{v}}^{nU} + x_{m,\mathrm{e}}^{gA} \cdot Y_{\mathrm{e}}^{nU} \quad \forall\, m \in M \end{aligned} \tag{6.61}$$

Dabei ist der beschriebene Zusammenhang zu beachten, dass durch die Möglichkeit der Abspaltung eigener Anteile neben dem Beteiligungswert der Überträgerin auch die Beteiligungsquote der berechtigten Anteilseigner an der Gesellschaft vor und nach der Maßnahme nicht übereinstimmen muss.

Bei $\varphi \cdot k_{\text{v}}^{eA} > 0$ gelten wegen der Verwässerung der Anteile an der *Einheit* v

$$
\begin{aligned}
x_{n,\text{v}} \cdot Y_{\text{v}} - x_{n,\text{v}}^{nU} \cdot Y_{\text{v}}^{nU} &< x_{n,\text{v}} \cdot Y_{\text{v}} - x_{n,\text{v}} \cdot Y_{\text{v}}^{nU} \; | x_{n,\text{v}} > 0 \; \forall \, n \in N | \neg \text{v} \wedge \neg \text{e}, \\
x_{m,\text{v}} \cdot Y_{\text{v}} - x_{m,\text{v}}^{nU} \cdot Y_{\text{v}}^{nU} &< x_{n,\text{v}} \cdot Y_{\text{v}} - x_{m,\text{v}} \cdot Y_{\text{v}}^{nU} \; | x_{m,\text{v}} > 0 \; \forall \, m \in M. \qquad (6.62)
\end{aligned}
$$

Mit der *Bedingung 2* eines angemessenen Umtauschverhältnisses ist auch bei einer Abspaltung die Ebene der Anteilseigner der Übernehmerin zu erfassen. Die Werte der dabei zu berücksichtigenden Anteile müssen vor und nach der Maßnahme übereinstimmen.

Eigene Anteile der Übernehmerin sind in diesem Zusammenhang bei einer Abspaltung wie bei einer Verschmelzung irrelevant.

Anteile an der Übernehmerin, die von der Überträgerin im Zuge der Maßnahme transferiert werden – mit dem Nennkapital $\lambda_{\text{e}} \cdot x_{\text{v,e}} \cdot K_{\text{e}}^{II}$ – werden durch ihre Übertragung aus einer Beteiligung gelöst. Das wird für die berechtigten Anteilseigner der *Einheit* v im Rahmen der *Bedingung 1* berücksichtigt. Für diese Anteile folgt also die gleiche Situation wie bei einer Verschmelzung und sie sind im Rahmen der *Bedingung 2* nicht zu erfassen. Wieder bedeutet das aber nicht, dass die Umsetzung eines Umtauschverhältnisses im Sinne der *Bedingung 2* auf die Eigenschaften dieser Anteile nach der Umwandlung keine Auswirkungen hat.

Grundsätzlich ebenfalls von Interesse sind hier (anders als bei Verschmelzungen) damit auch solche Anteile an der Übernehmerin, die vor der Abspaltung einer Beteiligung bei der *Einheit* v zugrunde liegen und im Zuge der Maßnahme nicht übertragen werden.

Gelten $x_{\text{v,e}} > 0$ und $0 \leq \lambda_{\text{e}} < 1$, dann verbleiben, wie beschrieben, nach der Abspaltung Anteile mit einem Nennkapital von $(1 - \lambda_{\text{e}}) \cdot x_{\text{v,e}} \cdot K_{\text{e}}^{II}$ bei der Überträgerin und liegen dort weiterhin einer Beteiligung zugrunde.

Offenkundig ist es in der Systematik einer Abspaltung grundsätzlich nicht erforderlich, die Vermögensposition der Überträgerin selbst abzusichern. Dass diese sich verändert, ist die Regel bei einer solchen Maßnahme. Gleichwohl weisen die bei der Überträgerin verbleibenden Anteile für sich aber keine Unterschiede gegenüber allen anderen Anteilen an der Übernehmerin auf, die vor und nach der Maßnahme bei derselben Kapitalgesellschaft oder demselben Individuum einer Beteiligung zugrunde liegen.

Auf die bei der *Einheit* v verbleibenden Anteile an der *Einheit* e wirken sich die im Zuge der Abspaltung resultierenden Änderungen des Beteiligungswertes (ΔY_{e}) und des effektiven Nennkapitals der *Einheit* e $\left(\Delta K_{\mathrm{e}}^{II}\right)$ dabei allerdings (automatisch) in gleicher Weise aus, wie auf Anteile an der *Einheit* e, die von dritten Kapitalgesellschaften des Verbundes oder von Individuen gehalten werden. Entwickeln sich die Bestimmungsgrößen so, dass der Wert dieser Anteile vor und nach der Maßnahme übereinstimmt, dann gilt das auch für die bei der Überträgerin verbleibenden Anteile an der Übernehmerin, so dass

$$(1 - \lambda_{\mathrm{e}}) \cdot x_{\mathrm{v,e}} \cdot \frac{K_{\mathrm{e}}^{II}}{K_{\mathrm{e}}^{II} + \Delta K_{\mathrm{e}}^{II}} \cdot Y_{\mathrm{e}}^{nU} = (1 - \lambda_{\mathrm{e}}) \cdot x_{\mathrm{v,e}} \cdot Y_{\mathrm{e}} \tag{6.63}$$

gilt. Ob die bei *Einheit* v verbleibenden Anteile an der *Einheit* e für sich in die *Bedingung 2* einbezogen werden oder nicht, also ob für sie ein eigener Anspruch formuliert wird, ist für die Eigenschaften dieser Anteile nach der Maßnahme also am Ende nicht relevant.

Vor diesem Hintergrund werden Anteile an der Übernehmerin, die vor der Abspaltung einer Beteiligung bei der Überträgerin zugrunde liegen und nicht Bestandteil des Übertragungsgegenstandes werden, nicht in die *Bedingung 2* aufgenommen.

Damit resultieren die (von einer Verschmelzung bekannten) $N - 2 + |M|$ Gleichungen der *Bedingung 2* einer Abspaltung zur Aufnahme mit $|U| = 2$:

Bedingung 2

$$\begin{aligned} x_{n,\mathrm{e}} \cdot Y_{\mathrm{e}} &= x_{n,\mathrm{e}} \cdot Y_{\mathrm{e}}^{nU} \quad \forall\, n \in N \mid \neg \mathrm{v} \wedge \neg \mathrm{e} \\ x_{m,\mathrm{e}} \cdot Y_{\mathrm{e}} &= x_{m,\mathrm{e}} \cdot Y_{\mathrm{e}}^{nU} \quad \forall\, m \in M \end{aligned} \tag{6.64}$$

6.1.3.1.4 Zu gewährende Anteile und umzusetzende Kapitalveränderungen

Zunächst sind wie bei einer Verschmelzung die in der *Bedingung 1* erfassten Ansprüche der berechtigten Anteilseigner der Überträgerin zu aggregieren. Durch Aufsummieren der $N - 2 + |M|$ Gleichungen in (6.61) resultiert[27]

---

[27] Es gilt hier (unverändert) (6.7):

$$x_{\mathrm{e}}^{gA} = \sum_{\substack{n \\ n \neq \mathrm{v,e}}}^{N} x_{n,\mathrm{e}}^{gA} + \sum_{m}^{M} x_{m,\mathrm{e}}^{gA}.$$

$$\left(1 - x_{e,v}\right) \cdot Y_v = \left(\sum_{\substack{n \\ n \neq v,e}}^{N} x_{n,v}^{nU} + \sum_{m}^{M} x_{m,v}^{nU} \right) \cdot Y_v^{nU} + x_e^{gA} \cdot Y_e^{nU}. \tag{6.65}$$

Wie beschrieben, kommt es mit der Abspaltung eigener Anteile $\left(\varphi \cdot k_v^{eA} > 0\right)$ zu einer Steigerung des effektiven Nennkapitals der Überträgerin und damit zu einer Verwässerung der bestehenden Beteiligungen an der Gesellschaft. Für die Abbildung dieser Verwässerung wird im weiteren Verlauf der Faktor

$$\Theta = \frac{K_v^{II}}{K_v^{II} + \varphi \cdot k_v^{eA}} \tag{6.66}$$

verwendet. Damit erhält man

$$\begin{aligned}
\sum_{\substack{n \\ n \neq v,e}}^{N} x_{n,v}^{nU} + \sum_{m}^{M} x_{m,v}^{nU} &= \sum_{\substack{n \\ n \neq v,e}}^{N} x_{n,v} \cdot \Theta + \sum_{m}^{M} x_{m,v} \cdot \Theta \\
&= \left(\sum_{\substack{n \\ n \neq v,e}}^{N} x_{n,v} + \sum_{m}^{M} x_{m,v} \right) \cdot \Theta \\
&= \left(1 - x_{e,v}\right) \cdot \Theta.
\end{aligned} \tag{6.67}$$

$\left(1 - x_{e,v}\right) \cdot \Theta$ ist dabei identisch mit $\left(1 - x_{e,v}^{nU}\right)$.[28]

Für (6.65) folgt mit (6.67)

$$\left(1 - x_{e,v}\right) \cdot Y_v = \left(1 - x_{e,v}\right) \cdot \Theta \cdot Y_v^{nU} + x_e^{gA} \cdot Y_e^{nU}. \tag{6.68}$$

[28] Es gilt:

$$\left(1 - x_{e,v}\right) \cdot \Theta = \Theta - x_{e,v} \cdot \Theta = \frac{K_v^{II} + \left(\varphi \cdot k_v^{eA} - \varphi \cdot k_v^{eA}\right)}{K_v^{II} + \varphi \cdot k_v^{eA}} - x_{e,v} \cdot \frac{K_v^{II}}{K_v^{II} + \varphi \cdot k_v^{eA}}$$

$$= \frac{K_v^{II} + \varphi \cdot k_v^{eA}}{K_v^{II} + \varphi \cdot k_v^{eA}} - \frac{\varphi \cdot k_v^{eA}}{K_v^{II} + \varphi \cdot k_v^{eA}} - x_{e,v} \cdot \frac{K_v^{II}}{K_v^{II} + \varphi \cdot k_v^{eA}} = 1 - \frac{x_{e,v} \cdot K_v^{II} + \varphi \cdot k_v^{eA}}{K_v^{II} + \varphi \cdot k_v^{eA}} = \left(1 - x_{e,v}^{nU}\right).$$

Weil x_{e}^{gA} eindeutig bestimmt ist, sind mit $x_{\mathrm{e}}^{gA} = k_{\mathrm{e}}^{gA} / K_{\mathrm{e}}^{II,nU} = k_{\mathrm{e}}^{gA} / \left(K_{\mathrm{e}}^{II} + \Delta K_{\mathrm{e}}^{II}\right)$ und $K_{\mathrm{e}}^{II} > 0$ wieder auch k_{e}^{gA} und $\Delta K_{\mathrm{e}}^{II}$ eindeutig bestimmt. Hinsichtlich möglicher Wahlrechtsausübungen nach § 125 S. 1 UmwG i. V. m. §§ 54 Abs. 1 S. 2 Nr. 1 u. 2, 68 Abs. 1 S. 2 Nr. 1 u. 2 UmwG ergeben sich damit grundsätzlich die von einer Verschmelzung bekannten Zusammenhänge. Anteile an der *Einheit* e, die vor der Maßnahme von der *Einheit* v gehalten werden, sind dabei allerdings nur von Bedeutung, wenn sie Bestandteil des Übertragungsgegenstandes werden. Es gelten also

$$k_{\mathrm{e}}^{gA} = \Delta K_{\mathrm{e}}^{II} + \lambda_{\mathrm{e}} \cdot x_{\mathrm{v,e}} \cdot K_{\mathrm{e}}^{II} \tag{6.69}$$

und damit

$$x_{\mathrm{e}}^{gA} = \frac{k_{\mathrm{e}}^{gA}}{K_{\mathrm{e}}^{II,nU}} = \frac{\Delta K_{\mathrm{e}}^{II} + \lambda_{\mathrm{e}} \cdot x_{\mathrm{v,e}} \cdot K_{\mathrm{e}}^{II}}{\Delta K_{\mathrm{e}}^{II} + K_{\mathrm{e}}^{II}}. \tag{6.70}$$

Dass in (6.70) ein Nennkapitalbetrag vorkommt, der dem Nennkapital der transferierten Anteile an der *Einheit* e entspricht $\left(\lambda_{\mathrm{e}} \cdot x_{\mathrm{v,e}} \cdot K_{\mathrm{e}}^{II}\right)$, bedeutet dabei auch hier nicht unbedingt, dass diese Anteile selbst den berechtigten Anteilseignern der *Einheit* v gewährt werden; es zeigt sich lediglich der Einfluss dieser Anteile auf die Höhe des Nennkapitals der zu gewährenden Anteile und auf das effektive Nennkapital der Übernehmerin nach der Maßnahme.

Durch Einsetzen von (6.70) in (6.68) folgt

$$\begin{aligned} \left(1 - x_{\mathrm{e,v}}\right) \cdot Y_{\mathrm{v}} &= \left(1 - x_{\mathrm{e,v}}\right) \cdot \Theta \cdot Y_{\mathrm{v}}^{nU} + \frac{\Delta K_{\mathrm{e}}^{II} + \lambda_{\mathrm{e}} \cdot x_{\mathrm{v,e}} \cdot K_{\mathrm{e}}^{II}}{\Delta K_{\mathrm{e}}^{II} + K_{\mathrm{e}}^{II}} \cdot Y_{\mathrm{e}}^{nU} \\ \Leftrightarrow \left(1 - x_{\mathrm{e,v}}\right) \cdot \left(Y_{\mathrm{v}} - \Theta \cdot Y_{\mathrm{v}}^{nU}\right) &= \frac{\Delta K_{\mathrm{e}}^{II} + \lambda_{\mathrm{e}} \cdot x_{\mathrm{v,e}} \cdot K_{\mathrm{e}}^{II}}{\Delta K_{\mathrm{e}}^{II} + K_{\mathrm{e}}^{II}} \cdot Y_{\mathrm{e}}^{nU}. \end{aligned} \tag{6.71}$$

In Überstimmung mit dem entsprechenden Vorgehen bei einer Verschmelzung[29] ist im Zusammenhang mit dem Beteiligungswert der Übernehmerin nach der Abspaltung $\left(Y_{\mathrm{e}}^{nU}\right)$ von hier aus auf Grundlage der *Bedingung 2* eines angemessenen Umtauschverhältnisses fortzufahren.

[29] Vgl. dazu 6.1.2.1.4.

Weil die *Bedingung 2* eines angemessenen Umtauschverhältnisses bei einer Verschmelzung mit der *Bedingung 2* bei einer Abspaltung übereinstimmt, resultiert hier die aus (6.21) bekannte Beziehung[30]

$$Y_{\mathrm{e}}^{nU} = \frac{K_{\mathrm{e}}^{II} + \Delta K_{\mathrm{e}}^{II}}{K_{\mathrm{e}}^{II}} \cdot Y_{\mathrm{e}}. \tag{6.72}$$

Der Beteiligungswert der *Einheit* e muss sich bei einer Abspaltung also grundsätzlich so wie bei einer Verschmelzung entwickeln.

Einsetzen von (6.72) in (6.71) führt zu

$$\begin{aligned}
&\left(1 - x_{\mathrm{e,v}}\right) \cdot \left(Y_{\mathrm{v}} - \Theta \cdot Y_{\mathrm{v}}^{nU}\right) = \frac{\Delta K_{\mathrm{e}}^{II} + \lambda_{\mathrm{e}} \cdot x_{\mathrm{v,e}} \cdot K_{\mathrm{e}}^{II}}{\Delta K_{\mathrm{e}}^{II} + K_{\mathrm{e}}^{II}} \cdot \frac{K_{\mathrm{e}}^{II} + \Delta K_{\mathrm{e}}^{II}}{K_{\mathrm{e}}^{II}} \cdot Y_{\mathrm{e}} \\
\Leftrightarrow\ & \frac{\left(1 - x_{\mathrm{e,v}}\right) \cdot \left(Y_{\mathrm{v}} - \Theta \cdot Y_{\mathrm{v}}^{nU}\right)}{Y_{\mathrm{e}}} \cdot K_{\mathrm{e}}^{II} = \Delta K_{\mathrm{e}}^{II} + \lambda_{\mathrm{e}} \cdot x_{\mathrm{v,e}} \cdot K_{\mathrm{e}}^{II} \\
\Leftrightarrow\ & \Delta K_{\mathrm{e}}^{II} = \frac{\left(1 - x_{\mathrm{e,v}}\right) \cdot \left(Y_{\mathrm{v}} - \Theta \cdot Y_{\mathrm{v}}^{nU}\right)}{Y_{\mathrm{e}}} \cdot K_{\mathrm{e}}^{II} - \lambda_{\mathrm{e}} \cdot x_{\mathrm{v,e}} \cdot K_{\mathrm{e}}^{II}.
\end{aligned} \tag{6.73}$$

Es besteht hier also eine (weitere) Abhängigkeit vom Beteiligungswert der Überträgerin nach der Maßnahme $\left(Y_{\mathrm{v}}^{nU}\right)$. Nach (6.56) hängt dieser seinerseits vom Beteiligungswert der Übernehmerin nach der Abspaltung $\left(Y_{\mathrm{e}}^{nU}\right)$ ab. Bei der Formulierung der *Bedingung 2* eines angemessenen Umtauschverhältnisses wurde dargestellt, dass sich das Erfüllen der *Bedingung 2* auf die bei der Überträgerin verbleibenden Anteile an der Übernehmerin in gleicher Weise wie auf die von der *Bedingung 2* explizit erfassten Anteile auswirkt. Demnach ist die Beziehung (6.72) $\left(Y_{\mathrm{e}}^{nU} = \left(\left(K_{\mathrm{e}}^{II} + \Delta K_{\mathrm{e}}^{II}\right)/K_{\mathrm{e}}^{II}\right) \cdot Y_{\mathrm{e}}\right)$ also auch im Zusammenhang mit dem Wert der Beteiligung der Überträgerin an der Übernehmerin nach der Maßnahme zugrunde zu legen. Das berücksichtigend erhält man mit Verwenden von Y_{v}^{nU} aus (6.56) sowie von Y_{v} aus (6.1) in (6.73) schließlich die bei einer

---

[30] Bei einer (eigenen) Berücksichtigung der bei der *Einheit* v verbleibenden Anteile an der *Einheit* e im Rahmen der *Bedingung 2* würde ein Aufsummieren der (dann) $N - 1 + |M|$ Gleichungen zu

$$\left(1 - \lambda_{\mathrm{e}} \cdot x_{\mathrm{v,e}}\right) \cdot Y_{\mathrm{e}} = \left(\sum_{\substack{n \\ n \neq \mathrm{e}}}^{N} x_{n,\mathrm{e}}^{nU} + \sum_{m}^{M} x_{m,\mathrm{e}}^{nU}\right) \cdot Y_{\mathrm{e}}^{nU}$$

führen. In der Folge ließe sich bei einem Vorgehen wie in (6.21) an Stelle des Terms $K_{\mathrm{e}}^{II} - k_{\mathrm{v,e}}$ im letzten Berechnungsschritt der Term $K_{\mathrm{e}}^{II} - \lambda_{\mathrm{e}} \cdot k_{\mathrm{v,e}}$ eliminieren.

Abspaltung zur Aufnahme mit $|U| = 2$ bei der Übernehmerin umzusetzende Kapitalveränderung[31]

$$\begin{aligned}
\Delta K_{\mathrm{e}}^{II} = \left(1 - x_{\mathrm{e,v}}\right) \cdot \Bigg(& (\alpha + (1-\alpha) \cdot (1-\Theta)) \cdot W_{\mathrm{v}} \\
& + \sum_{n}^{N} (\beta_n + (1-\beta_n) \cdot (1-\Theta)) \cdot F_{\mathrm{v},n} \\
& + \sum_{\substack{n \\ n \neq \mathrm{e}}}^{N} (\lambda_n + (1-\lambda_n) \cdot (1-\Theta)) \cdot x_{\mathrm{v},n} \cdot Y_n \\
& - \sum_{n}^{N} (\gamma_n + (1-\gamma_n) \cdot (1-\Theta)) \cdot F_{n,\mathrm{v}} \Bigg) \cdot \frac{K_{\mathrm{e}}^{II}}{Y_{\mathrm{e}}} \\
& + \left(1 - x_{\mathrm{e,v}}\right) \cdot (\lambda_{\mathrm{e}} + (1-\lambda_{\mathrm{e}}) \cdot (1-\Theta)) \cdot x_{\mathrm{v,e}} \cdot K_{\mathrm{e}}^{II} \\
& - \lambda_{\mathrm{e}} \cdot x_{\mathrm{v,e}} \cdot K_{\mathrm{e}}^{II}. \qquad (6.74)
\end{aligned}$$

Der Nennbetrag der Anteile, die den ausgleichsberechtigten Anteilseignern der *Einheit* v zu gewähren sind $\left(k_{\mathrm{e}}^{gA}\right)$, ist nach (6.69) die Summe des Betrages der umzusetzenden Kapitalveränderung und des Nennbetrages der durch *Einheit* v übertragenen Anteile an der *Einheit* e. Wie bei einer Verschmelzung hat die Zuteilung entsprechend den $N-2+|M|$ Gleichungen der *Bedingung 1* eines angemessenen Umtauschverhältnisses zu erfolgen. Dabei ist wieder das Verhältnis der ausgleichsberechtigten Anteilseigner untereinander maßgeblich.

Für die Nennbeträge der zu gewährenden Anteile an der Übernehmerin folgen damit im Einzelnen auch bei einer Abspaltung:[32]

$$\begin{aligned}
& \frac{x_{n,\mathrm{v}}}{\left(1 - x_{\mathrm{e,v}}\right)} \cdot k_{\mathrm{e}}^{gA} \quad \forall\, n \in N \mid \neg \mathrm{v} \wedge \neg \mathrm{e} \\
& \frac{x_{m,\mathrm{v}}}{\left(1 - x_{\mathrm{e,v}}\right)} \cdot k_{\mathrm{e}}^{gA} \quad \forall\, m \in M \qquad (6.75)
\end{aligned}$$

[31] Für die Herleitung der Formel (6.74) siehe den Anhang dieser Arbeit.

[32] Das Ergebnis entspricht dem Regelfall einer verhältniswahrenden Abspaltung.

6.1.3.2 Ermittlung der wirtschaftlichen Vorgänge und Ergebnisse

6.1.3.2.1 Vorgehensweise

Wie bei den betrachteten Verschmelzungen geht es bei den hier betrachteten Abspaltungen um die Neuordnung der Finanzierungsbeziehungen von Kapitalgesellschaften.

An den Werten von Fremdfinanzierungen ändert sich dabei nur etwas mit dem Transfer von unmittelbaren Ansprüchen oder Verpflichtungen der Überträgerin gegenüber der Übernehmerin. Insoweit kommt es durch Konfusion zu einer Komplexitätsreduktion. Anders als bei Verschmelzungen folgt ein solches Ergebnis also nicht unbedingt, wenn sich die umzuwandelnden Gesellschaften vor der Maßnahme ein- oder wechselseitig Fremdkapital zur Verfügung stellen. Es kommt auf die konkrete Bestimmung des Übertragungsgegenstandes an. Auch bei Abspaltungen können Fremdfinanzierungen von zentraler Bedeutung sein für die wirtschaftlichen Eigenschaften der im Zuge einer Maßnahme stattfindenden Neuordnung der Eigenfinanzierungsbeziehungen.

Die Umstrukturierung der Eigenfinanzierungsbeziehungen ist dabei wieder die Hauptsache der Umwandlung.

Im Zuge einer Abspaltung können anders als bei einer Verschmelzung eigene Anteile der Überträgerin transferiert werden. Nach ihrem Übergang liegen diese bei der *Einheit* e einer Beteiligung zugrunde und ihr Wert hängt (dort) vom Beteiligungswert der *Einheit* v nach der Umwandlung ab. Die Entwicklung des Beteiligungswertes der Überträgerin wird dadurch bestimmt, welche Teile ihrer übrigen Ausstattung (die Abspaltung eigener Anteile selbst ist in dieser Hinsicht nicht relevant) abgespalten werden. Im Ergebnis hängt damit auch der Wert, den die abgespaltenen eigenen Anteile nach der Maßnahme bei der Übernehmerin aufweisen, von der Zusammensetzung des Übertragungsgegenstandes im Übrigen ab.

Eine Beurteilung der Abspaltung eigener Anteile für sich ist damit nicht möglich. Eine umgekehrte Abhängigkeit (des Wertes der anderen Bestandteile des Übertragungsgegenstandes vom Transfer eigener Anteile der *Einheit* v) besteht offenkundig nicht.

Vor diesem Hintergrund werden bei den folgenden Betrachtungen die Auswirkungen der Abspaltung eigener Anteile zunächst ausgenommen. Insoweit gilt dann $\varphi \cdot k_{\mathrm{v}}^{eA} = 0$ und damit $\Theta = 1$. Die Berechnungsformel (6.74) der für ein angemessenes Umtauschverhältnis umzusetzenden Kapitalveränderung auf Ebene der Übernehmerin vereinfacht sich zu

$$\Delta K_{\mathrm{e}}^{II} = \left(1 - x_{\mathrm{e,v}}\right) \cdot \left(\alpha \cdot W_{\mathrm{v}} + \sum_{n}^{N}\left(\beta_n \cdot F_{\mathrm{v},n}\right) + \sum_{\substack{n \\ n \neq \mathrm{e}}}^{N}\left(\lambda_n \cdot x_n \cdot Y_n\right) - \sum_{n}^{N}\left(\gamma_n \cdot F_{n,\mathrm{v}}\right)\right) \cdot \frac{K_{\mathrm{e}}^{II}}{Y_{\mathrm{e}}} + \left(1 - x_{\mathrm{e,v}}\right) \cdot \lambda_{\mathrm{e}} \cdot x_{\mathrm{v,e}} \cdot K_{\mathrm{e}}^{II} - \lambda_{\mathrm{e}} \cdot x_{\mathrm{v,e}} \cdot K_{\mathrm{e}}^{II}. \tag{6.76}$$

Entsprechend dem Vorgehen bei der Ermittlung der wirtschaftlichen Vorgänge und Ergebnisse von Verschmelzungen werden davon ausgehend in 6.1.3.2.2 die Bestandteile des Übertragungsgegenstand im Einzelnen (mit Ausnahme eigener Anteile der Überträgerin) auf ihre Auswirkungen beurteilt und in 6.1.3.2.3 erfolgt die entsprechende Analyse des Übertragungsgegenstandes im Ganzen. In diesen beiden Abschnitten sind dabei in wesentlichen Bereichen weitgehende Übereinstimmungen zwischen Abspaltungen und Verschmelzungen festzustellen. Insoweit die systematischen Hintergründe der resultierenden wirtschaftlichen Vorgänge und Ergebnisse einer Abspaltung bereits im Zusammenhang mit einer Verschmelzung umfassend behandelt wurden, werden sie im Folgenden nur kurz dargestellt.

In 6.1.3.2.4 wird die Untersuchung dann um die Abspaltung eigener Anteile der Überträgerin erweitert. Wie im Zusammenhang mit der Entwicklung der Überträgerin dargestellt, kann im Rahmen einer Abspaltung grundsätzlich kein negativer Vermögenssaldos übertragen werden. Eine zugleich stattfindende Abspaltung eigener Anteile der Überträgerin kann den Transfer eines negativen Vermögenssaldos allerdings ermöglichen. Im Ergebnis steigt in einem solchen Fall der Beteiligungswert der Überträgerin. Damit kommt es zu einer Situation, die systematisch für sich steht. Deshalb wird bei der Untersuchung danach unterschieden, ob die Abspaltung eigener Anteile der Überträgerin zugleich mit dem Transfer eines nichtnegativen Vermögenssaldos (6.1.3.2.4.1) oder zugleich mit dem Transfer eines negativen Vermögenssaldos (6.1.3.2.4.2) stattfindet.

In 6.1.3.2.5 wird auf Grundlage der für Abspaltungen und Verschmelzungen festgestellten wirtschaftlichen Vorgänge und Ergebnisse das Verhältnis der beiden Umwandlungen betrachtet.

6.1.3.2.2 Übertragungsgegenstand im Einzelnen

6.1.3.2.2.1 Realvermögen

Für sich führt der Transfer des mit α bestimmten Teils des Realvermögens der *Einheit* v im Umfang seines Wertes zu einem entsprechenden Rückgang des Beteiligungswertes der Überträgerin.

In (6.76) beschreibt

$$\left(1 - x_{\mathrm{e,v}}\right) \cdot \alpha \cdot W_{\mathrm{v}} \cdot \frac{K_{\mathrm{e}}^{II}}{Y_{\mathrm{e}}}$$

die Erhöhung des effektiven Nennkapitals der *Einheit* e, die für die Übertragung des Realvermögens für sich im Zuge der Abspaltung herbeigeführt werden muss. Die Übertragung eines Realvermögens wirkt sich danach systematisch nicht anders aus als die Übertragung eines Realvermögens bei einer Verschmelzung.

Insoweit die *Einheit* e also vor der Maßnahme nicht an der *Einheit* v beteiligt ist, stellt das übergehende Vermögen für sie neue und zusätzliche Eigenmittel dar und erhöht damit ihren Beteiligungswert. Y_{e} steigt also um einen Wert von $\left(1 - x_{\mathrm{e,v}}\right) \cdot \alpha \cdot W_{\mathrm{v}}$. Dem durch den Transfer des Realvermögens bewirkten Rückgang des Beteiligungswertes der *Einheit* v steht damit insoweit auf Ebene der *Einheit* e eine entsprechende neue Eigenfinanzierung gegenüber. Gegebenenfalls auch transferierte Anteile an der Übernehmerin sind insoweit nicht relevant. Nach (6.69) gilt hier also $k_{\mathrm{e}}^{gA} = \Delta K_{\mathrm{e}}^{II}$. Das Nennkapital der den berechtigten Anteilseignern der *Einheit* v insoweit zu gewährenden Anteile muss also betragsmäßig mit der der Erhöhung des effektiven Nennkapitals übereinstimmen.

Insoweit die *Einheit* e vor der Maßnahme an der Überträgerin beteiligt ist, verfügt sie nach der Maßnahme unmittelbar über das transferierte Realvermögen, über das sie vor der Maßnahme über die Beteiligung an der *Einheit* v mittelbar verfügt. Der Rückgang des Beteiligungswertes der *Einheit* v wird in diesem Umfang $\left(x_{\mathrm{e,v}} \cdot \alpha \cdot W_{\mathrm{v}}\right)$ nicht durch einen zusätzlichen Beteiligungswert der *Einheit* e ausgeglichen.

Insoweit die *Einheit* e vor der Maßnahme nicht an der *Einheit* v beteiligt ist, kommt es also mit der Übertragung von Realvermögen im Zuge einer Abspaltung für sich zu einer ***mittelbaren Einlage***.[33] Wie bei einer Verschmelzung macht es für diese Einordnung keinen Unterschied, ob Anteile aus einer umwandlungsbedingten Kapitalerhöhung oder mit einer entsprechenden Wahlrechtsausübung nach § 125 S. 1 i. V. m. §§ 54 Abs. 1 S. 2 Nr. 1, 68 Abs. 1 S. 2 Nr. 1 UmwG

[33] Vgl. Bula/Thees in Sagasser/Bula (2024), § 19. Rn. 80.

stattdessen alte eigene Anteile der Übernehmerin gewährt werden.[34] Insoweit die *Einheit* e vor der Maßnahme an der *Einheit* v beteiligt ist, kommt es zu einer ***Ausschüttung oder Rückzahlung von Einlagen.***[35]

Für die Summe der insgesamt eigenfinanzierten Werte resultiert eine Veränderung von

$$-\alpha \cdot W_{\mathrm{v}} + \left(1 - x_{\mathrm{e,v}}\right) \cdot \alpha \cdot W_{\mathrm{v}} = -x_{\mathrm{e,v}} \cdot \alpha \cdot W_{\mathrm{v}}. \tag{6.77}$$

Die Abspaltung ändert insoweit also nichts an der Komplexität der Finanzierungsbeziehungen innerhalb des Verbundes, wenn die Übernehmerin vor der Maßnahme nicht an der Überträgerin beteiligt ist, und reduziert diese Komplexität, wenn die Übernehmerin vor der Maßnahme an der Überträgerin beteiligt ist.

6.1.3.2.2.2 Ansprüche aus Fremdfinanzierungsverträgen

Auch bei einer Abspaltung macht es im Ergebnis keinen Unterschied, wenn bei der Übertragung von Ansprüchen aus Fremdkapitalverträgen solche gegenüber der Übernehmerin transferiert werden. Überträgt die *Einheit* v Teile ihrer Ansprüche aus Fremdkapitalverträgen gegenüber der *Einheit* e $\left(\beta_{\mathrm{e}} \cdot F_{\mathrm{v,e}} > 0\right)$, gehen diese durch Konfusion unter. Der Wegfall der entsprechenden Teile der gegenüberstehenden Verpflichtungen bei der *Einheit* e wirkt sich auf den Beteiligungswert der Übernehmerin nicht anders aus als die Übernahme von Ansprüchen gegenüber dritten Einheiten des Verbundes.

Die wirtschaftlichen Auswirkungen der Abspaltung von Ansprüchen aus Fremdkapitalverträgen entsprechen damit ohne Ausnahme denen der Abspaltung von Realvermögen und systematisch besteht eine Übereinstimmung mit dem Transfer von Ansprüchen aus Fremdkapitalverträgen im Zuge einer Verschmelzung.

Für sich führt der Transfer des mit dem Vektor $\boldsymbol{\beta}$ bestimmten Teils der Ansprüche aus Fremdkapitalverträgen der *Einheit* v im Umfang seines Wertes vor der Maßnahme zu einem entsprechenden Rückgang des Beteiligungswertes der Überträgerin.

---

[34] Vgl. Bula/Thees in Sagasser/Bula (2024), § 19. Rn. 86.

[35] Vgl. dazu auch Bula/Thees in Sagasser/Bula (2024), § 19. Rn. 84 f., Bula/Thees in Sagasser/Bula (2024), § 10. Rn. 148.

In (6.76) beschreibt

$$\left(1 - x_{\mathrm{e,v}}\right) \cdot \sum_{n}^{N} \left(\beta_n \cdot F_{\mathrm{v},n}\right) \cdot \frac{K_{\mathrm{e}}^{II}}{Y_{\mathrm{e}}}$$

die Erhöhung des effektiven Nennkapitals der *Einheit* e, die für die Übertragung von Ansprüchen aus Fremdkapitalverträgen für sich im Zuge der Abspaltung herbeigeführt werden muss und die mit einer im Verhältnis übereinstimmenden Steigerung des Beteiligungswertes der Übernehmerin einhergeht. Das Nennkapital der den berechtigten Anteilseignern der *Einheit* v insoweit zu gewährenden Anteile muss betragsmäßig mit der Erhöhung des effektiven Nennkapitals übereinstimmen.

Für sich kommt es also mit der Übertragung von Ansprüchen aus Fremdkapitalverträgen im Zuge einer Abspaltung, insoweit die *Einheit* e vor der Maßnahme nicht an der *Einheit* v beteiligt ist, zu einer ***mittelbaren Einlage*** und, insoweit die *Einheit* e vor der Maßnahme an der *Einheit* v beteiligt ist, zu einer ***Ausschüttung oder Rückzahlung von Einlagen***.

Für die Summe der insgesamt eigenfinanzierten Werte resultiert eine Veränderung von

$$-\sum_{n}^{N} \left(\beta_n \cdot F_{\mathrm{v},n}\right) + \left(1 - x_{\mathrm{e,v}}\right) \cdot \sum_{n}^{N} \left(\beta_n \cdot F_{\mathrm{v},n}\right) = -x_{\mathrm{e,v}} \cdot \sum_{n}^{N} \left(\beta_n \cdot F_{\mathrm{v},n}\right). \quad (6.78)$$

6.1.3.2.2.3 Anteile an dritten Kapitalgesellschaften

Auch bei Abspaltungen ändert sich unter den getroffenen Annahmen nichts am Wert von Anteilen an dritten Einheiten des Verbundes. Die Auswirkungen der Abspaltung von Anteilen an dritten Kapitalgesellschaften stimmen im Ergebnis mit denen der Abspaltung von Realvermögen beziehungsweise denen der Abspaltung von Ansprüchen aus Fremdkapitalverträgen überein.

Auch hier besteht systematisch eine Übereinstimmung mit einer entsprechenden Vermögensübertragung im Zuge einer Verschmelzung.

Für sich führt der Transfer des mit dem Vektor $\boldsymbol{\lambda}$ bestimmten Teils der Anteile an dritten Kapitalgesellschaften der *Einheit* v im Umfang seines Wertes vor der Maßnahme zu einem entsprechenden Rückgang des Beteiligungswertes der Überträgerin.

In (6.76) beschreibt

$$\left(1 - x_{\mathrm{e,v}}\right) \cdot \sum_{\substack{n \\ n \neq \mathrm{e}}}^{N} \lambda_n \cdot x_{\mathrm{v},n} \cdot Y_n \cdot \frac{K_{\mathrm{e}}^{II}}{Y_{\mathrm{e}}}$$

die Erhöhung des effektiven Nennkapitals der *Einheit* e, die für die Übertragung von Anteilen an dritten Kapitalgesellschaften für sich im Zuge der Abspaltung herbeigeführt werden muss und die mit einer im Verhältnis übereinstimmenden Steigerung des Beteiligungswertes der Übernehmerin einhergeht. Das Nennkapital der den berechtigten Anteilseignern der *Einheit* v insoweit zu gewährenden Anteile muss betragsmäßig mit der Erhöhung des effektiven Nennkapitals übereinstimmen.

Für sich kommt es also mit der Übertragung von Anteilen an dritten Gruppenunternehmen im Zuge einer Abspaltung, insoweit die *Einheit* e vor der Maßnahme nicht an der *Einheit* v beteiligt ist, zu einer ***mittelbaren Einlage*** und, insoweit die *Einheit* e vor der Maßnahme an der *Einheit* v beteiligt ist, zu einer ***Ausschüttung oder Rückzahlung von Einlagen***.

Für die Summe der insgesamt eigenfinanzierten Werte resultiert eine Veränderung von

$$-\sum_{\substack{n \\ n\neq \mathrm{e}}}^{N} \lambda_n \cdot x_{\mathrm{v},n} \cdot Y_n + \left(1 - x_{\mathrm{e,v}}\right) \cdot \sum_{\substack{n \\ n\neq \mathrm{e}}}^{N} \lambda_n \cdot x_{\mathrm{v},n} \cdot Y_n = -x_{\mathrm{e,v}} \cdot \sum_{\substack{n \\ n\neq \mathrm{e}}}^{N} \lambda_n \cdot x_{\mathrm{v},n} \cdot Y_n. \tag{6.79}$$

6.1.3.2.2.4 Anteile an der Übernehmerin

Für sich führt der Transfer des mit λ_e bestimmten Teils der Anteile an der *Einheit* e im Umfang seines Wertes zu einem entsprechenden Rückgang $\left(-\lambda_\mathrm{e} \cdot x_{\mathrm{v,e}} \cdot Y_\mathrm{e}\right)$ des Beteiligungswertes der Überträgerin.

In (6.76) beschreibt der Term

$$\left(1 - x_{\mathrm{e,v}}\right) \cdot \lambda_\mathrm{e} \cdot x_{\mathrm{v,e}} \cdot Y_\mathrm{e} \cdot \frac{K_\mathrm{e}^{II}}{Y_\mathrm{e}} - \lambda_\mathrm{e} \cdot x_{\mathrm{v,e}} \cdot K_\mathrm{e}^{II}$$

die Auswirkungen des Transfers von Anteilen an *Einheit* e auf die umzusetzende Änderung des effektiven Nennkapitals der *Einheit* e.

Bei $\lambda_\mathrm{e} \cdot x_{\mathrm{v,e}} \cdot K_\mathrm{e}^{II}$ handelt es sich um einen Nennkapitalbetrag, der dem Nennkapital der durch die *Einheit* v transferierten Anteile an der *Einheit* e entspricht und der damit unabhängig ist von einer gegebenenfalls existierenden Beteiligung der *Einheit* e an der *Einheit* v vor der Umwandlung.

In welchem Umfang die Abspaltung von Anteilen an der *Einheit* e auf eine Anteilsgewährung an die ausgleichsberechtigten Anteilseigner der *Einheit* v hinausläuft, hängt demgegenüber mit dem Ausdruck $\left(1 - x_{\mathrm{e,v}}\right) \cdot \lambda_\mathrm{e} \cdot x_{\mathrm{v,e}} \cdot Y_\mathrm{e} \cdot \left(K_\mathrm{e}^{II} / Y_\mathrm{e}\right)$

davon ab, inwieweit die *Einheit* e vor der Maßnahme an der *Einheit* v beteiligt ist.

Für $x_{\mathrm{e,v}} = 0$ weisen die transferierten Anteile dabei genau den Nennkapitalbetrag auf, der den Anteilen zugrunde liegen muss, die für ihren Transfer zu gewähren sind.

Es gilt also $(1-0) \cdot \lambda_{\mathrm{e}} \cdot x_{\mathrm{v,e}} \cdot Y_{\mathrm{e}} \cdot \left(K_{\mathrm{e}}^{II} / Y_{\mathrm{e}}\right) = \lambda_{\mathrm{e}} \cdot x_{\mathrm{v,e}} \cdot K_{\mathrm{e}}^{II}$.

Bei $x_{\mathrm{e,v}} > 0$ übersteigt dagegen der durch die Übertragung der Anteile an *Einheit* e verfügbar werdende Kapitalbetrag das Nennkapital der Anteile, die für ihren Transfer zu gewähren sind. Hier folgt demnach

$$\left(1 - x_{\mathrm{e,v}}\right) \cdot \lambda_{\mathrm{e}} \cdot x_{\mathrm{v,e}} \cdot K_{\mathrm{e}}^{II} < \lambda_{\mathrm{e}} \cdot x_{\mathrm{v,e}} \cdot K_{\mathrm{e}}^{II}.$$

Zusammengenommen ist für die Übertragung von Anteilen an der *Einheit* e für sich das effektive Nennkapital der Übernehmerin um den Betrag

$$\left(1 - x_{\mathrm{e,v}}\right) \cdot \lambda_{\mathrm{e}} \cdot x_{\mathrm{v,e}} \cdot Y_{\mathrm{e}} \cdot \frac{K_{\mathrm{e}}^{II}}{Y_{\mathrm{e}}} - \lambda_{\mathrm{e}} \cdot x_{\mathrm{v,e}} \cdot K_{\mathrm{e}}^{II} = -x_{\mathrm{e,v}} \cdot \lambda_{\mathrm{e}} \cdot x_{\mathrm{v,e}} \cdot K_{\mathrm{e}}^{II} \qquad (6.80)$$

anzupassen. Die dahinterstehenden Zusammenhänge entsprechen grundsätzlich denen, die oben für die Übertragung von Anteilen an der Übernehmerin im Zuge einer Verschmelzung dargestellt wurden. Entscheidend ist hier, dass die entsprechenden Ergebnisse nur insoweit eintreten, als Anteile an der *Einheit* e, die von der *Einheit* v vor der Maßnahme gehalten werden, über die Bestimmung des Faktors λ_{e} tatsächlich Bestandteil des Übertragungsgegenstandes werden. Wie bereits im Zusammenhang mit der Übertragung von Anteilen an der Übernehmerin im Zuge von Verschmelzungen ausgeführt, ist also festzustellen, dass aus einer Beteiligung der Überträgerin an der Übernehmerin vor der Maßnahme nicht unbedingt folgt, dass eine Umwandlung ein Abwärtselement aufweist.

Die transferierten Anteile erhöhen dabei auch bei einer Abspaltung unabhängig von ihrem Verbleib den Beteiligungswert der Übernehmerin nach der Umwandlung nicht.

Dem Rückgang des Beteiligungswertes der *Einheit* v durch die Abspaltung der Anteile an der *Einheit* e steht damit in keinem Fall ein mit der Übertragung steigender Beteiligungswert der *Einheit* e gegenüber. Ist die Übernehmerin vor der Maßnahme nicht an der Überträgerin beteiligt, bleibt ihr Beteiligungswert unverändert. Hält die *Einheit* e vor der Maßnahme Anteile an der *Einheit* v, wird ihr Beteiligungswert kleiner. Die Minderung entspricht dabei im Umfang ihrer Beteiligungsquote an der Überträgerin dem Rückgang des Beteiligungswertes der *Einheit* v, insoweit dieser auf die (teilweise) Übertragung der Anteile an der *Einheit* e zurückgeht $\left(x_{e,v} \cdot \left(-\lambda_e \cdot x_{v,e} \cdot Y_e\right) = -x_{e,v} \cdot \lambda_e \cdot x_{v,e} \cdot Y_e\right)$. Zurückzuführen ist das wieder auf die – hier in Abhängigkeit von der Bestimmung des Faktors λ_e teilweise – Auflösung des wechselseitigen Beteiligungsverhältnisses zwischen der *Einheit* v und der *Einheit* e in einem Umfang von insgesamt $x_{e,v} \cdot \lambda_e \cdot x_{v,e} \cdot (Y_e + Y_v)$. Insoweit dieser Teil des wechselseitigen Beteiligungsverhältnisses vor der Maßnahme auf die Rückbeteiligung der *Einheit* e an der Beteiligung der *Einheit* v an der *Einheit* e entfällt – das heißt in einem Umfang von $x_{e,v} \cdot \left(\lambda_e \cdot x_{v,e} \cdot Y_e\right)$ – kommt es zu der beschriebenen Minderung des Beteiligungswertes der *Einheit* e. Insoweit das aufgelöste wechselseitige Beteiligungsverhältnis vor der Maßnahme auf die Rückbeteiligung der *Einheit* v an der Beteiligung der *Einheit* e an der *Einheit* v entfällt – das heißt in einem Umfang von $\lambda_e \cdot x_{v,e} \cdot \left(x_{e,v} \cdot Y_v\right)$ – geht sein Untergang zulasten des Beteiligungswertes der *Einheit* v und ist dementsprechend bei der Formulierung der *Bedingung 1* in den Ansprüchen der berechtigten Anteilseigner dieser Gesellschaft berücksichtigt.

Für sich betrachtet resultiert aus der Übertragung von Anteilen an der *Einheit* e also bei einer Beteiligung der *Einheit* e an der *Einheit* v vor der Maßnahme auch bei einer Abspaltung die Notwendigkeit, das effektive Nennkapital der *Einheit* e zu mindern, damit die *Bedingung 2* erfüllt werden kann. Entsprechend den Mechanismen, die diesbezüglich für eine Verschmelzung beschrieben wurden, resultiert hier

$$
\begin{aligned}
& \frac{Y_e^{nU} - Y_e}{Y_e} = \frac{\Delta K_e^{II}}{K_e^{II}} \\
\Leftrightarrow\ & \frac{-x_{e,v} \cdot \lambda_e \cdot x_{v,e} \cdot Y_e}{Y_e} = \frac{\Delta K_e^{II}}{K_e^{II}} \\
\Leftrightarrow\ & \Delta K_e^{II} = -x_{e,v} \cdot \lambda_e \cdot x_{v,e} \cdot K_e^{II}. \qquad (6.81)
\end{aligned}
$$

Das stimmt überein mit dem Ergebnis in (6.80). Die übertragenen Anteile müssen insoweit zu neuen und zusätzlichen eigenen Anteilen der Übernehmerin werden und als solche das effektive Nennkapital mindern. Damit steigen die Beteiligungsquoten, die durch die von *Bedingung 2* erfassten Anteile vermittelt werden, genau insoweit, dass der auf diese Anteile entfallende Rückgang des Beteiligungswertes (der *Einheit* e) genau ausgeglichen wird.

Wie dargestellt wirken sich Anpassungen im Sinne der *Bedingung 2* eines angemessenen Umtauschverhältnisses in gleicher Weise auf Anteile an der Übernehmerin aus, die die Überträgerin vor der Abspaltung hält und im Zuge der Maßnahme nicht überträgt – also Anteile mit einem Nennkapital von $(1 - \lambda_e) \cdot x_{v,e} \cdot K_e^{II}$.

Es folgt $(1-\lambda_{\mathrm{e}}) \cdot x_{\mathrm{v,e}} \cdot Y_{\mathrm{e}} = (1-\lambda_{\mathrm{e}}) \cdot x_{\mathrm{v,e}} \cdot \left(K_{\mathrm{e}}^{II} / \left(K_{\mathrm{e}}^{II} + \Delta K_{\mathrm{e}}^{II}\right)\right) \cdot Y_{\mathrm{e}}^{nU}$. Insoweit ändert die Abspaltung also auch nichts am Beteiligungswert der übertragenden *Einheit* v.

Für die Summe der insgesamt eigenfinanzierten Werte resultiert insgesamt eine Veränderung von

$$-\lambda_{\mathrm{e}} \cdot x_{\mathrm{v,e}} \cdot Y_{\mathrm{e}} - x_{\mathrm{e,v}} \cdot \lambda_{\mathrm{e}} \cdot x_{\mathrm{v,e}} \cdot Y_{\mathrm{e}} = -\left(1 + x_{\mathrm{e,v}}\right) \cdot \lambda_{\mathrm{e}} \cdot x_{\mathrm{v,e}} \cdot Y_{\mathrm{e}}. \qquad (6.82)$$

Zusammengenommen kommt es mit dem Transfer von Anteilen an der *Einheit* e im Zuge einer Abspaltung, wie bei einer Verschmelzung, zu einem ***Erwerb einer Beteiligung der Überträgerin an der Übernehmerin durch Anteilseigner der Überträgerin***, insoweit die *Einheit* e vor der Maßnahme an der *Einheit* v nicht beteiligt ist. Dabei macht es auch bei einer Abspaltung keinen Unterschied, ob die transferierten Anteile nach § 125 S. 1 i. V. m. §§ 54 Abs. 1 S. 2 Nr. 2, 68 Abs. 1 S. 2 Nr. 2 UmwG selbst gewährt werden oder sie zu neuen eigenen Anteilen werden und stattdessen eine umwandlungsbedingte Kapitalerhöhung durchgeführt wird beziehungsweise nach § 125 S. 1 i. V. m. §§ 54 Abs. 1 S. 2 Nr. 1, 68 Abs. 1 S. 2 Nr. 1 UmwG alte eigene Anteile der Übernehmerin ausgegeben werden. Insoweit die *Einheit* e vor der Maßnahme an der *Einheit* v beteiligt ist, kommt es zu einem ***umwandlungsspezifischen Vorgang***.

Übertragene Anteile an der Übernehmerin, die vor dem Hintergrund einer Beteiligung der *Einheit* e an der *Einheit* v für ihren eigenen Transfer nicht gewährt werden dürfen, können nach § 125 S. 1 i. V. m. §§ 54 Abs. 1 S. 2 Nr. 2, 68 Abs. 1 S. 2 Nr. 2 UmwG auch bei einer Abspaltung gegebenenfalls für den Transfer eines im Übrigen positiven Vermögenssaldos verwendet werden.[36]

6.1.3.2.2.5 Verpflichtungen aus Fremdfinanzierungsverträgen

Vor der Maßnahme gehen die mit dem Vektor $\boldsymbol{\gamma}$ bestimmten Verpflichtungen aus Fremdkapitalverträgen zulasten des Beteiligungswertes der Überträgerin. Für sich betrachtet steigert die Übertragung von Verpflichtungen aus Fremdkapitalverträgen den Beteiligungswert in entsprechender Höhe.

In (6.76) beschreibt

$$\left(1 - x_{\mathrm{e,v}}\right) \cdot \sum_{n}^{N} \gamma_n \cdot (-1) \cdot F_{n,\mathrm{v}} \cdot \frac{K_{\mathrm{e}}^{II}}{Y_{\mathrm{e}}}$$

[36] Das wird (entsprechend den diesbezüglichen Ausführungen im Zusammenhang mit Verschmelzungen) bei der anschließenden Betrachtung des Übertragungsgegenstandes im Ganzen dargestellt.

die Auswirkungen der Übertragung von Verpflichtungen aus Fremdkapitalverträgen auf die umzusetzende Veränderung des effektiven Nennkapitals der *Einheit* e. Werden Verpflichtungen aus Fremdkapitalverträgen Bestandteil des Übertragungsgegenstandes, resultiert ein negativer Betrag.

Überträgt die *Einheit* v Teile ihrer Verpflichtungen aus Fremdkapitalverträgen gegenüber der *Einheit* e $\left(\gamma_{\mathrm{e}} \cdot (-1) \cdot F_{\mathrm{e,v}} < 0\right)$, gehen diese durch Konfusion unter. Der Beteiligungswert der Übernehmerin wird durch den Wegfall von Ansprüchen dabei im gleichen Umfang kleiner wie durch die Übernahme entsprechender Verpflichtungen gegenüber dritten Gesellschaften, die diesbezüglichen wirtschaftlichen Ergebnisse stimmen also auch bei Abspaltungen überein.

Bei einer Beteiligung der Übernehmerin an der Überträgerin wirkt sich eine in den Übertragungsgegenstand eingehende Verpflichtung bereits vor der Maßnahme durch einen niedrigeren Wert der Anteile an der *Einheit* v auf den Beteiligungswert der *Einheit* e aus. Es ist hier also der Faktor $\left(1 - x_{\mathrm{e,v}}\right)$ zu verwenden.

Mit der Übertragung von Verpflichtungen aus Fremdkapitalverträgen folgt für den Beteiligungswert der Übernehmerin demnach eine Minderung von

$$\left(1 - x_{\mathrm{e,v}}\right) \cdot \sum_{n}^{N} (-1) \cdot \gamma_n \cdot F_{n,\mathrm{v}} = \left(x_{\mathrm{e,v}} - 1\right) \cdot \sum_{n}^{N} \gamma_n \cdot F_{n,\mathrm{v}}\,. \tag{6.83}$$

Insgesamt kommt es im Zusammenhang mit der Abspaltung von Verpflichtungen aus Fremdkapitalvertragen für die Summe der eigenfinanzierten Werte innerhalb der Gruppe zu einer Steigerung im Umfang von

$$\sum_{n}^{N} \gamma_n \cdot F_{n,\mathrm{v}} + \left(x_{\mathrm{e,v}} - 1\right) \cdot \sum_{n}^{N} \gamma_n \cdot F_{n,\mathrm{v}} = x_{\mathrm{e,v}} \cdot \sum_{n}^{N} \gamma_n \cdot F_{n,\mathrm{v}}. \tag{6.84}$$

Wie bei der Übertragung von Verpflichtungen aus Fremdkapitalverträgen im Rahmen einer Verschmelzung ist auch die Abspaltung von Verpflichtungen aus Fremdkapitalverträgen für sich in der Systematik der Maßnahme nicht handhabbar, sondern nur vor dem Hintergrund der Auswirkungen des Übertragungsgegenstandes im Übrigen zu beurteilen.

6.1.3.2.3 Übertragungsgegenstand im Ganzen

Abgesehen von den Auswirkungen des Transfers eigener Anteile der Überträgerin – also mit den unter 6.1.3.2.2.1 bis 6.1.3.2.2.5 dargestellten Entwicklungen – kommt es für die Summe der innerhalb des betrachteten Verbundes eigenfinanzierten Werte mit einer Abspaltung insgesamt zu einer Veränderung in Höhe von

$$\begin{aligned} & - x_{\mathrm{e,v}} \cdot \alpha \cdot W_{\mathrm{v}} - x_{\mathrm{e,v}} \cdot \sum_{n}^{N} \beta_n \cdot F_{\mathrm{v},n} - x_{\mathrm{e,v}} \cdot \sum_{\substack{n \\ n \neq \mathrm{e}}}^{N} \lambda_n \cdot x_{\mathrm{v},n} \cdot Y_n \\ & - \left(1 + x_{\mathrm{e,v}}\right) \cdot \lambda_{\mathrm{e}} \cdot x_{\mathrm{v,e}} \cdot Y_{\mathrm{e}} + x_{\mathrm{e,v}} \cdot \sum_{n}^{N} \gamma_n \cdot F_{n,\mathrm{v}}. \end{aligned} \tag{6.85}$$

Eine Abspaltung ändert insoweit also nichts an der Komplexität der Eigenfinanzierungsbeziehungen, wenn zwischen Überträgerin und Übernehmerin vor der Umwandlung kein Beteiligungsverhältnis besteht $\left(x_{\mathrm{v,e}} = x_{\mathrm{e,v}} = 0\right)$.

Anders als bei einer Verschmelzung wirkt sich die Existenz entsprechender Beteiligungen allerdings nicht jedenfalls auf die wirtschaftlichen Vorgänge und Ergebnisse einer Abspaltung aus:

Eine Beteiligung der Überträgerin an der Übernehmerin $\left(x_{\mathrm{v,e}} > 0\right)$ ist nur insoweit von Bedeutung, wie die ihr zugrunde liegenden Anteile tatsächlich Bestandteil des Übertragungsgenstandes werden.

Eine Beteiligung der Übernehmerin an der Überträgerin $\left(x_{\mathrm{e,v}} > 0\right)$ wirkt sich im Zuge einer Abspaltung nur dann aus, wenn der Übertragungsgegenstand, ausgenommen Anteile an der Übernehmerin, einen positiven Wert hat.

Wirken sich Anteile, die eine umzuwandelnde Gesellschaft vor der Maßnahme an der anderen umzuwandelnden Gesellschaft hält, dabei im Zuge der Abspaltung aus, führt das immer zu einem Rückgang der Summe der im Verbund insgesamt eigenfinanzierten Werte. Wie eine Verschmelzung kann eine Abspaltung, bei der nicht auch eigene Anteile der Überträgerin transferiert werden, die Komplexität der Eigenfinanzierungsbeziehungen also nicht steigern, sondern diese unverändert lassen oder dazu führen, dass diese Komplexität zurückgeht.

Für die Einordnung der wirtschaftlichen Ergebnisse einer Abspaltung insgesamt sind wie bei einer Verschmelzung die Abhängigkeiten zwischen den verschiedenen Bestandteilen des Übertragungsgegenstandes, ausgehend von den wirtschaftlichen Konsequenzen ihres Transfers, für sich zu erklären.

Für die wirtschaftlichen Ergebnisse einer Abspaltung maßgeblich ist vor diesem Hintergrund also das Verhältnis der Werte des transferierten positiven

Vermögens, ausgenommen Anteile an der Übernehmerin, der übergehenden Verpflichtungen aus Fremdkapitalverträgen und der übertragenen Anteile an der Übernehmerin. Entscheidend ist in diesem Zusammenhang wieder, dass transferierte Anteile an der *Einheit* e zwar vor ihrer Übertragung auf Ebene der *Einheit* v einen positiven Wert haben, nach der Maßnahme den Beteiligungswert der *Einheit* e unabhängig von ihrem Verbleib aber nicht erhöhen.

Wie bei einer Verschmelzung sind damit drei Konstellationen möglich:

1. Ohne Anteile an der Übernehmerin ist der Wert des übertragenen Vermögens positiv:

$$\alpha \cdot W_{\mathrm{v}} + \sum_{n}^{N} \beta_n \cdot F_{\mathrm{v},n} + \sum_{\substack{n \\ n \neq \mathrm{e}}}^{N} \lambda_n \cdot x_{\mathrm{v},n} \cdot Y_n - \sum_{n}^{N} \gamma_n \cdot F_{n,\mathrm{v}} > 0 \tag{6.86}$$

Die Übertragung dieses positiven Vermögenssaldos führt für sich zu einer Erhöhung des Beteiligungswertes der Übernehmerin, insoweit diese vor der Maßnahme nicht an der Überträgerin beteiligt ist; den berechtigten Anteilseignern der *Einheit* v sind dementsprechend Anteile an der *Einheit* e zu gewähren. Bei der Abspaltung handelt es sich insoweit um eine ***mittelbare Einlage***. Insoweit die *Einheit* e vor der Maßnahme an der *Einheit* v beteiligt ist, kommt es zu einer ***Ausschüttung oder Rückzahlung von Einlagen***. Der Wert der Anteile an der Überträgerin wird kleiner um den Wert des transferierten positiven Vermögenssaldos im Umfang der Beteiligungsquote der Übernehmerin an der Überträgerin vor der Maßnahme.

Für abgespaltene Anteile an der Übernehmerin kommt es zu den unter 6.1.3.2.2.4 dargestellten wirtschaftlichen Konsequenzen. Insoweit die Übernehmerin vor der Maßnahme nicht an der Überträgerin beteiligt ist, sind den berechtigten Anteilseignern der *Einheit* v also diese Anteile selbst oder ihnen entsprechende Anteile für ihre Übertragung zu gewähren. Es kommt zu einem ***Erwerb einer Beteiligung der Überträgerin an der Übernehmerin durch Anteilseigner der Überträgerin***. Insoweit die *Einheit* e vor der Maßnahme an der *Einheit* v beteiligt ist, dürfen die Anteile vor dem Hintergrund des sich vollziehenden ***umwandlungsspezifischen Vorganges*** für ihre eigene Übertragung nicht gewährt werden. Sie können aber nach den Wahlrechten des § 125 i. V. m. §§ 54 Abs. 1 S. 2 Nr. 2, 68 Abs. 1 S. 2 Nr. 2 UmwG für die Abspaltung des übrigen (einen positiven Wert aufweisenden) Übertragungsgegenstandes gewährt werden. Wie für Verschmelzungen beschrieben, kommt es dann auch im

Zuge einer Abspaltung zu zwei voneinander abzugrenzenden Vorgängen: Dem ***umwandlungsspezifischen Vorgang***, der das Gewähren der abgespaltenen Anteile an der Übernehmerin für sich ausschließt, und die Gewährung dieser Anteile für die Übertragung eines im Übrigen positiven Vermögenssaldos im Rahmen einer ***mittelbaren Einlage***.

2. Ohne Anteile an der Übernehmerin ist der Wert des übertragenen Vermögens null:

$$\alpha \cdot W_{\mathrm{v}} + \sum_{n}^{N} \beta_n \cdot F_{\mathrm{v},n} + \sum_{\substack{n \\ n \neq \mathrm{e}}}^{N} \lambda_n \cdot x_{\mathrm{v},n} \cdot Y_n - \sum_{n}^{N} \gamma_n \cdot F_{n,\mathrm{v}} = 0 \tag{6.87}$$

Als wirtschaftliches Ergebnis der Maßnahme insgesamt folgen die für die Abspaltung von Anteilen an der Übernehmerin unter 6.1.3.2.2.4 beschriebenen Konsequenzen. Es kommt also zu einem ***Erwerb einer Beteiligung der Überträgerin an der Übernehmerin durch Anteilseigner der Überträgerin***, insoweit die Übernehmerin vor der Maßnahme nicht an der Überträgerin beteiligt ist, und zu einem ***umwandlungsspezifischen Vorgang***, insoweit eine solche Beteiligung besteht.

3. Ohne Anteile an der Übernehmerin ist der Wert des übertragenen Vermögens negativ:

$$\alpha \cdot W_{\mathrm{v}} + \sum_{n}^{N} \beta_n \cdot F_{\mathrm{v},n} + \sum_{\substack{n \\ n \neq \mathrm{e}}}^{N} \lambda_n \cdot x_{\mathrm{v},n} \cdot Y_n - \sum_{n}^{N} \gamma_n \cdot F_{n,\mathrm{v}} < 0 \tag{6.88}$$

Die *Bedingung 2* eines angemessenen Umtauschverhältnisses ist wegen des durch die Vermögensübertragung bewirkten Rückgangs des Beteiligungswertes der *Einheit* e nur dann zu erfüllen, wenn zugleich das effektive Nennkapital entsprechend gemindert wird. Es müssen also Anteile an der *Einheit* e auf die Gesellschaft übergehen und dort nach der Maßnahme als neue und zusätzliche eigene Anteile verbleiben. Der Wert der Anteile an der Übernehmerin entspricht vor der Abspaltung dem durch sie vermittelten Teil des Beteiligungswertes der *Einheit* e. Insoweit sie auf die *Einheit* e übertragen werden und dort als eigene Anteile verbleiben, fällt der zuvor auf sie entfallende Beteiligungswert den verbleibenden Beteiligungen an der Gesellschaft zu. Wie bei Verschmelzungen entspricht ein solcher Vorgang auch bei einer Abspaltung dem ***Erwerb eigener Anteile gegen die Übernahme von Verpflichtungen*** aus Fremdkapitalverträgen. Es ändert sich mit einem übertragenen Vermögen, das insgesamt einen Wert von null hat, nichts am Beteiligungswert der Überträgerin. Auch der Wert der Anteile an der *Einheit* v, die die *Einheit* e hält, stimmt damit insoweit vor und nach der Maßnahme überein. Dementsprechend ist hier für die Abspaltung kein Aufwärtselement festzustellen, auch wenn die Übernehmerin vor der Maßnahme an der Überträgerin beteiligt ist.

Der Beteiligungswert der Übernehmerin wird kleiner im Umfang des negativen Wertes des neben den Anteilen (an der *Einheit* e) abgespaltenen Übertragungsgegenstandes.

Wie bei der (teilweisen) Auflösung eines wechselseitigen Beteiligungsverhältnisses bei der Abspaltung von Anteilen an der Übernehmerin wirken sich die Anpassungen im Sinne der *Bedingung 2* auch hier in gleicher Weise auf die Anteile an der Übernehmerin aus, die die Überträgerin vor der Abspaltung hält und im Zuge der Maßnahme nicht überträgt.

Es folgt $(1-\lambda_{\mathrm{e}}) \cdot x_{\mathrm{v,e}} \cdot Y_{\mathrm{e}} = (1-\lambda_{\mathrm{e}}) \cdot x_{\mathrm{v,e}} \cdot \left(K_{\mathrm{e}}^{II} / \left(K_{\mathrm{e}}^{II} + \Delta K_{\mathrm{e}}^{II}\right)\right) \cdot Y_{\mathrm{e}}^{nU}$ und die Abspaltung ändert damit insoweit auch nichts am Beteiligungswert der Überträgerin.

Der Transfer von Anteilen an der *Einheit* e führt, insoweit ihr positiver Wert vor der Abspaltung einen negativen Wert des Übertragungsgegenstandes im Übrigen mehr als ausgleicht, zu den unter 6.1.3.2.2.4 beschriebenen wirtschaftlichen Ergebnissen. Mit der Abspaltung (insgesamt) kommt es dann zugleich zu einem ***Erwerb eigener Anteile*** (durch die *Einheit* e) ***gegen die Übernahme von Verpflichtungen*** sowie zu einem ***Erwerb einer Beteiligung der Überträgerin an der Übernehmerin durch Anteilseigner der Überträgerin***, insoweit die *Einheit* e vor der Maßnahme nicht an der *Einheit* v beteiligt ist, und zu einem ***umwandlungsspezifischen Vorgang***, insoweit die *Einheit* e vor der Maßnahme an der *Einheit* v beteiligt ist.

6.1.3.2.4 Abspaltung eigener Anteile der Überträgerin

6.1.3.2.4.1 Abspaltung eigener Anteile bei Übertragung eines nichtnegativen Vermögenssaldos

Mit der Betrachtung der Abspaltung eigener Anteile ist im Folgenden wieder von der im Zuge einer Abspaltung bei der Übernehmerin umzusetzenden Kapitalveränderung nach (6.74) auszugehen.

Der Beteiligungswert der Überträgerin sinkt im Zuge der Abspaltung $\left(Y_{\mathrm{v}}^{nU} < Y_{\mathrm{v}}\right)$, wenn der Übertragungsgegenstand insgesamt einen positiven Vermögenssaldo aufweist, der negative Wert der transferierten Verpflichtungen aus

Fremdkapitalverträgen also durch den positiven Wert abgespaltenen Vermögens mehr als ausgeglichen wird. Wird der negative Wert der transferierten Verpflichtungen aus Fremdkapitalverträgen durch den positiven Wert abgespaltenen Vermögens genau ausgeglichen, bleibt der Beteiligungswert der Überträgerin im Zuge der Maßnahme unverändert $\left(Y_{\mathrm{v}}^{nU} = Y_{\mathrm{v}}\right)$.

Hält die Überträgerin vor der Abspaltung eigene Anteile, ist das für ihren Beteiligungswert nicht relevant. Die Abspaltung eigener Anteile hat insoweit also auch keine Auswirkungen. Mit der resultierenden Erhöhung des effektiven Nennkapitals $\left(\Delta K_{\mathrm{v}}^{II} = \varphi \cdot k_{\mathrm{v}}^{eA} = k_{\mathrm{v}}^{eA(-)} > 0\right)$ kommt es aber, wie im Zusammenhang mit der Entwicklung der Überträgerin beschrieben, zu einer Verwässerung aller alten Beteiligungen an der *Einheit* v. Für diese geht im Ergebnis also ein Teil des Beteiligungswertes der Überträgerin nach der Maßnahme verloren. Auch die Abspaltung eigener Anteile der Überträgerin geht also, obwohl es hier nicht zum Transfer eines positiven Vermögens kommt, zulasten des Wertes der von *Bedingung 1* eines angemessenen Umtauschverhältnisses erfassten Anteile. Für sich betrachtet müssen den berechtigten Anteilseignern der Überträgerin für die Abspaltung eigener Anteile also Anteile an der Übernehmerin gewährt werden.

Weil die abgespaltenen eigenen Anteile vor der Umwandlung keinen Wert haben, ist es für die Bestimmung des Umfangs der für ihre Übertragung zu gewährenden Anteile und der umzusetzenden Kapitalveränderungen auf Ebene der Übernehmerin auch nicht möglich, diesen ins Verhältnis zum Beteiligungswert der Übernehmerin vor der Maßnahme zu setzen. Stattdessen muss direkt auf den Wert der von *Bedingung 1* erfassten Anteile an der Überträgerin abgestellt werden.

Der Wert, den die abgespaltenen eigenen Anteile nach ihrem Übergang auf die Übernehmerin aufweisen, hängt dabei von der durch sie vermittelten Beteiligungsquote an der Überträgerin $\left(\varphi \cdot k_{\mathrm{v}}^{eA} / \left(K_{\mathrm{v}}^{II} + \varphi \cdot k_{\mathrm{v}}^{eA}\right)\right)$ und dem Beteiligungswert der Überträgerin nach der Maßnahme $\left(Y_{\mathrm{v}}^{nU}\right)$ ab.

Dabei entspricht der Wert der abgespaltenen eigenen Anteile nach der Maßnahme (betragsmäßig) der durch den Vorgang bewirkten Wertminderung der schon vor der Abspaltung einer Beteiligung an der *Einheit* v zugrunde liegen Anteile:

$$\begin{aligned}\Theta \cdot Y_{\mathrm{v}}^{nu} - Y_{\mathrm{v}}^{nu} &= (\Theta - 1) \cdot Y_{\mathrm{v}}^{nu} \\ &= \left(\frac{K_{\mathrm{v}}^{II}}{K_{\mathrm{v}}^{II} + \varphi \cdot k_{\mathrm{v}}^{eA}} - \frac{K_{\mathrm{v}}^{II} + \varphi \cdot k_{\mathrm{v}}^{eA}}{K_{\mathrm{v}}^{II} + \varphi \cdot k_{\mathrm{v}}^{eA}}\right) \cdot Y_{\mathrm{v}}^{nU} \\ &= -\frac{\varphi \cdot k_{\mathrm{v}}^{eA}}{K_{\mathrm{v}}^{II} + \varphi \cdot k_{\mathrm{v}}^{eA}} \cdot Y_{\mathrm{v}}^{nU} \qquad (6.89)\end{aligned}$$

Für ein gegebenes $\varphi \cdot k_{\mathrm{v}}^{eA}$ ist der Wert der abgespaltenen eigenen Anteile auf Ebene der *Einheit* e also umso geringer, je kleiner der Beteiligungswert der *Einheit* v nach der Maßnahme ist. Auf der anderen Seite ist damit die (mit ihrer Verwässerung eintretende) Wertminderung aller Anteile, die vor der Maßnahme einer Beteiligung an der Überträgerin zugrunde liegen, umso geringer, je kleiner der Beteiligungswert der *Einheit* v nach der Maßnahme ist.

Weil sie vom Beteiligungswert der Überträgerin nach der Maßnahme abhängen, werden die Auswirkungen der Abspaltung eigener Anteile also von der Zusammensetzung des Übertragungsgegenstandes im Übrigen bestimmt. Maßgeblich sind hier damit α sowie die Vektoren $\boldsymbol{\beta}, \boldsymbol{\lambda}$ und $\boldsymbol{\gamma}$.

Wird dabei mit der Festlegung von α ein Teil des Realvermögens der Überträgerin mit dem Wert $\alpha \cdot W_{\mathrm{v}}$ übertragen, verbleibt ein Wert von $(1-\alpha) \cdot W_{\mathrm{v}}$, der in den Beteiligungswert der Überträgerin eingeht. Alle vor der Maßnahme einer Beteiligung an der *Einheit* v zugrunde liegenden Anteile nehmen an diesem Beteiligungswert nach der Maßnahme nicht mehr teil, insoweit die durch sie vermittelte Beteiligungsquote durch eine zugleich stattfinde Abspaltung eigener Anteile kleiner wird. Während die Auswirkungen der Abspaltung eigener Anteile von der Zusammensetzung des Übertragungsgegenstandes im Übrigen abhängen, ändert sich durch die Abspaltung eigener Anteile nichts an den Auswirkungen des im Übrigen stattfindenden Vermögenstransfers. Der Transfer des Realvermögens führt also in Höhe seines Wertes zu einem Rückgang des Beteiligungswertes der *Einheit* v $(-\alpha \cdot W_{\mathrm{v}})$. Alleine aus der Abspaltung eigener Anteile resultiert vor diesem Hintergrund also eine Wertminderung von

$$\begin{aligned}((1-\alpha) \cdot W_{\mathrm{v}} \cdot \Theta - W_{\mathrm{v}}) + \alpha \cdot W_{\mathrm{v}} &= ((1-\alpha) \cdot \Theta - 1 + \alpha) \cdot W_{\mathrm{v}} \\ &= -((1-\alpha) \cdot (1-\Theta) \cdot W_{\mathrm{v}}) \qquad (6.90)\end{aligned}$$

Insoweit dabei die Anteile der berechtigten Anteilseigner der Überträgerin betroffen sind, muss hier demnach ein Ausgleich stattfinden. Es sind insoweit also Anteile an der Übernehmerin mit einem Wert von $\left(1-x_{\mathrm{e,v}}\right) \cdot (1-\alpha) \cdot (1-\Theta) \cdot W_{\mathrm{v}}$ zu gewähren.

Für die Abspaltung eines Realvermögens sind unter Berücksichtigung einer zugleich stattfindenden Abspaltung eigener Anteile also insgesamt – das heißt einschließlich der für den Transfer des Realvermögens für sich zu gewährenden Anteile mit einem Wert von $\left(1-x_{\mathrm{e,v}}\right) \cdot \alpha \cdot W_{\mathrm{v}}$ – Anteile an der Übernehmerin zu gewähren, die einen Wert von $\left(1-x_{\mathrm{e,v}}\right) \cdot (\alpha + (1-\alpha) \cdot (1-\Theta)) \cdot W_{\mathrm{v}}$ aufweisen.

Für den Fall, dass kein Realvermögen übertragen wird $(\alpha = 0)$, aber eigene Anteile der *Einheit* v abgespalten werden $\left(\varphi \cdot k_{\mathrm{v}}^{eA} > 0\right)$, folgt

$$\left(1 - x_{e,v}\right) \cdot (0 + (1 - 0) \cdot (1 - \Theta)) \cdot W_v = \left(1 - x_{e,v}\right) \cdot (1 - \Theta) \cdot W_v. \quad (6.91)$$

Ein Anspruch auf die Gewährung von Anteilen an der *Einheit* e geht hier also ausschließlich darauf zurück, dass die berechtigten Anteilseigner der *Einheit* v nach der Maßnahme nur noch zu $\left(1 - x_{e,v}\right) \cdot (1 - \Theta)$ an dem bei der Überträgerin (unverändert mit einem Wert von W_v) vorhandenen Realvermögen beteiligt sind.

Spaltet die Überträgerin demgegenüber ihr gesamtes Realvermögen ab ($\alpha = 1$) und überträgt zugleich eigene Anteile $\left(\varphi \cdot k_v^{eA} > 0\right)$, dann gilt

$$\left(1 - x_{e,v}\right) \cdot (1 + (1 - 1) \cdot (1 - \Theta)) \cdot W_v = \left(1 - x_{e,v}\right) \cdot W_v. \quad (6.92)$$

Auszugleichen ist hier also ausschließlich der durch den Transfer des Realvermögens bewirkte Rückgang des Beteiligungswertes der *Einheit* v. Dass auch eigene Anteile der Überträgerin transferiert werden, macht in diesem Fall keinen Unterschied. Die Abspaltung der eigenen Anteile mindert zwar auch hier die Beteiligungsquoten der von der *Bedingung 1* erfassten Anteile, diese Beteiligungsquoten beziehen sich nun aber auf einen Wert von null.

Bei einer zugleich stattfindenden Abspaltung eines Realvermögens und eigener Anteile der Überträgerin kommt es also genau zu den zwei (oben bezogen auf den Beteiligungswert der *Einheit* v insgesamt) beschriebenen gegenläufigen Effekten: Je höher der Wert eines transferierten Realvermögens, umso stärker geht der Beteiligungswert der Überträgerin zurück. Den berechtigten Anteilseignern der *Einheit* v sind insoweit Anteile an der *Einheit* e mit einem höheren Wert zu gewähren. Zugleich sind damit für die Abspaltung der eigenen Anteile aber Anteile an der *Einheit* e mit einem niedrigeren Wert zu gewähren. Je weniger Realvermögen also transferiert wird, umso schwerer wiegt die Abspaltung eigener Anteile.

In gleicher Weise wie im Zusammenhang mit der Übertragung eines Realvermögens wirkt sich die Abspaltung eigener Anteile beim Transfer von Ansprüchen aus Fremdkapitalverträgen und Anteilen an anderen Kapitalgesellschaften des Verbundes aus.

Das schließt in diesem Zusammenhang auch die Übertragung von Anteilen an der Übernehmerin ein. Es geht hier alleine um die Auswirkungen eines entsprechenden Transfers auf den Beteiligungswert der Überträgerin.

Werden eigene Anteile der Überträgerin abgespalten und zugleich Verpflichtungen aus Fremdkapitalverträgen transferiert, sind die Auswirkungen genau umgekehrt zu denen, die der Transfer eines positiven Vermögens hat. Jede Abspaltung einer Verpflichtung aus einem Fremdkapitalvertrag führt für sich zu einer Erhöhung des Beteiligungswertes der Überträgerin. Werden zugleich eigene Anteile der *Einheit* v übertragen, dann steigt damit auch der Wert, den diese nach der Maßnahme bei der Übernehmerin aufweisen. Die Auswirkungen der Abspaltung eigener Anteile sind also umso schwerwiegender, je umfassender ein Transfer von Verpflichtungen aus Fremdkapitalverträgen ist. Im Fall der Übertragung eines (insgesamt) nicht negativen Vermögenssaldos wird insoweit den Auswirkungen der Übertragung positiver Vermögen entgegengewirkt. Bei einem Übertragungsgegenstand, der einen Wert von null hat, werden diese vollständig aufgehoben.

Wie aus (6.74) hervorgeht, ist also bei der Berechnung der für ein angemessenes Umtauschverhältnisses umzusetzenden Kapitalveränderung bei der Übernehmerin hinsichtlich aller transferierten Werte die Abspaltung eigener Anteile der Überträgerin zu berücksichtigen. Bei dem Subtrahenden $\lambda_{\mathrm{e}} \cdot x_{\mathrm{v,e}} \cdot K_{\mathrm{e}}^{II}$ in (6.74) handelt es sich demgegenüber um einen Nennkapitalbetrag und nicht um einen Wert. Für sich ist er als solches für den Wert des Übertragungsgegenstandes und damit auch für die Beteiligungswerte der *Einheit* v nach der Maßnahme ohne Bedeutung. Dementsprechend spielt – so wie der Faktor $\left(1 - x_{\mathrm{e,v}}\right)$ – der Faktor $(1 - \Theta)$ für $-\lambda_{\mathrm{e}} \cdot x_{\mathrm{v,e}} \cdot K_{\mathrm{e}}^{II}$ keine Rolle.

Die durch die Abspaltung der eigenen Anteile bewirkte Verwässerung betrifft dabei die Übernehmerin nur, insoweit sie vor der Maßnahme an der Überträgerin beteiligt ist. Auf der anderen Seite übernimmt sie sämtliche der abgespaltenen eigenen Anteile. Deren Wert nach der Maßnahme entspricht (betragsmäßig) der Wertminderung, den die vor der Maßnahme einer Beteiligung an der Überträgerin zugrunde liegenden Anteile insgesamt erleiden. Ist die Übernehmerin also vor der Maßnahme nicht Alleingesellschafterin der Überträgerin, gleicht der Wert der abgespaltenen Anteile nach der Maßnahme die durch ihre Übertragung verursachte Wertminderung der Anteile, die die *Einheit* e bereits vor der Maßnahme an der *Einheit* v hält, immer mehr als aus:

$$
\begin{aligned}
& x_{\mathrm{e,v}} \cdot (\Theta - 1) \cdot Y_{\mathrm{v}}^{nU} + \frac{\varphi \cdot k_{\mathrm{v}}^{eA}}{K_{\mathrm{v}}^{II} + \varphi \cdot k_{\mathrm{v}}^{eA}} \cdot Y_{\mathrm{v}}^{nU} \\
&= \left(x_{\mathrm{e,v}} \cdot (-1) \cdot (1 - \Theta) + (1 - \Theta)\right) \cdot Y_{\mathrm{v}}^{nU} > 0 \,|\, x_{\mathrm{e,v}} < 1
\end{aligned}
\tag{6.93}
$$

Wird zugleich mit den eigenen Anteilen der Überträgerin ein nichtnegativer Vermögenssaldo transferiert – also unter der Voraussetzung, dass $Y_{\mathrm{v}} \geq Y_{\mathrm{v}}^{nU}$ gilt – müssen den berechtigten Anteilseignern der Überträgerin für die Abspaltung der eigenen Anteile der *Einheit* v also jedenfalls Anteile an der *Einheit* e gewährt werden.

Im Ergebnis kommt es damit zu einer ***Veräußerung eigener Anteile*** (durch die *Einheit* v) ***gegen die Gewährung von Anteilen*** (an der *Einheit* e) ***an Anteilseigner der Überträgerin***.

Insoweit die Übernehmerin vor der Abspaltung an der Überträgerin beteiligt ist, sind für die Abspaltung der eigenen Anteile der *Einheit* v keine Anteile an der *Einheit* e zu gewähren. Der Transfer wirkt sich damit auf die Anteile an der Überträgerin aus, die dieser Beteiligung zugrunde liegen, also auf die Anteile, die bereits vor der Umwandlung von der Übernehmerin gehalten werden.

Für diese Anteile hat die Abspaltung eigener Anteile der Überträgerin die gleichen Konsequenzen wie für alle anderen Anteile, die vor der Maßnahme einer Beteiligung an der *Einheit* v zugrunde liegen. Zu der Wertminderung durch die Übertragung eines positiven Vermögenssaldos in Höhe von $x_{\mathrm{e,v}} \cdot \left(Y_{\mathrm{v}}^{nU} - Y_{\mathrm{v}}\right) < 0$ (bei einem Übertragungsgenstand mit einem Wert von null gilt $x_{\mathrm{e,v}} \cdot \left(Y_{\mathrm{v}}^{nU} - Y_{\mathrm{v}}\right) = 0$) kommt also eine Wertminderung in Höhe von

$$x_{\mathrm{e,v}} \cdot (\Theta - 1) \cdot Y_{\mathrm{v}}^{nU} < 0 \tag{6.94}$$

hinzu. Die dabei resultierenden Vorgänge sind grundsätzlich verschieden von denen, die im Zusammenhang mit einem Aufwärtselement bei einer (den Beteiligungswert der Überträgerin mindernden) Abspaltung eines positiven Vermögens festzustellen sind.

Die abgespaltenen eigenen Anteile sind vor der Maßnahme für die Überträgerin ohne Wert. Dementsprechend erhöhen sie auch nicht den Wert der Beteiligung der *Einheit* e an der *Einheit* v vor der Maßnahme. Anders als beim Übergang positiver Vermögen wird eine eintretende Wertminderung hier also nicht dadurch ausgeglichen, dass die Übernehmerin nach der Maßnahme unmittelbar über ein Vermögen verfügt, an dem sie vor der Umwandlung mittelbar über eine Eigenkapitalbeteiligung teilnimmt. Der Vorgang entspricht wirtschaftlich also nicht dem einer Ausschüttung oder Rückzahlung von Einlagen. Die abgespaltenen eigenen Anteile treten stattdessen neben die Anteile, die die *Einheit* e schon vor der Maßnahme an der *Einheit* v hält und gleichen deren Wertverlust aus. In diesem Zusammenhang kommt es also tatsächlich zu einem ***Tausch***. Der Wert der Anteile an der *Einheit* v, insoweit er durch die Abspaltung eigener Anteile zurückgeht, wird getauscht gegen den Wert, den die abgespaltenen Anteile auf Ebene der *Einheit* e aufweisen, insoweit dieser über eine Gewährung von Anteilen nicht den berechtigten Anteilseignern der Überträgerin zukommt. Dabei ist allerdings zu beachten, dass die Übernehmerin damit im Ergebnis zwar Anteile mit einem höheren Nennkapital hält, mit diesen aber mittelbar über dasselbe Vermögen der Überträgerin verfügt.

Abschließend ist der Fall zu betrachten, dass auch Anteile an der Übernehmerin Bestandteil des Übertragungsgegenstandes werden, der nichtnegative Wert des Übertragungsgegenstandes abzüglich des Wertes der transferierten Anteile an der *Einheit* e dabei negativ ist und diese Differenz nicht durch den Wert der abgespaltenen eigenen Anteile nach der Maßnahme ausgeglichen wird. Es gilt hier also

$$\alpha \cdot W_{\mathrm{v}} + \sum_{n}^{N} \beta_n \cdot F_{\mathrm{v},n} + \sum_{\substack{n \\ n \neq \mathrm{e}}}^{N} \left(x_{\mathrm{v},n} + \lambda_n \cdot x_{\mathrm{v},n}\right) \cdot Y_n - \sum_{n}^{N} \gamma_n \cdot F_{n,\mathrm{v}} + \frac{\varphi \cdot k_{\mathrm{v}}^{eA}}{K_{\mathrm{v}}^{II} + \varphi \cdot k_{\mathrm{v}}^{eA}} \cdot Y_{\mathrm{v}}^{nU} < 0. \tag{6.95}$$

Die Abspaltung ist dann ein kombinierter Vorgang, bestehend aus einer ***Veräußerung eigener Anteile*** (durch die *Einheit* v) ***gegen die Gewährung von Anteilen*** (an der *Einheit* e) ***an Anteilseigner der Überträgerin*** und dem ***Erwerb eigener Anteile*** (durch die *Einheit* e) ***gegen die Übernahme von Verpflichtungen*** aus Fremdkapitalverträgen. Letzterer findet dabei nach der dargestellten Systematik statt, bis der resultierende Rückgang des Beteiligungswertes der Übernehmerin über die Minderung des effektiven Nennkapitals ausgeglichen ist. Insoweit die übergehenden Anteile dabei nach der Maßnahme nicht als eigene Anteile bei der Übernehmerin verbleiben müssen, können sie nach § 125 S. 1 i. V. m. §§ 54 Abs. 1 S. 2 Nr. 2, 68 Abs. 1 S. 2 Nr. 2 UmwG den berechtigten Anteilseignern der Überträgerin für die Abspaltung der eigenen Anteile (der *Einheit* v) gewährt werden.

6.1.3.2.4.2 Abspaltung eigener Anteile bei Übertragung eines negativen Vermögenssaldos

Der Beteiligungswert der Überträgerin steigt im Zuge der Abspaltung $\left(Y_{\mathrm{v}}^{nU} > Y_{\mathrm{v}}\right)$, wenn der Übertragungsgegenstand insgesamt einen negativen Vermögenssaldo aufweist, der negative Wert der transferierten Verpflichtungen aus Fremdkapitalverträgen also durch den positiven Wert abgespaltenen Vermögens nicht ausgeglichen wird. Eine zugleich stattfindende Abspaltung eigener Anteile der Überträgerin ändert daran nichts.

Die Übernahme eines insgesamt negativen Vermögenssaldos führt zu einer Minderung des Beteiligungswertes der Übernehmerin, die (betragsmäßig) der Steigerung des Beteiligungswertes der Überträgerin entspricht $\left(-\left(Y_{\mathrm{v}}^{nU} - Y_{\mathrm{v}}\right)\right)$. Hält die *Einheit* e vor der Maßnahme Anteile an der *Einheit* v, nimmt sie insoweit an der Steigerung von Y_{v} teil $\left(x_{\mathrm{e,v}} \cdot \left(Y_{\mathrm{v}}^{nU} - Y_{\mathrm{v}}\right)\right)$. Für $x_{\mathrm{e,v}} < 1$ geht die Vermögensübertragung also mit einer Minderung des Beteiligungswertes der Übernehmerin einher, die nach *Bedingung 2* eines angemessenen Umtauschverhältnisses nicht zulässig ist. Werden auch eigene Anteile abgespalten, dann muss deren Wert nach der Maßnahme $\left(\left(\varphi \cdot k_{\mathrm{v}}^{eA} / \left(K_{\mathrm{v}}^{II} + \varphi \cdot k_{\mathrm{v}}^{eA}\right)\right) \cdot Y_{\mathrm{v}}^{nU}\right)$ diese Minderung also wenigstens ausgleichen, so dass im Ergebnis $Y_{\mathrm{e}}^{nU} \geq Y_{\mathrm{e}}$ gilt.

In (6.74) stellt sich dieser Zusammenhang so dar, dass für die Abspaltung eines negativen Vermögenssaldos für sich $\Delta K_{\mathrm{e}}^{II} < -\lambda_{\mathrm{e}} \cdot x_{\mathrm{v,e}} \cdot K_{\mathrm{e}}^{II} (< 0)$ folgt.[37] Die Situation lässt sich hier also auch so interpretieren, dass die übertragenen Anteile an der Übernehmerin nicht ausreichen, um die Minderung des Beteiligungswertes durch die Übernahme des sonstigen Übertragungsgenstandes auszugleichen, indem sie zu neuen und zusätzlichen eigenen Anteilen werden. Es müssen also zugleich eigene Anteile abgespalten werden, so dass mit einem entsprechenden Θ (wie dargestellt, bezieht sich Θ auf alle bei der Überträgerin verbleibenden Vermögensteile) und damit unter Berücksichtigung des steigenden Beteiligungswertes der *Einheit* v für die bei der *Einheit* e umzusetzende Kapitalveränderung $\Delta K_{\mathrm{e}}^{II} \geq -\lambda_{\mathrm{e}} \cdot x_{\mathrm{v,e}} \cdot K_{\mathrm{e}}^{II}$ gilt und die Maßnahme damit umgesetzt werden kann.

Für den Wert der abgespaltenen eigenen Anteile muss vor diesem Hintergrund also

$$\begin{aligned} Y_{\mathrm{e}}^{nU} - Y_{\mathrm{e}} = {} & \frac{\varphi \cdot k_{\mathrm{v}}^{eA}}{K_{\mathrm{v}}^{II} + \varphi \cdot k_{\mathrm{v}}^{eA}} \cdot Y_{\mathrm{v}}^{nU} + x_{\mathrm{e,v}} \cdot \left(Y_{\mathrm{v}}^{nU} - Y_{\mathrm{v}}\right) \\ & + x_{\mathrm{e,v}} \cdot (\Theta - 1) \cdot Y_{\mathrm{v}}^{nU} - \left(Y_{\mathrm{v}}^{nU} - Y_{\mathrm{v}}\right) \geq 0 \\ \Leftrightarrow {} & \frac{\varphi \cdot k_{\mathrm{v}}^{eA}}{K_{\mathrm{v}}^{II} + \varphi \cdot k_{\mathrm{v}}^{eA}} \cdot Y_{\mathrm{v}}^{nU} \geq Y_{\mathrm{v}}^{nU} - Y_{\mathrm{v}} \end{aligned} \tag{6.96}$$

gelten. $x_{\mathrm{e,v}} \cdot (\Theta - 1) \cdot Y_{\mathrm{v}}^{nU}$ beschreibt dabei die Auswirkungen der resultierenden Verwässerung der Anteile an der *Einheit* v, die die *Einheit* e schon vor der Maßnahme hält.[38]

Für diese Anteile wird dabei wie für alle Anteile, die vor der Maßnahme einer Beteiligung an der *Einheit* v zugrunde liegen, der Effekt der Teilnahme an

---

[37] Mit (6.69) würde dann für das Nennkapital der den berechtigten Anteilseignern der *Einheit* v zu gewährenden Anteile $k_{\mathrm{e}}^{gA} = \Delta K_{\mathrm{e}}^{II} + \lambda_{\mathrm{e}} \cdot x_{\mathrm{v,e}} \cdot K_{\mathrm{e}}^{II} < 0$ resultieren.

[38] Vgl. dazu (6.89). Es gilt hier:

$$x_{\mathrm{e,v}} \cdot (\Theta - 1) \cdot Y_{\mathrm{v}}^{nU} = -x_{\mathrm{e,v}} \cdot \frac{\varphi \cdot k_{\mathrm{v}}^{eA}}{K_{\mathrm{v}}^{II} + \varphi \cdot k_{\mathrm{v}}^{eA}} \cdot Y_{\mathrm{v}}^{nU}.$$

dem höheren Beteiligungswert der Überträgerin durch ihre Verwässerung aufgehoben, insoweit die Abspaltung eigener Anteile die Übertragung eines negativen Vermögenssaldos genau ausgleicht.

Im Ergebnis resultiert hier eine Situation, die wirtschaftlich übereinstimmt mit der ***Veräußerung eigener Anteile*** außerhalb von Umwandlungen. Die Überträgerin veräußert die eigenen Anteile gegen die ***Abgabe von Verpflichtungen*** aus Fremdkapitalverträgen. Das geschieht im Umfang des transferierten negativen Vermögenssaldos. Der Wert der abgespaltenen eigenen Anteile nach der Maßnahme entspricht also betragsmäßig dem transferierten negativen Vermögenssaldo. Der Beteiligungswert der Übernehmerin bleibt vor diesem Hintergrund unverändert. Auf der anderen Seite steigt der Beteiligungswert der Überträgerin mit dem Abgang des negativen Vermögenssaldos genau um den Wert der abgespaltenen eigenen Anteile nach der Maßnahme. Von dem zusätzliche Beteiligungswert profitieren die alten Beteiligungen an der Überträgerin also nicht. Damit bleibt auch der Wert von Anteilen an der *Einheit* v gleich, die vor der Abspaltung von der *Einheit* e gehalten werden. Auch bei einer Beteiligung der Übernehmerin an der Überträgerin vor der Maßnahme ist insoweit also kein Aufwärtselement festzustellen.

Gleicht die Abspaltung eigener Anteile die Übertragung eines negativen Vermögenssaldos genau aus und sind auch Anteile an der Übernehmerin Bestandteil des Übertragungsgegenstandes, steht diesen (den Anteilen an *Einheit* e) in voller Höhe ihres Wertes vor der Abspaltung ein negativer Wert übertragener Verpflichtungen aus Fremdkapitalverträgen gegenüber. Mit der Übernahme dieser Verpflichtungen wird der Beteiligungswert der *Einheit* e kleiner. Auszugleichen ist das auch hier, indem die transferierten Anteile an der *Einheit* e zu neuen und zusätzlichen eigenen Anteilen werden. Es kommt hier also wieder zu einer Situation, die wirtschaftlich mit dem ***Erwerb eigener Anteile*** (durch die *Einheit* e) ***gegen die Übernahme von Verpflichtungen*** aus Fremdkapitalverträgen übereinstimmt.

Wird also ein insgesamt negativer Vermögenssaldo transferiert, wobei der Übertragungsgenstand auch Anteile an der Übernehmerin enthält, und werden zugleich eigene Anteile der Überträgerin abgespalten, kommt es gleichzeitig zu einem ***Erwerb eigener Anteile*** (durch die *Einheit* e) ***gegen die Übernahme von Verpflichtungen*** aus Fremdkapitalverträgen und einer ***Veräußerung eigener Anteile*** (durch die *Einheit* v) ***gegen die Abgabe von Verpflichtungen*** aus Fremdkapitalverträgen.

Insoweit der Transfer eigener Anteile die Übertragung eines negativen Vermögenssaldos mehr als ausgleicht, entspricht der Vorgang der Abspaltung eigener Anteile bei einem Übertragungsgegenstand, der im Übrigen einen Wert von null aufweist. Trotz der Übertragung eines negativen Vermögenssaldos resultiert insgesamt eine Wertminderung aller Anteile, die vor der Maßnahme einer Beteiligung an der Überträgerin zugrunde liegen. Es kommt demnach zu den oben beschriebenen Vorgängen einer ***Veräußerung eigener Anteile*** (durch die *Einheit* v) ***gegen die Gewährung von Anteilen*** (an der *Einheit* e) ***an Anteilseigner der Überträgerin***, insoweit die Übernehmerin vor der Maßnahme nicht an der Überträgerin beteiligt ist. Insoweit eine solche Beteiligung existiert, kommt es zu einem ***Tausch***. Sind dabei auch Anteile an der Übernehmerin Bestandteil des Übertragungsgenstandes, können diese auch weiterhin nicht für ihren eigenen Transfer gewährt werden. Nach § 125 S. 1 i. V. m. §§ 54 Abs. 1 S. 2 Nr. 2, 68 Abs. 1 S. 2 Nr. 2 UmwG ist es aber möglich sie den berechtigten Anteilseignern der Überträgerin (gegebenenfalls teilweise) für die Abspaltung der eigenen Anteile zu gewähren.

6.1.3.2.5 Das Verhältnis von Abspaltung zu Verschmelzung

Wie bei einer Verschmelzung von Kapitalgesellschaften geht es auch bei einer Abspaltung um die Umstrukturierung von Finanzierungsbeziehungen.

Bei einer Abspaltung wird der Übertragungsgegenstand dabei nicht durch die Ausstattung der Überträgerin vor der Maßnahme festgelegt. Es kommt immer auf seine faktische Bestimmung an.

Werden im Zuge einer Abspaltung Realvermögen, Anteile an anderen Kapitalgesellschaften – einschließlich solcher an der Übernehmerin – sowie Ansprüche und Verpflichtungen aus Fremdkapitalverträgen übertragen, resultieren die gleichen Systematiken wie bei einer entsprechenden Vermögensübertragung im Zuge einer Verschmelzung. Die wirtschaftlichen Vorgänge und Ergebnisse treten ein, insoweit eine Position tatsächlich transferiert wird.

Das bedeutet im Ergebnis, dass eine Verschmelzung in der Systematik einer Abspaltung einen Vorgang darstellt, bei dem für jeden Bestandteil der Ausstattung der Überträgerin ein vollständiger Transfer festgelegt wird.

Ein beliebig kleines positives Vermögen, das bei der Überträgerin verbleibt, führt zu einer Abspaltung. Wird auch dieses (Rest-)Vermögen transferiert, kommt es zu einer Verschmelzung. Die Auswirkungen dieser (letzten zusätzlichen) Vermögensübertragung unterscheiden sich aber nicht von denen jeder anderen Erweiterung des Übertragungsgegenstandes. Wirtschaftlich macht es keinen Unterschied, ob eine Kapitalgesellschaft und die an ihr gehaltenen Anteile untergehen oder ob eine Beteiligung fortbesteht und die ebenfalls fortbestehenden Anteile an einem Beteiligungswert von null teilnehmen.

Bei einer Verschmelzung zur Aufnahme handelt es sich damit um einen Sonderfall (den Grenzfall) einer Abspaltung zur Aufnahme.

Entsprechende systematische Übereinstimmungen gibt es – trotz des Untergangs der Überträgerin im Zuge einer Verschmelzung – auch im Zusammenhang mit den Auswirkungen der Abspaltung eigener Anteile. Der Wert, den abgespaltene eigene Anteile nach der Maßnahme bei der *Einheit* e aufweisen, hängt vom Beteiligungswert der *Einheit* v nach der Umwandlung ab. Bei einer Verschmelzung wird die gesamte Ausstattung der Überträgerin transferiert und der Beteiligungswert der Gesellschaft fällt weg. Wirtschaftlich entspricht das dem (oberen) Grenzfall bei der Beurteilung der Folgen einer Abspaltung eigener Anteile. Würde die Überträgerin nicht untergehen, sondern mit einem Beteiligungswert von null fortbestehen, wäre auch der Transfer eigener Anteile – im Sinne einer Vollübertragung wäre dabei $\varphi = 1$ festzulegen – möglich. Die auf sie nach der Maßnahme zurückgehende Beteiligung (bei der *Einheit* e) hätte dann aber einen Wert von null. Wirtschaftlich unterscheidet sich das offenkundig nicht von einem Untergang der eigenen Anteile. Auch unter Berücksichtigung der Möglichkeit, dem Übertragungsgegenstand eigene Anteile zuzuordnen, folgen Abspaltung und Verschmelzung also derselben Systematik.

Dementsprechend lässt auch eine Abspaltung die Komplexität von Finanzierungsbeziehungen grundsätzlich unverändert oder sie reduziert diese Komplexität. Der Unterschied zu einer Verschmelzung besteht lediglich darin, dass diese gegebenenfalls zu einer weitergehenden Vereinfachung führt.

Eine Zunahme der Komplexität der Finanzierungsbeziehungen kann bei einer Abspaltung insgesamt nur bei der Übertragung eigener Anteile resultieren. Das ist dann aber gerade nicht die Folge einer komplexeren Finanzierung eines abgespaltenen Vermögens, sondern die Folge einer komplexeren Finanzierung des bei der Überträgerin verbleibenden Vermögens.

Vor dem Hintergrund der ermittelten wirtschaftlichen Vorgänge und Ergebnisse lässt sich allgemein für das Verhältnis einer Abspaltung zur Aufnahme und einer Verschmelzung zur Aufnahme mit zwei umzuwandelnden Rechtsträgern feststellen, dass es sich bei den beiden Umwandlungen nicht um gegensätzliche Vorgänge handelt. Schon eine Unterscheidung, dass bei einer Spaltung Vermögen aufgeteilt wird und bei einer Verschmelzung Vermögen zusammengeführt wird,[39] ist hier nicht sinnvoll. Es wird dabei einmal ausgehend von der Position der Überträgerin (bei der Spaltung) und einmal ausgehend von der Position der Übernehmerin (bei der Verschmelzung) argumentiert. Verschmelzung und

[39] Vgl. so aber z. B. Galla/Cé. Müller in Henssler/Strohn/Galla/Cé. Müller (2024), § 123 UmwG, Rn. 1; Hörtnagl in Schmitt/Hörtnagl (2024), § 123 UmwG, Rn. 3; Lieder in Lutter (2024), § 123 UmwG, Rn. 2.

Spaltung werden also lediglich von unterschiedlichen Seiten betrachtet. Tatsächlich stimmen die betrachteten Abspaltungen und Verschmelzungen hinsichtlich ihrer wirtschaftlichen Systematik überein.[40] Dabei stellt die Abspaltung den allgemeinen Fall dar und die Verschmelzung einen (insoweit) vereinfachenden Grenzfall.

6.1.3.2.6 Zusammenfassung

Bei den hier betrachteten Abspaltungen geht es wie bei den zuvor betrachteten Verschmelzungen um die Neufassung der Finanzierungsbeziehungen von Kapitalgesellschaften.

Fremdfinanzierungen sind dabei für sich wieder insoweit betroffen, wie die Übernehmerin in bisher von der Überträgerin besetzte Gläubiger- oder Schuldnerpositionen eintritt. In diesen Fällen gehen die gegenseitigen Positionen durch Konfusion unter, so dass die Komplexität der Fremdfinanzierungsbeziehungen insgesamt kleiner wird. Zu neuen und zusätzlichen Fremdfinanzierungen kann es durch eine Abspaltung nicht kommen.

Die Hauptsache (auch) von Abspaltungen ist die Neuordnung von Eigenfinanzierungen.

Mit Abspaltungen und Verschmelzungen zur Aufnahme kommt es systematisch zu den gleichen wirtschaftlichen Vorgängen und Ergebnissen. Mit der sie kennzeichnenden Vollübertragung stellt eine Verschmelzung den Grenzfall im Rahmen der durch eine Abspaltung festgelegten allgemeinen Struktur dar.

Anders als bei einer Verschmelzung sind die wirtschaftlichen Vorgänge und Ergebnisse, zu denen es mit einer Abspaltung kommt, nicht durch die Ausstattung der Überträgerin und die finanziellen Verflechtungen der umzuwandelnden Gesellschaften vor der Maßnahme festgelegt. Entscheidend ist stattdessen immer die konkrete Bestimmung des Übertragungsgegenstandes. Dabei ist zu unterscheiden, ob ein Übertragungsgegenstand mit einem Wert von wenigstens null bestimmt wird oder es zur Übertragung eines negativen Vermögenssaldos kommt.

Abspaltung eines nicht negativen Vermögenssaldos

Sind die Werte des übergehenden Realvermögens, der transferierten Ansprüche und Verpflichtungen aus Fremdkapitalverträgen und der Anteile an dritten Kapitalgesellschaften zusammengenommen positiv, dann gehen der Übernehmerin, insoweit sie vor der Maßnahme nicht an der Überträgerin beteiligt ist, damit neue Eigenmittel zu. Der Beteiligungswert der Überträgerin wird in entsprechendem

---

[40] Es gibt insoweit also nicht nur eine „gewisse systematische Parallele“ (Lieder in Lutter (2024), § 123 UmwG, Rn. 2).

Umfang kleiner. Den ausgleichsberechtigten Anteilseignern der Überträgerin sind damit Anteile an der Übernehmerin zu gewähren. Der Vorgang stellt insoweit eine ***mittelbare Einlage*** dar.

Insoweit die Übernehmerin vor der Maßnahme an der Überträgerin beteiligt ist, tritt ein positiver Saldo der Werte des übergehenden Realvermögens und der transferierten Ansprüche und Verpflichtungen aus Fremdkapitalverträgen an die Stelle des durch die Vermögensübertragung wegfallenden Teils des Wertes der dieser Beteiligung zugrunde liegenden Anteile. Eine Anteilsgewährung hat nicht stattzufinden. Insoweit kommt es mit einer Abspaltung zu einer ***Ausschüttung oder Rückzahlung von Einlagen***.

Bei der Abspaltung von Anteilen an der Übernehmerin wird der Beteiligungswert der Überträgerin im Umfang des Wertes dieser Anteile vor der Maßnahme kleiner. Den Beteiligungswert der Übernehmerin erhöhen diese Anteile unabhängig von ihrem Verbleib nicht. Insoweit die Übernehmerin vor der Maßnahme nicht an der Überträgerin beteiligt ist, sind den berechtigten Anteilseignern der Überträgerin Anteile an der Übernehmerin zu gewähren, die ein Nennkapital haben, das dem Nennkapital der transferierten Anteile entspricht. Es kommt zu einem ***Erwerb einer Beteiligung der Überträgerin an der Übernehmerin durch Anteilseigner der Überträgerin***.

Insoweit die Übernehmerin vor der Maßnahme an der Überträgerin beteiligt ist, führt die Abspaltung von Anteilen an der Übernehmerin zur (teilweisen) Auflösung des wechselseitigen Beteiligungsverhältnisses der umzuwandelnden Gesellschaften. Insoweit dessen Wert vor der Maßnahme auf die Übernehmerin entfällt, führt das bei der Übernehmerin zu einem Rückgang des Beteiligungswertes und damit zur Notwendigkeit, ihr effektives Nennkapital zu mindern. Die übergehenden Anteile müssen insoweit zu neuen und zusätzlichen eigenen Anteilen werden oder sie sind für die Übertragung eines im Übrigen transferierten positiven Vermögenssaldos zu gewähren. Insoweit handelt es sich bei der Maßnahme um einen ***umwandlungsspezifischen Vorgang***.

Ist der Wert des Übertragungsgegenstandes ohne die darin enthaltenen Anteile an der Übernehmerin negativ, führt die Maßnahme zu einem Rückgang des Beteiligungswertes der Überträgerin. Die transferierten Anteile müssen insoweit zu neuen und zusätzlichen eigenen Anteilen der Übernehmerin werden. Insoweit kommt es mit einer Abspaltung zu einem ***Erwerb eigener Anteile*** (durch die *Einheit* e) ***gegen die Übernahme von Verpflichtungen*** aus Fremdkapitalverträgen.

Werden eigene Anteile abgespalten, führt das zu einer Verwässerung aller vor der Maßnahme bestehenden Beteiligungen an der Überträgerin. Die Auswirkungen hängen dabei vom Wert des im Übrigen transferierten Vermögens ab. Dementsprechend sind den berechtigten Anteilseignern der Überträgerin Anteile zu gewähren, insoweit die Übernehmerin vor der Maßnahme nicht an der Überträgerin beteiligt ist. Bei einer Abspaltung handelt es sich insoweit um die ***Veräußerung eigener Anteile*** (der *Einheit* v) ***gegen die Gewährung von Anteilen an Anteilseigner der Überträgerin***.

Insoweit die Übernehmerin vor der Maßnahme an der Überträgerin beteiligt ist, tritt der Wert, den die abgespaltenen eigenen Anteile nach der Maßnahme auf Ebene der Übernehmerin aufweisen, an die Stelle des durch die Verwässerung wegfallenden Wertes der Anteile an der Überträgerin, die die Übernehmerin schon vor der Maßnahme hält. Insoweit handelt es sich bei der Umwandlung um einen ***Tausch***.

Abspaltung eines negativen Vermögenssaldos

Die Abspaltung eines insgesamt negativen Vermögenssaldos ist nur möglich, wenn zugleich auch eigene Anteile der Überträgerin transferiert werden.

Insoweit der Wert, den die abgespaltenen eigenen Anteile nach der Maßnahme auf Ebene der Übernehmerin aufweisen, die Übernahme eines negativen Vermögenssaldos ***genau ausgleicht***, kommt es mit der Abspaltung zu einer ***Veräußerung eigener Anteile gegen die Abgabe von Verpflichtungen*** aus Fremdkapitalverträgen.

Sind dabei auch Anteile an der Übernehmerin Bestandteil des Übertragungsgegenstandes, kommt es zu einem Rückgang des Beteiligungswertes der *Einheit* e; das effektive Nennkapital der Gesellschaft ist also zu mindern. Die Anteile an der Übernehmerin müssen demnach (in vollem Umfang) zu neuen und zusätzlichen eigenen Anteilen werden. Insoweit handelt es sich der Abspaltung um einen ***Erwerb eigener Anteile*** (durch die *Einheit* e) ***gegen die Übernahme von Verpflichtungen*** aus Fremdkapitalverträgen.

Insoweit der Wert, den die abgespaltenen eigenen Anteile nach der Maßnahme auf Ebene der Übernehmerin aufweisen, die Übernahme eines negativen Vermögenssaldos ***mehr als ausgleicht***, sind den berechtigten Anteilseignern der Überträgerin Anteile an der Übernehmerin zu gewähren. Insoweit kommt es zu einer ***Veräußerung eigener Anteile*** (der *Einheit* v) ***gegen die Gewährung von Anteilen an Anteilseigner der Überträgerin***. Gegebenenfalls können dabei Anteile an der Übernehmerin verwendet werden, die für ihren eigenen Transfer nicht gewährt werden dürfen.

Grundsätzlich lässt eine Abspaltung vor dem Hintergrund der beschriebenen Vorgänge die Komplexität der Eigenfinanzierungsbeziehungen in der Gruppe wenigstens unverändert und führt regelmäßig dazu, dass diese Komplexität abnimmt und die Umsetzung des dem Verbund zugrundeliegenden Realinvestitionsobjektes unmittelbarer stattfindet.

Nur mit der Abspaltung eigener Anteile kann es zu zusätzlichen eigenfinanzierten Werten – also zu insgesamt komplexeren Finanzierungbeziehungen – kommen. Das ist dabei immer auf eine komplexere Finanzierung des bei der Überträgerin verbleibenden Vermögens zurückzuführen. Bei der Übertragung eines negativen Vermögenssaldos und einer zugleich stattfindenden Abspaltung eigener Anteile kommt es dabei zu einer Steigerung des Beteiligungswertes der Überträgerin.

6.1.4 Ausgliederung

6.1.4.1 Durchführung

6.1.4.1.1 Entwicklung der Überträgerin

Bei einer Ausgliederung zur Aufnahme mit $|U| = 2$ transferiert die Überträgerin einen Teil ihres Vermögens oder ihr gesamtes Vermögen und besteht nach der Maßnahme fort. Dabei ist die Ausgliederung von Realvermögen, Ansprüchen und Verpflichtungen aus Fremdkapitalverträgen, Anteilen an anderen Kapitalgesellschaften und eigenen Anteilen möglich. Für die Darstellung der jeweils transferierten Teile werden weiterhin die Variable α und die Vektoren $\boldsymbol{\beta}$, $\boldsymbol{\lambda}$ sowie $\boldsymbol{\gamma}$ verwendet; die Darstellung der Übertragung eigener Anteile der *Einheit* v erfolgt unverändert mit $\varphi \cdot k_{\mathrm{v}}^{eA}$ und Θ.[41]

Bei der Überträgerin verbleiben die im Zuge der Maßnahme nicht transferierten Vermögensteile mit ihren anteiligen Werten.

Die Werte von Anteilen an dritten Kapitalgesellschaften bleiben dabei gleich, unabhängig davon, wo sich diese Anteile nach der Maßnahme befinden. Das gilt also auch für entsprechende Anteile, die vor und nach der Ausgliederung von der *Einheit* v gehalten werden. Die Ausführungen zur Entwicklung des Wertes solcher Anteile bei Verschmelzungen und Abspaltungen lassen sich hier ohne Einschränkungen übertragen.

Für die Vermögensübertragung sind ausschließlich der Überträgerin Anteile an der Übernehmerin zu gewähren. Das Nennkapital der gewährten Anteile wird weiterhin mit k_{e}^{gA} bezeichnet. Mit dem Nennkapital dieser Anteile und dem Nennkapital der Anteile an der Übernehmerin, die die Überträgerin vor der Maßnahme hält und nicht ausgliedert, haben die nach der Maßnahme von der *Einheit* v gehaltenen Anteile an der *Einheit* e also insgesamt ein Nennkapital

[41] Wieder folgt dabei wegen $F_{\mathrm{v,v}} = 0$ immer $\beta_{\mathrm{v}} \cdot F_{\mathrm{v,v}} = \gamma_{\mathrm{v}} \cdot F_{\mathrm{v,v}} = 0$ und weil $x_{\mathrm{v,v}} = 0$ und damit $x_{\mathrm{v,v}} \cdot Y_{\mathrm{v}} = 0$ gelten, folgt immer $\lambda_{\mathrm{v}} \cdot x_{\mathrm{v,v}} \cdot Y_{\mathrm{v}} = 0$.

von $k_{\mathrm{e}}^{gA} + (1 - \lambda_{\mathrm{e}}) \cdot x_{\mathrm{v,e}} \cdot K_{\mathrm{e}}^{II}$, das sich auf das effektive Nennkapital der Übernehmerin nach der Umwandlung $\left(K_{\mathrm{e}}^{II,nU} = K_{\mathrm{e}}^{II} + \Delta K_{\mathrm{e}}^{II}\right)$ bezieht. Es resultiert die Beteiligungsquote

$$x_{\mathrm{v,e}}^{nU} = \frac{k_{\mathrm{e}}^{gA} + (1 - \lambda_{\mathrm{e}}) \cdot x_{\mathrm{v,e}} \cdot K_{\mathrm{e}}^{II}}{K_{\mathrm{e}}^{II} + \Delta K_{\mathrm{e}}^{II}}. \tag{6.97}$$

In diesem Umfang nimmt die Überträgerin also am Beteiligungswert der Übernehmerin nach der Ausgliederung teil.

Wieder besteht also im Zusammenhang mit Anteilen an der Übernehmerin, die vor und nach der Maßnahme von der Überträgerin gehalten werden, eine Abhängigkeit von der bis hier nicht bekannten Kapitalveränderung, die im Zuge der Maßnahme bei der *Einheit* e umzusetzen ist $\left(\Delta K_{\mathrm{e}}^{II}\right)$ und dem bis hier nicht bekannten Beteiligungswert der *Einheit* e nach der Maßnahme $\left(Y_{\mathrm{e}}^{nU}\right)$.[42]

Die Ausgliederung eigener Anteile der Überträgerin führt zu einer Verwässerung aller bestehenden Beteiligungen an der Gesellschaft. Die diesbezüglich in (6.55) für Abspaltungen dargestellten Beziehungen gelten auch hier. Es folgen also

$$\begin{aligned} &x_{n,\mathrm{v}} \cdot \frac{K_{\mathrm{v}}^{II}}{K_{\mathrm{v}}^{II} + \varphi \cdot k_{\mathrm{v}}^{eA}} \quad \forall\, n \in N \mid \neg \mathrm{v}, \\ &x_{m,\mathrm{v}} \cdot \frac{K_{\mathrm{v}}^{II}}{K_{\mathrm{v}}^{II} + \varphi \cdot k_{\mathrm{v}}^{eA}} \quad \forall\, m \in M. \end{aligned} \tag{6.98}$$

Unter Verwendung von Θ entspricht das

$$\begin{aligned} &x_{n,\mathrm{v}} \cdot \Theta \quad \forall\, n \in N \mid \neg \mathrm{v}, \\ &x_{m,\mathrm{v}} \cdot \Theta \quad \forall\, m \in M. \end{aligned} \tag{6.99}$$

Eigene Anteile sind vor der Maßnahme für die Überträgerin ohne Wert. Ihre Ausgliederung hat für sich also keine Auswirkungen auf den Beteiligungswert der Gesellschaft.

---

[42] Dazu, dass die *Bedingung 2* eines angemessenen Umtauschverhältnisses bei Ausgliederungen mit der *Bedingung 2* bei Abspaltungen (beziehungsweise Verschmelzungen) übereinstimmt und der Wert von Anteilen an der *Einheit* e, die die *Einheit* v vor der Maßnahme hält und nicht ausgliedert, dementsprechend vor und nach der Umwandlung übereinstimmt, in 6.1.4.1.3.

Für den Beteiligungswert der übertragenden *Einheit* v nach der Ausgliederung folgt vor diesem Hintergrund

$$\begin{aligned}Y_{\mathrm{v}}^{nU} &= (1-\alpha)\cdot W_{\mathrm{v}}\\ &+\sum_{n}^{N}(1-\beta_n)\cdot F_{\mathrm{v},n}\\ &+\sum_{\substack{n\\ n\neq \mathrm{e}}}^{N}(1-\lambda_n)\cdot x_{\mathrm{v},n}\cdot Y_n+\frac{k_{\mathrm{e}}^{gA}+(1-\lambda_{\mathrm{e}})\cdot x_{\mathrm{v,e}}\cdot K_{\mathrm{e}}^{II}}{K_{\mathrm{e}}^{II}+\Delta K_{\mathrm{e}}^{II}}\cdot Y_{\mathrm{e}}^{nU}\\ &-\sum_{n}^{N}(1-\gamma_n)\cdot F_{n,\mathrm{v}}\end{aligned} \tag{6.100}$$

Auch bei einer Ausgliederung kann der Übertragungsgegenstand grundsätzlich beliebig festgelegt werden. Anders als bei einer Abspaltung sind der Überträgerin selbst und nicht ihren Anteilseignern Anteile an der Übernehmerin für die Vermögensübertragung zu gewähren. Deshalb ist es bei einer Ausgliederung auch möglich, das gesamte Vermögen der *Einheit* v dem Übertragungsgegenstand zuzuordnen.[43]

Tatsächlich ist es durch ein nicht verhältnismäßiges Zurückbehalten von Verpflichtungen aus Fremdkapitalverträgen auch möglich, dass ein positives Vermögen ausgegliedert wird, dessen Wert den Beteiligungswert der Überträgerin vor der Maßnahme übersteigt.

Wie die Abspaltung ist auch die Ausgliederung eines negativen Vermögenssaldos vor dem Hintergrund der *Bedingung 2* eines angemessenen Umtauschverhältnisses grundsätzlich nicht umsetzbar. Es wird sich aber zeigen, dass eine entsprechende Festlegung des Übertragungsgegenstandes wieder möglich ist, wenn zugleich eigene Anteile der Überträgerin ausgegliedert werden.

6.1.4.1.2 Entwicklung der Übernehmerin

Die Übernahme des Vermögens wirkt sich bei der *Einheit* e grundsätzlich nicht anders aus als bei Abspaltungen. Das gilt auch, wenn unmittelbare Ansprüche oder Verpflichtungen aus Fremdkapitalverträgen gegenüber der Übernehmerin ausgliedert werden. Die entsprechenden (anteiligen) Positionen gehen durch Konfusion unter.

---

[43] Vgl. dazu 5.5.1.

Im Zusammenhang mit der Übertragung von Anteilen an der Übernehmerin sind die Wahlrechte der §§ 54 Abs. 1 S. 2 Nr. 1 u. 2, 68 Abs. 1 S. 2 Nr. 1 u. 2 UmwG nach § 125 S. 1 UmwG auch bei Ausgliederungen entsprechend anzuwenden.[44] Ausgegliederte Anteile an der Übernehmerin werden damit zu neuen eigenen Anteilen oder sie werden im Zuge der Maßnahme für die Vermögensübertragung gewährt, das heißt zurück auf die Überträgerin transferiert. Unabhängig von ihrem Verbleib erhöhen die Anteile den Beteiligungswert der Übernehmerin nach der Maßnahme nicht.

Ausgegliederte eigene Anteile der Überträgerin treten wie bei Abspaltungen neben die Anteile an der Überträgerin, die die Übernehmerin schon vor der Maßnahme hält. Insgesamt resultiert die (mit der in (6.57) dargestellten Beteiligungsquote übereinstimmende) Beteiligungsquote

$$x_{\mathrm{e,v}}^{nU} = \frac{x_{\mathrm{e,v}} \cdot K_{\mathrm{v}}^{II} + \varphi \cdot k_{\mathrm{v}}^{eA}}{K_{\mathrm{v}}^{II} + \varphi \cdot k_{\mathrm{v}}^{eA}}. \tag{6.101}$$

Insgesamt folgt für den Beteiligungswert der Übernehmerin nach einer Ausgliederung

$$\begin{aligned} Y_{\mathrm{e}}^{nU} &= W_{\mathrm{e}} + \alpha \cdot W_{\mathrm{v}} \\ &+ \sum_{n}^{N} F_{\mathrm{e},n} + \sum_{n}^{N} \beta_n \cdot F_{\mathrm{v},n} \\ &+ \sum_{\substack{n \\ n \neq \mathrm{e}}}^{N} \left(x_{\mathrm{e},n} + \lambda_n \cdot x_{\mathrm{v},n}\right) \cdot Y_n + \frac{x_{\mathrm{e,v}} \cdot K_{\mathrm{v}}^{II} + \varphi \cdot k_{\mathrm{v}}^{eA}}{K_{\mathrm{v}}^{II} + \varphi \cdot k_{\mathrm{v}}^{eA}} \cdot Y_{\mathrm{v}}^{nU} \\ &- \sum_{n}^{N} F_{n,\mathrm{e}} - \sum_{n}^{N} \gamma_n \cdot F_{n,\mathrm{v}}. \end{aligned} \tag{6.102}$$

6.1.4.1.3 Bedingungen eines angemessenen Umtauschverhältnisses

Bei einer Ausgliederung transferiert die Überträgerin Vermögen und erhält dafür Anteile an der Übernehmerin. Es findet also kein Anteilstausch statt. Die *Bedingung 1* eines angemessenen Umtauschverhältnisses bei einer Ausgliederung ist damit grundsätzlich verschieden von der *Bedingung 1* bei Verschmelzungen und

---

44 Vgl. dazu 5.5.2.

Spaltungen. Anstatt einer Menge auf die Anteilseigner bezogener Gleichungen gibt es eine einzelne Vorgabe, die sich auf die Position der Überträgerin bezieht.

Werden keine eigenen Anteile der Überträgerin ausgegliedert, sind der Überträgerin dabei die Werte, die sie durch die Vermögensübertragung verliert, durch die Gewährung von Anteilen an der Übernehmerin zu ersetzen.[45] Im Ergebnis muss damit

$$Y_{\text{v}} = Y_{\text{v}}^{nU} \tag{6.103}$$

gelten. Werden auch eigene Anteile ausgegliedert $\left(\varphi \cdot k_{\text{v}}^{eA} = k_{\text{v}}^{eA(-)} > 0\right)$, ist das allerdings nicht sachgerecht. Vor der Umwandlung haben die eigenen Anteile für die Überträgerin keinen Wert. Nach der Maßnahme liegen sie bei der Übernehmerin einer Beteiligung zugrunde und weisen einen positiven Wert auf. Der Beteiligungswert der Überträgerin geht den schon vor der Maßnahme einer Beteiligung an der Gesellschaft zugrunde liegenden Anteilen in einem entsprechenden Umfang verloren.

Betroffen ist insoweit also ausschließlich die Gesellschafterebene und nicht die Überträgerin selbst.[46] Weil im Rahmen einer Ausgliederung aber nur der Überträgerin (und nicht ihren Anteilseignern) Anteile gewährt werden können, ist die resultierende Verwässerung mittelbar über das Vermögen der Gesellschaft auszugleichen und somit bei der Formulierung der *Bedingung 1* eines angemessenen Umtauschverhältnisses zu berücksichtigen.

Die Anteile, die schon vor der Maßnahme einer Beteiligung an der Überträgerin zugrunde liegen, werden durch die Ausgliederung eigener Anteile dem Faktor Θ entsprechend verwässert. Vor dem Hintergrund, dass eine Ausgliederung ohne die Übertragung eigener Anteile so umzusetzen ist, dass $Y_{\text{v}}^{nU} = Y_{\text{v}}$ gilt, müssen

[45] Vgl. Klingberg in Deubert/Förschle/Störk (2021), I, Rn. 335.

[46] Es ist insoweit also nicht zutreffend, dass die Ebene der Anteilseigner der Überträgerin nicht berührt wird und sich insoweit auch die Beteiligungsverhältnisse nicht ändern, weil auf Ebene der Überträgerin nichts weiter als eine Vermögensumschichtung umgesetzt wird (so aber z. B. Lieder in Lutter (2024), § 131 UmwG, Rn. 144; Klingberg in Deubert/Förschle/Störk (2021), I, Rn. 365). Auch wenn der Überträgerin selbst Anteile gewährt werden, ist die Maßnahme grundsätzlich nicht gegen die Interessen ihrer Anteilseigner umzusetzen (vgl. Hörtnagl/Rinke in Schmitt/Hörtnagl (2024), § 125 UmwG, Rn. 19 f.; Lieder in Lutter (2024), § 125 UmwG, Rn. 51).

der Übertrasgerin hier also zusätzliche Anteile an der Übernehmerin gewährt werden, so dass schließlich $Y_{\mathrm{v}} = \Theta \cdot Y_{\mathrm{v}}^{nU}$ gilt. Der Beteiligungswert der Überträgerin muss im Zuge der Maßnahme also größer werden.[47]

Als *Bedingung 1* eines angemessenen Umtauschverhältnisses einer Ausgliederung zur Aufnahme mit $|U| = 2$ resultiert also:

Bedingung 1

$$Y_{\mathrm{v}} = \Theta \cdot Y_{\mathrm{v}}^{nU} \tag{6.104}$$

Die Umsetzung eines angemessenen Umtauschverhältnisses ist auch bei einer Ausgliederung ebenso für die Ebene der Anteilseiger der Übernehmerin von Bedeutung. Dementsprechend ist hier die *Bedingung 2* eines angemessenen Umtauschverhältnisses zu formulieren. Den Anteilseignern der Übernehmerin können dabei auch im Rahmen einer Ausgliederung keine Anteile gewährt werden und auch ein anderweitiger Ausgleich ist nicht möglich. Damit ihre Vermögenspositionen sich nicht verändern, muss also der Wert ihrer Anteile vor und nach der Maßnahme übereinstimmen. Ausschlaggebend ist in dieser Hinsicht wieder die Entwicklung des Beteiligungswertes der *Einheit* e und die Entwicklung ihres effektiven Nennkapitals. Letztere bestimmt, welche Beteiligungsquote die Anteile an der Übernehmerin (mit ihrem unveränderten Nennkapital) nach der Umwandlung vermitteln. In diesem Zusammenhang macht es dabei keinen Unterschied, dass der Überträgerin selbst und nicht ihren Anteilseigern Anteile an der Übernehmerin für die Vermögensübertragung zu gewähren sind.

Im Einzelnen sind vor diesem Hintergrund alle Anteile an der Übernehmerin, die vor der Maßnahme von einem Individuum oder einer dritten Kapitalgesellschaft des Verbundes gehalten werden, zu berücksichtigen. Eigene Anteile der *Einheit* e liegen keiner Beteiligung zugrunde; sie haben also keinen Wert und sind hier nicht relevant.

Im Zusammenhang mit Abspaltungen wurde oben festgestellt, dass sich das Erfüllen der *Bedingung 2*, unabhängig davon, ob diese selbst von der *Bedingung 2* explizit erfasst werden, in gleicher Weise auf die von der Überträgerin vor der Maßnahme gehaltenen und nicht transferierten Anteile an der Übernehmerin auswirkt wie auf die von der *Bedingung 2* im Übrigen erfassten Anteile.

[47] Es ist insoweit also nicht zutreffend, dass der Wert der Überträgerin bei einer Ausgliederung jedenfalls unverändert bleibt (so aber z. B. Klingberg in Deubert/Förschle/Störk (2021), I, Rn. 311). Dazu eingehend im folgenden Abschnitt 6.1.4.1.4.

Nach der gleichen Systematik folgt auch für nicht ausgegliederte Anteile an der Übernehmerin, dass ihr Wert gleich bleibt, wenn der Wert der Anteile an der Übernehmerin, die vor und nach der Umwandlung bei denselben dritten Kapitalgesellschaften oder Individuen einer Beteiligung zugrunde liegen, sich im Zuge der Maßnahme nicht verändert. Entsprechend der in (6.63) dargestellte Beziehung gilt dann also

$$\frac{(1-\lambda_{\mathrm{e}}) \cdot x_{\mathrm{v,e}} \cdot K_{\mathrm{e}}^{II}}{K_{\mathrm{e}}^{II} + \Delta K_{\mathrm{e}}^{II}} \cdot Y_{\mathrm{e}}^{nU} = (1-\lambda_{\mathrm{e}}) \cdot x_{\mathrm{v,e}} \cdot Y_{\mathrm{e}}. \tag{6.105}$$

Vor diesem Hintergrund werden Anteile an der Übernehmerin, die vor der Umwandlung einer Beteiligung bei der Überträgerin zugrunde liegen und nicht Bestandteil des Übertragungsgegenstandes werden, auch bei Ausgliederungen nicht explizit in die *Bedingung 2* aufgenommen.

Demnach erfasst die *Bedingung 2* eines angemessenen Umtauschverhältnisses bei einer Ausgliederung die gleichen Anteile wie bei einer Abspaltung (beziehungsweise bei einer Verschmelzung). Als *Bedingung 2* eines angemessenen Umtauschverhältnisses einer Ausgliederung zur Aufnahme mit $|U| = 2$ folgt also

Bedingung 2

$$\begin{aligned} x_{n,\mathrm{e}} \cdot Y_{\mathrm{e}} &= x_{n,\mathrm{e}} \cdot Y_{\mathrm{e}}^{nU} \quad \forall\, n \in N \mid \neg \mathrm{v} \wedge \neg \mathrm{e} \\ x_{m,\mathrm{e}} \cdot Y_{\mathrm{e}} &= x_{m,\mathrm{e}} \cdot Y_{\mathrm{e}}^{nU} \quad \forall\, m \in M. \end{aligned} \tag{6.106}$$

6.1.4.1.4 Zu gewährende Anteile und umzusetzende Kapitalveränderungen

Bei einer Ausgliederung werden nur der Überträgerin selbst Anteile gewährt. Anders als bei Verschmelzungen und Abspaltungen ist ein Zusammenfassen mehrerer Positionen in einem ersten Schritt damit nicht erforderlich.

Die Ausgliederung eigener Anteile wird dabei zunächst ausgenommen. Ausgangspunkt ist also die in (6.103) dargestellte Beziehung $Y_{\mathrm{e}} = Y_{\mathrm{e}}^{nU}$ und damit

$$Y_{\mathrm{v}}^{nU} - Y_{\mathrm{v}} = 0. \tag{6.107}$$

Setzt man hier Y_{v} aus (6.1) und Y_{v}^{nU} aus (6.100) ein, folgt

$$-\alpha \cdot W_{\mathrm{v}} - \sum_{n}^{N} \beta_n \cdot F_{\mathrm{v},n} - \sum_{\substack{n \\ n \neq \mathrm{e}}}^{N} \lambda_n \cdot x_{\mathrm{v},n} \cdot Y_n$$
$$- \left(x_{\mathrm{v,e}} \cdot Y_{\mathrm{e}} - \frac{k_{\mathrm{e}}^{gA} + (1 - \lambda_{\mathrm{e}}) \cdot x_{\mathrm{v,e}} \cdot K_{\mathrm{e}}^{II}}{K_{\mathrm{e}}^{II} + \Delta K_{\mathrm{e}}^{II}} \cdot Y_{\mathrm{e}}^{nU} \right) + \sum_{n}^{N} \gamma_n \cdot F_{n,\mathrm{v}} = 0. \tag{6.108}$$

In (6.7) wurde x_{e}^{gA} im Zusammenhang mit einer Verschmelzung definiert als die Summe aller Beteiligungsquoten an der Übernehmerin, insoweit diese durch im Zuge der Maßnahme gewährte Anteile vermittelt werden. Dementsprechend wurde x_{e}^{gA} auch im Zusammenhang mit Abspaltungen verwendet.

Bei einer Ausgliederung werden ausschließlich der Überträgerin Anteile an der Übernehmerin gewährt. Es gilt demnach $x_{\mathrm{v,e}}^{gA} = x_{\mathrm{e}}^{gA} = k_{\mathrm{e}}^{gA} / \left(K_{\mathrm{e}}^{II} + \Delta K_{\mathrm{e}}^{II}\right)$.[48] x_{e}^{gA} stimmt hier also mit der Beteiligungsquote der *Einheit* v an der *Einheit* e nach der Maßnahme überein, insoweit dieser im Zuge der Maßnahme gewährte Anteile zugrunde liegen. Damit folgt für (6.108)

$$-\alpha \cdot W_{\mathrm{v}} - \sum_{n}^{N} \beta_n \cdot F_{\mathrm{v},n} - \sum_{\substack{n \\ n \neq \mathrm{e}}}^{N} \lambda_n \cdot x_{\mathrm{v},n} \cdot Y_n$$
$$- \left(x_{\mathrm{v,e}} \cdot Y_{\mathrm{e}} - x_{\mathrm{e}}^{gA} \cdot Y_{\mathrm{e}}^{nU} - \frac{(1 - \lambda_{\mathrm{e}}) \cdot x_{\mathrm{v,e}} \cdot K_{\mathrm{e}}^{II}}{K_{\mathrm{e}}^{II} + \Delta K_{\mathrm{e}}^{II}} \cdot Y_{\mathrm{e}}^{nU} \right) + \sum_{n}^{N} \gamma_n \cdot F_{n,\mathrm{v}} = 0. \tag{6.109}$$

Das ist äquivalent zu

$$x_{\mathrm{e}}^{gA} \cdot Y_{\mathrm{e}}^{nU} = \alpha \cdot W_{\mathrm{v}} + \sum_{n}^{N} \beta_n \cdot F_{\mathrm{v},n} + \sum_{\substack{n \\ n \neq \mathrm{e}}}^{N} \lambda_n \cdot x_{\mathrm{v},n} \cdot Y_n$$
$$+ \left(x_{\mathrm{v,e}} \cdot Y_{\mathrm{e}} - \frac{(1 - \lambda_{\mathrm{e}}) \cdot x_{\mathrm{v,e}} \cdot K_{\mathrm{e}}^{II}}{K_{\mathrm{e}}^{II} + \Delta K_{\mathrm{e}}^{II}} \cdot Y_{\mathrm{e}}^{nU} \right) - \sum_{n}^{N} \gamma_n \cdot F_{n,\mathrm{v}}. \tag{6.110}$$

[48] Vgl. dazu (6.9) und (6.10).

Mit Einsetzen von (6.105), resultiert

$$x_{\mathrm{e}}^{gA} \cdot Y_{\mathrm{e}}^{nU} = \alpha \cdot W_{\mathrm{v}} + \sum_{n}^{N} \left(\beta_n \cdot F_{\mathrm{v},n} + \lambda_n \cdot x_{\mathrm{v},n} \cdot Y_n - \gamma_n \cdot F_{n,\mathrm{v}} \right). \tag{6.111}$$

Ohne dass auch eigene Anteile der Überträgerin übertragen werden, muss der Wert der im Zuge der Maßnahme gewährten Anteile an der Übernehmerin also mit dem Wert des Übertragungsgenstandes übereinstimmen.

Gliedert die Überträgerin eigene Anteile aus, ist die *Bedingung 1* eines angemessenen Umtauschverhältnisses nach (6.104) zu erfüllen. Es muss also $Y_{\mathrm{v}} = \Theta \cdot Y_{\mathrm{v}}^{nU}$ gelten. Damit folgt

$$\begin{aligned} Y_{\mathrm{v}} &= \Theta \cdot Y_{\mathrm{v}}^{nU} = \Theta \cdot (Y_{\mathrm{v}} + \Delta Y_{\mathrm{v}}) \\ \Leftrightarrow \Delta Y_{\mathrm{v}} &= \frac{(1-\Theta)}{\Theta} \cdot Y_{\mathrm{v}} = \frac{\varphi \cdot k_{\mathrm{v}}^{eA}}{K_{\mathrm{v}}^{II} + \varphi \cdot k_{\mathrm{v}}^{eA}} \cdot \frac{K_{\mathrm{v}}^{II} + \varphi \cdot k_{\mathrm{v}}^{eA}}{K_{\mathrm{v}}^{II}} \cdot Y_{\mathrm{v}} \\ \Leftrightarrow \Delta Y_{\mathrm{v}} &= \frac{\varphi \cdot k_{\mathrm{v}}^{eA}}{K_{\mathrm{v}}^{II}} \cdot Y_{\mathrm{v}}. \end{aligned} \tag{6.112}$$

Bei einer Ausgliederung eigener Anteile muss der Beteiligungswert der Überträgerin also um $\left(\varphi \cdot k_{\mathrm{v}}^{eA} / K_{\mathrm{v}}^{II}\right) \cdot Y_{\mathrm{v}}$ steigen, das heißt es muss

$$Y_{\mathrm{v}}^{nU} = Y_{\mathrm{v}} + \frac{\varphi \cdot k_{\mathrm{v}}^{eA}}{K_{\mathrm{v}}^{II}} \cdot Y_{\mathrm{v}} \tag{6.113}$$

gelten. Im Ergebnis sind der übertragenden *Einheit* v für die Ausgliederung eigener Anteile also Anteile an der *Einheit* e zu gewähren, die einen Wert von $\left(\varphi \cdot k_{\mathrm{v}}^{eA} / K_{\mathrm{v}}^{II}\right) \cdot Y_{\mathrm{v}}$ aufweisen.[49]

Anders als bei Abspaltungen ist es bei Ausgliederungen also möglich, den Wert der für die Ausgliederung eigener Anteile zu gewährenden Anteile zu ermitteln, ohne dabei die Zusammensetzung des sonstigen Übertragungsgegenstandes zu berücksichtigen. Es kommt insoweit nur darauf an, welchen Teil die

[49] Obwohl für die Ausgliederung eigener Anteile damit für sich immer Anteile mit einem Wert von $\left(\varphi \cdot k_{\mathrm{v}}^{eA} / K_{\mathrm{v}}^{II}\right) \cdot Y_{\mathrm{v}}$ zu gewähren sind, kann der Wert der nach *Bedingung 1* insgesamt zu gewährenden Anteile trotzdem kleiner sein $\left(x_{\mathrm{e}}^{gA} \cdot Y_{\mathrm{e}}^{nU} < \left(\varphi \cdot k_{\mathrm{v}}^{eA} / K_{\mathrm{v}}^{II}\right) \cdot Y_{\mathrm{v}}\right)$. Zurückzuführen ist das auf ist die Möglichkeit, zusammen mit den eigenen Anteilen einen negativen Vermögenssaldo auszugliedern. Dazu eingehend in 6.1.4.2.4.2.

übertragenen Anteile am Nennkapital der Überträgerin vor der Maßnahme ausmachen und welchen Beteiligungswert die Überträgerin vor der Maßnahme hat. Eine umgekehrte Abhängigkeit des Wertes der für die Ausgliederung der übrigen Bestandteile des Übertragungsgenstandes im Einzelnen zu gewährenden Anteile von der Übertragung eigener Anteile besteht ebenfalls nicht. Im Ergebnis ist (6.111) also um $\left(\varphi \cdot k_{\mathrm{v}}^{eA}/K_{\mathrm{v}}^{II}\right) \cdot Y_{\mathrm{v}}$ zu ergänzen:

$$x_{\mathrm{e}}^{gA} \cdot Y_{\mathrm{e}}^{nU} = \alpha \cdot W_{\mathrm{v}} + \sum_{n}^{N}\left(\beta_n \cdot F_{\mathrm{v},n} - \gamma_n \cdot F_{n,\mathrm{v}} + \lambda_n \cdot x_{\mathrm{v},n} \cdot Y_n\right) + \frac{\varphi \cdot k_{\mathrm{v}}^{eA}}{K_{\mathrm{v}}^{II}} \cdot Y_{\mathrm{v}} \tag{6.114}$$

Wie beschrieben, sind die Wahlrechte der §§ 54 Abs. 1 S. 2 Nr. 1 u. 2, 68 Abs. 1 S. 2 Nr. 1 u. 2 UmwG bei Ausgliederungen entsprechend anwendbar. Der Übernehmerin können also mit einer umwandlungsbedingten Kapitalerhöhung geschaffene Anteile, alte eigene Anteile der Übernehmerin oder im Zuge der Maßnahme ausgegliederte Anteile an der Übernehmerin gewährt werden. Insoweit Anteile an der *Einheit* e, die Bestandteile des Übertragungsgegenstandes werden, nach der Umwandlung bei der Übernehmerin verbleiben, mindern sie als neue eigene Anteile das effektive Nennkapital der Gesellschaft im Umfang ihres Nennkapitals $\left(k_{\mathrm{e}}^{eA(+)}\right)$. Werden ausgegliederte Anteile an der *Einheit* e der *Einheit* v für die Vermögensübertragung gewährt, wirkt sich der Vorgang auf das effektive Nennkapital der *Einheit* e nicht aus. Werden der *Einheit* v Anteile aus einer umwandlungsbedingten Kapitalerhöhung oder alte eigene Anteile der *Einheit* e gewährt, steigt das effektive Nennkapital der *Einheit* e um $\Delta K_{\mathrm{e}}^{I}$ beziehungsweise $k_{\mathrm{e}}^{eA(-)}$. Es gilt also auch hier

$$\begin{aligned} k_{\mathrm{e}}^{gA} &= \Delta K_{\mathrm{e}}^{I} + k_{\mathrm{e}}^{eA(-)} + \lambda_{\mathrm{e}} \cdot x_{\mathrm{v,e}} \cdot K_{\mathrm{e}}^{II} - k_{\mathrm{e}}^{eA(+)} \\ \Leftrightarrow k_{\mathrm{e}}^{gA} &= \Delta K_{\mathrm{e}}^{II} + \lambda_{\mathrm{e}} \cdot x_{\mathrm{v,e}} \cdot K_{\mathrm{e}}^{II}. \end{aligned} \tag{6.115}$$

Bezugsgröße ist das effektive Nennkapital der Übernehmerin nach der Umwandlung $K_{\mathrm{e}}^{II,nU} = K_{\mathrm{e}}^{II} + \Delta K_{\mathrm{e}}^{II}$. Weil K_{e}^{II} feststeht, ist eine gegebene Beteiligungsquote

$$x_{\mathrm{e}}^{gA} = \frac{k_{\mathrm{e}}^{gA}}{K_{\mathrm{e}}^{II} + \Delta K_{\mathrm{e}}^{II}} = \frac{\Delta K_{\mathrm{e}}^{II} + \lambda_{\mathrm{e}} \cdot x_{\mathrm{v,e}} \cdot K_{\mathrm{e}}^{II}}{K_{\mathrm{e}}^{II} + \Delta K_{\mathrm{e}}^{II}} \tag{6.116}$$

nur mit einem eindeutig bestimmbaren Betrag $k_{\mathrm{e}}^{gA} = \Delta K_{\mathrm{e}}^{II} + \lambda_{\mathrm{e}} \cdot x_{\mathrm{v,e}} \cdot K_{\mathrm{e}}^{II}$ herbeizuführen, der direkt von $\Delta K_{\mathrm{e}}^{II}$ abhängt. Das Vorkommen des Nennkapitalbetrags $\lambda_{\mathrm{e}} \cdot x_{\mathrm{v,e}} \cdot K_{\mathrm{e}}^{II}$ in (6.115) und (6.116) bedeutet also auch hier nicht, dass Anteile an der *Einheit* e die Bestandteil des Übertragungsgegenstandes werden, im Zuge der Maßnahme auch tatsächlich für die Vermögensübertragung gewährt werden. Es wird lediglich beschrieben, inwieweit sie sich auf die Höhe des Nennkapitals der zu gewährenden Anteile und des effektiven Nennkapitals der Übernehmerin nach der Maßnahme auswirken. Wieder folgt vor diesem Hintergrund, dass alternative Wahlrechtsausübungen bei der Ermittlung der für ein angemessenes Umtauschverhältnisses maßgeblichen Größen k_{e}^{gA} und $\Delta K_{\mathrm{e}}^{II}$ zunächst vernachlässigt werden können. Inwieweit tatsächlich die Möglichkeit besteht, verschiedene Anteile zu gewähren, kann anschließend für sich ermittelt werden.[50]

Weil die *Bedingung 2* bei einer Ausgliederung mit der *Bedingung 2* bei einer Abspaltung (beziehungsweise bei einer Verschmelzung) übereinstimmt, sind hier entsprechende Schlussfolgerungen für den Beteiligungswert der Übernehmerin nach der Maßnahme möglich. Damit die von *Bedingung 2* erfassten Anteile vor und nach der Maßnahme einen übereinstimmenden Wert aufweisen, muss also auch bei einer Ausgliederung die aus (6.21) und (6.72) bekannte Beziehung

$$Y_{\mathrm{e}}^{nU} = \frac{K_{\mathrm{e}}^{II} + \Delta K_{\mathrm{e}}^{II}}{K_{\mathrm{e}}^{II}} \cdot Y_{\mathrm{e}} \tag{6.117}$$

gelten. Setzt man das zusammen mit x_{e}^{gA} nach (6.116) in (6.114) ein, resultiert

$$\begin{aligned} &\frac{\Delta K_{\mathrm{e}}^{II} + \lambda_{\mathrm{e}} \cdot x_{\mathrm{v,e}} \cdot K_{\mathrm{e}}^{II}}{K_{\mathrm{e}}^{II} + \Delta K_{\mathrm{e}}^{II}} \cdot \frac{K_{\mathrm{e}}^{II} + \Delta K_{\mathrm{e}}^{II}}{K_{\mathrm{e}}^{II}} \cdot Y_{\mathrm{e}} \\ &= \frac{\Delta K_{\mathrm{e}}^{II} + \lambda_{\mathrm{e}} \cdot x_{\mathrm{v,e}} \cdot K_{\mathrm{e}}^{II}}{K_{\mathrm{e}}^{II}} \cdot Y_{\mathrm{e}} \\ &= \alpha \cdot W_{\mathrm{v}} + \sum_{n}^{N} \left(\beta_n \cdot F_{\mathrm{v},n} + \lambda_n \cdot x_{\mathrm{v},n} \cdot Y_n - \gamma_n \cdot F_{n,\mathrm{v}} \right) + \frac{\varphi \cdot k_{\mathrm{v}}^{eA}}{K_{\mathrm{v}}^{II}} \cdot Y_{\mathrm{v}}. \end{aligned} \tag{6.118}$$

Für die bei einer Ausgliederung zur Aufnahme mit $|U| = 2$ bei der Übernehmerin umzusetzende Veränderung des effektiven Nennkapitals folgt abschließend

[50] Vgl. dazu die entsprechenden Ausführungen im Zusammenhang mit Verschmelzungen in 6.1.2.1.3 und Abspaltungen in 6.1.3.1.3.

$$\Delta K_{\mathrm{e}}^{II} = \left(\alpha \cdot W_{\mathrm{v}} + \sum_{n}^{N} \left(\beta_n \cdot F_{\mathrm{v},n} - \gamma_{\mathrm{v},n} \cdot F_{n,\mathrm{v}} \right) + \sum_{\substack{n \\ n \neq \mathrm{e}}}^{N} \lambda_n \cdot x_{\mathrm{v},n} \cdot Y_n \right) \cdot \frac{K_{\mathrm{e}}^{II}}{Y_{\mathrm{e}}}$$
$$+ \frac{\varphi \cdot k_{\mathrm{v}}^{eA}}{K_{\mathrm{v}}^{II}} \cdot Y_{\mathrm{v}} \cdot \frac{K_{\mathrm{e}}^{II}}{Y_{\mathrm{e}}} + \lambda_{\mathrm{e}} \cdot x_{\mathrm{v,e}} \cdot Y_{\mathrm{e}} \cdot \frac{K_{\mathrm{e}}^{II}}{Y_{\mathrm{e}}} - \lambda_{\mathrm{e}} \cdot x_{\mathrm{v,e}} \cdot K_{\mathrm{e}}^{II}$$
$$= \left(\alpha \cdot W_{\mathrm{v}} + \sum_{n}^{N} \left(\beta_n \cdot F_{\mathrm{v},n} - \gamma_{\mathrm{v},n} \cdot F_{n,\mathrm{v}} \right) + \sum_{\substack{n \\ n \neq \mathrm{e}}}^{N} \lambda_n \cdot x_{\mathrm{v},n} \cdot Y_n \right) \cdot \frac{K_{\mathrm{e}}^{II}}{Y_{\mathrm{e}}}$$
$$+ \frac{\varphi \cdot k_{\mathrm{v}}^{eA}}{K_{\mathrm{v}}^{II}} \cdot Y_{\mathrm{v}} \cdot \frac{K_{\mathrm{e}}^{II}}{Y_{\mathrm{e}}}. \tag{6.119}$$

6.1.4.2 Ermittlung der wirtschaftlichen Vorgänge und Ergebnisse

6.1.4.2.1 Vorgehensweise

Wie die betrachteten Verschmelzungen und Abspaltungen dienen auch die hier betrachteten Ausgliederungen der Umstrukturierung der Finanzierungsbeziehungen von Kapitalgesellschaften.

Wie bei Abspaltungen sind dabei Fremdfinanzierungen für sich nur betroffen, wenn unmittelbare Ansprüche oder Verpflichtungen der *Einheit* v gegenüber der *Einheit* e Bestandteil des Übertragungsgegenstandes werden. Die entsprechenden Positionen gehen durch Konfusion unter und es kommt zu einer Komplexitätsreduktion. Auch bei Ausgliederungen können sich Fremdfinanzierungen aber entscheidend auf die mit der Maßnahme stattfindende Neuordnung der Eigenfinanzierungsbeziehungen auswirken.

Die Neufassung der Eigenfinanzierungsbeziehungen ist wieder die Hauptsache der Umwandlung.

Wie dargestellt, hängt der Wert der für den Transfer eigener Anteile der Überträgerin zu gewährenden Anteile bei Ausgliederungen (anders als bei Abspaltungen) nicht vom Wert des im Übrigen transferierten Vermögens ab. Der Umfang der insoweit zu gewährenden Anteile kann also für sich ermittelt werden. Auch bei einer Ausgliederung unterscheiden sich die wirtschaftlichen Auswirkungen der Übertragung eigener Anteile aber grundsätzlich von denen des Transfers von Teilen der übrigen Ausstattung der Überträgerin vor der Maßnahme. Vor diesem Hintergrund werden im folgenden Abschnitt 6.1.4.2.2 bei der Betrachtung des Übertragungsgegenstandes im Einzelnen die Auswirkungen des Transfers eigener Anteile der Überträgerin zunächst wieder ausgenommen. In

6.1.4.2.3 schließt sich die entsprechende Analyse des Übertragungsgegenstandes im Ganzen an. Ohne die Ausgliederung eigener Anteile gilt dabei $\varphi \cdot k_{\mathrm{v}}^{eA} = 0$. Die Berechnungsformel (6.119) der für ein angemessenes Umtauschverhältnisses umzusetzenden Kapitalveränderung auf Ebene der Übernehmerin vereinfacht sich damit zu

$$\Delta K_{\mathrm{e}}^{II} = \left(\alpha \cdot W_{\mathrm{v}} + \sum_{n}^{N} (\beta_n \cdot F_{\mathrm{v},n} - \gamma_{\mathrm{v},n} \cdot F_{n,\mathrm{v}}) + \sum_{\substack{n \\ n \neq \mathrm{e}}}^{N} \lambda_n \cdot x_{\mathrm{v},n} \cdot Y_n \right) \cdot \frac{K_{\mathrm{e}}^{II}}{Y_{\mathrm{e}}}. \tag{6.120}$$

Die Ausgliederung eigener Anteile wird in 6.1.4.2.4 in die Untersuchung einbezogen. Im Zusammenhang mit der Entwicklung der Überträgerin wurde darauf hingewiesen, dass es dabei auch im Zuge einer Ausgliederung mit einer zugleich stattfindenden Übertragung eigener Anteile möglich sein kann, einen insgesamt negativen Vermögenssaldo zu transferieren. Wie bei einer Abspaltung hat eine solche Konstellation dabei wirtschaftliche Konsequenzen, die systematisch für sich stehen. Dementsprechend wird auch hier danach unterschieden, ob die Ausgliederung eigener Anteile der Überträgerin zugleich mit dem Transfer eines nichtnegativen Vermögenssaldos (6.1.4.2.4.1) oder zugleich mit dem Transfer eines negativen Vermögenssaldos (6.1.4.2.4.2) stattfindet. In 6.1.4.2.5 wird das Verhältnis von Ausgliederungen zu Abspaltungen und Verschmelzungen betrachtet.

6.1.4.2.2 Übertragungsgegenstand im Einzelnen

6.1.4.2.2.1 Realvermögen

Ohne dass zugleich eigene Anteile transferiert werden, darf sich eine Ausgliederung von Realvermögen nicht auf den Beteiligungswert der Überträgerin auswirken. Der *Einheit* v sind dementsprechend Anteile an der *Einheit* e zu gewähren.

Vor diesem Hintergrund beschreibt

$$\alpha \cdot W_{\mathrm{v}} \cdot \frac{K_{\mathrm{e}}^{II}}{Y_{\mathrm{e}}}$$

in (6.120) die Erhöhung des effektiven Nennkapitals der Übernehmerin, die für sich für die Ausgliederung des mit α bestimmten Teils des Realvermögens der Überträgerin herbeizuführen ist. Gegebenenfalls auch transferierte Anteile an der

Einheit e sind insoweit nicht relevant. Das Nennkapital der Anteile, die der Überträgerin in diesem Zusammenhang zu gewähren sind, muss also betragsmäßig mit der Erhöhung des effektiven Nennkapitals übereinstimmen.

Vor dem Hintergrund des unveränderten Beteiligungswertes der Überträgerin kann sich die Vermögensübertragung nicht auf den Wert von Anteilen auswirken, die schon vor der Maßnahme einer Beteiligung an der *Einheit* v zugrunde liegen. Das gilt also auch für solche Anteile, die vor der Ausgliederung von der Übernehmerin gehalten werden. Hier zeigt sich also ein wesentlicher Unterschied zwischen Ausgliederungen und Abspaltungen (beziehungsweise Verschmelzungen), bei denen der Wert entsprechender Anteile im Zuge der Umwandlung bei der Übertragung positiver Vermögen kleiner wird (beziehungsweise vollständig untergeht). Der Faktor $\left(1 - x_{\mathrm{e,v}}\right)$ hat hier also anders als bei Verschmelzungen und Abspaltungen keine Bedeutung. Das entspricht den dargestellten gesetzlichen Vorgaben, die die Ausgliederung von den bei Verschmelzung und entsprechend bei (Auf-) und Abspaltungen existierenden Kapitalerhöhungsverboten ausnehmen. Im Ergebnis wird der Beteiligungswert der Übernehmerin um den gesamten Wert des transferierten Realvermögens größer.[51] Hält die Übernehmerin vor der Maßnahme Anteile an der Überträgerin, wird hier also ein wechselseitiges Beteiligungsverhältnis begründet, mit einem Wert von insgesamt $x_{\mathrm{e,v}} \cdot Y_{\mathrm{v}} + \alpha \cdot W_{\mathrm{v}}$, oder ein (bei $x_{\mathrm{e,v}} > 0$) bereits bestehendes wechselseitiges Beteiligungsverhältnis wird um einen Wert von $\alpha \cdot W_{\mathrm{v}}$ erweitert.

Die beschriebenen wirtschaftlichen Abläufe bei der Ausgliederung eines Realvermögens stimmen systematisch überein mit denen einer (unmittelbaren) ***Einlage***.[52]

Werden der Überträgerin nach § 125 S. 1 i. V. m. §§ 54 Abs. 1 S. 2 Nr. 1, 68 Abs. 1 S. 2 Nr. 1 UmwG keine mit einer umwandlungsbedingten Kapitalerhöhung geschaffenen Anteile, sondern alte eigene Anteile der Übernehmerin gewährt, macht das wirtschaftlich keinen Unterschied.[53] Auch in einem solchen Fall ist der Vorgang also als (unmittelbare) Einlage einzuordnen.

Auch für die Einordnung der Umwandlung für die Ebene der Überträgerin stellen sich damit grundsätzlich die gleichen – und damit nicht im Rahmen

---

[51] Vgl. dazu z. B. auch Klingberg in Deubert/Förschle/Störk (2021), K, Rn. 295; Weiler in Widmann/Mayer (2025), § 123 UmwG, Rn. 166.

[52] Vgl. Lanfermann in Kallmeyer (2024), § 126 UmwG, Rn. 10; Sickinger in Kallmeyer (2024), § 123 UmwG, Rn. 17.

[53] Vgl. dazu die entsprechenden Ausführungen im Zusammenhang mit Verschmelzungen in 6.1.2.2.2.1.

dieser Arbeit zu beantwortenden – Fragen wie bei der Einordnung einer Einlage beziehungsweise einer Sacheinlage in eine Kapitalgesellschaft außerhalb des umwandlungsgesetzlichen Rahmens.[54]

Vor diesem Hintergrund wird für die Ebene der Überträgerin fast ausschließlich ein Tausch[55] oder ein tauschähnlicher Vorgang[56] – in dem Sinne, dass das übertragene Vermögen gegen die gewährten Anteile getauscht wird – [57]angenommen.

Alternativ wird in Betracht gezogen, dass die übertragende Einheit den Übertragungsgenstand auf die übernehmende Einheit verlagert und mittels der gewährten Anteile weiterhin über das transferierte Vermögen verfügt.[58] In diesem Zusammenhang ist auf einen systematischen Unterschied zu den oben dargestellten wirtschaftlichen Vorgängen und Ergebnissen von Verschmelzungen und Abspaltungen hinzuweisen. Wie beschrieben ist es bei diesen Umwandlungen unzutreffend, auf Ebene der Übernehmerin von einem Tausch auszugehen, wenn die Vermögensübertragung zu einer Wertminderung der von ihr vor der Maßnahme gehaltenen Anteile an der Überträgerin führt und diese nicht auf den Transfer eigener Anteile zurückzuführen ist. In diesen Fällen verfügt die Übernehmerin nach der Maßnahme unmittelbar über genau dasselbe Vermögen wie davor mittelbar über ihre Anteile. Im hier betrachteten Fall verfügt die Überträgerin nach der Maßnahme mittelbar (über die gewährten Anteile) über ein Vermögen, dessen Wert mit dem Wert des ausgegliederten Vermögens übereinstimmt. Dabei handelt es sich dann – außer die Überträgerin ist Alleingesellschafterin der Übernehmerin – aber nicht vollständig um dasselbe Vermögen, sondern teilweise um das Vermögen der Überträgerin vor der Umwandlung.

Mit dem unveränderten Beteiligungswert der Überträgerin und dem um den Wert des ausgegliederten Realvermögens steigenden Beteiligungswert der Übernehmerin resultiert für die Summe der insgesamt eigenfinanzierten Werte eine Veränderung von

$$0 + \alpha \cdot W_{\mathrm{V}} = \alpha \cdot W_{\mathrm{V}}. \tag{6.121}$$

[54] Vgl. z. B. Drüen in Koller/Kindler/Drüen (2023), § 255 HGB, Rn. 4e; Schubert/Hutzler in Beck BilKomm (2024), § 255 HGB, Rn. 31, 133 ff.; Tiedchen in BeckOGK HGB (1.9.2024), § 255 HGB, Rn. 69.

[55] Vgl. z. B. IDW RS HFA 43 (06.09.2012), Rn. 21.

[56] Vgl. z. B. Klingberg in Deubert/Förschle/Störk (2021), K, Rn. 335.

[57] Vgl. Hennrichs in Lutter (2024), Anh. § 134 UmwG, Rn. 8; Hörtnagl in Schmitt/Hörtnagl (2024), § 17 UmwG, Rn. 59; IDW RS HFA 43 (06.09.2012), Rn. 21 f.

[58] Vgl. Bula/Thees in Sagasser/Bula (2024), § 19. Rn. 64.

6.1.4.2.2.2 Ansprüche aus Fremdfinanzierungsverträgen

Wie bei Verschmelzungen und Abspaltungen macht es für die Entwicklung des Beteiligungswertes der Übernehmerin keinen Unterschied, wenn auch unmittelbare Ansprüche aus Fremdkapitalverträgen der Überträgerin gegenüber der Übernehmerin (teilweise) transferiert werden. Damit entsprechen die wirtschaftlichen Auswirkungen der Ausgliederung von Ansprüchen aus Fremdkapitalverträgen denen der Ausgliederung von Realvermögen.

In (6.120) beschreibt

$$\sum_{n}^{N} \beta_n \cdot F_{\mathrm{v},n} \cdot \frac{K_{\mathrm{e}}^{II}}{Y_{\mathrm{e}}}$$

die Erhöhung des effektiven Nennkapitals der Übernehmerin, die für sich für die Ausgliederung von Ansprüchen aus Fremdkapitalverträgen herbeizuführen ist. Gegebenenfalls (auch) transferierte Anteile an der *Einheit* e sind insoweit nicht relevant. Das Nennkapital der Anteile, die der Überträgerin in diesem Zusammenhang zu gewähren sind, muss also betragsmäßig mit der Erhöhung des effektiven Nennkapitals übereinstimmen.

Im Ergebnis führt eine entsprechende Anteilsgewährung dazu, dass sich der Beteiligungswert der Überträgerin im Zuge der Ausgliederung nicht verändert.

Der Beteiligungswert der Übernehmerin steigt um den gesamten Wert der übertragenen Ansprüche; auf den Wert einer vor der Maßnahme bestehenden Beteiligung der Übernehmerin an der Überträgerin wirkt sich der Vorgang nicht aus.

Für sich kommt es mit der Ausgliederung von Ansprüchen aus Fremdkapitalverträgen zu einer (unmittelbaren) ***Einlage***.

Für die Summe der insgesamt eigenfinanzierten Werte resultiert eine Veränderung von

$$0 + \sum_{n}^{N} \beta_n \cdot F_{\mathrm{v},n} = \sum_{n}^{N} \beta_n \cdot F_{\mathrm{v},n}. \tag{6.122}$$

6.1.4.2.2.3 Anteile an dritten Kapitalgesellschaften

Auch bei Ausgliederungen ändert sich nichts am Wert von Anteilen an Kapitalgesellschaften, bei denen es sich nicht um die umzuwandelnden Gesellschaften handelt. Damit entsprechen die Auswirkungen der Ausgliederung von Anteilen an dritten Kapitalgesellschaften denen der Ausgliederung von Realvermögen beziehungsweise denen der Ausgliederung von Ansprüchen aus Fremdkapitalverträgen.

In (6.120) beschreibt

$$\sum_{\substack{n \\ n\neq \mathrm{e}}}^{N} \lambda_n \cdot x_{\mathrm{v},n} \cdot Y_n \cdot \frac{K_{\mathrm{e}}^{II}}{Y_{\mathrm{e}}}$$

die Erhöhung des effektiven Nennkapitals der Übernehmerin, die für sich für die Ausgliederung von Anteilen an dritten Kapitalgesellschaften herbeizuführen ist. Gegebenenfalls auch transferierte Anteile an der *Einheit* e sind insoweit nicht relevant. Das Nennkapital der Anteile, die der Überträgerin in diesem Zusammenhang zu gewähren sind, muss also betragsmäßig mit der Erhöhung des effektiven Nennkapitals übereinstimmen.

Im Ergebnis führt eine entsprechende Anteilsgewährung dazu, dass sich der Beteiligungswert der Überträgerin im Zuge der Ausgliederung nicht verändert.

Der Beteiligungswert der Übernehmerin steigt um den gesamten Wert der übertragenen Anteile; auf den Wert einer vor der Maßnahme bestehenden Beteiligung der Übernehmerin an der Überträgerin wirkt sich der Vorgang nicht aus.

Für sich kommt es mit der Ausgliederung von Anteilen an dritten Kapitalgesellschaften zu einer (unmittelbaren) ***Einlage***.

Die Summe der insgesamt eigenfinanzierten Werte steigt um den Wert dieser transferierten Anteile:

$$0 + \sum_{\substack{n \\ n\neq \mathrm{e}}}^{N} \lambda_n \cdot x_{\mathrm{v},n} \cdot Y_n = \sum_{\substack{n \\ n\neq \mathrm{e}}}^{N} \lambda_n \cdot x_{\mathrm{v},n} \cdot Y_n \tag{6.123}$$

6.1.4.2.2.4 Anteile an der Übernehmerin

Wie beschrieben, wirkt sich die Ausgliederung von Anteilen an der Übernehmerin (unabhängig vom Verbleib dieser Anteile nach der Maßnahme) nicht auf den Beteiligungswert der *Einheit* e aus.

Bei der Berechnung der im Zuge der Ausgliederung auf Ebene der Übernehmerin umzusetzenden Kapitalveränderung in (6.120) folgt im Zusammenhang mit der Übertragung von Anteilen an der Übernehmerin

$$\lambda_{\mathrm{e}} \cdot x_{\mathrm{v,e}} \cdot Y_{\mathrm{e}} \cdot \frac{K_{\mathrm{e}}^{II}}{Y_{\mathrm{e}}} - \lambda_{\mathrm{e}} \cdot x_{\mathrm{v,e}} \cdot K_{\mathrm{e}}^{II} = 0. \tag{6.124}$$

Der Beteiligungswert der Überträgerin wird durch die Ausgliederung von Anteilen an der Übernehmerin im Umfang des Wertes dieser Anteile vor der Maßnahme $(\lambda_e \cdot x_{v,e} \cdot Y_e)$ kleiner. Der *Einheit* v sind dementsprechend Anteile an der *Einheit* e zu gewähren, die ein Nennkapital in Höhe von $\lambda_e \cdot x_{v,e} \cdot Y_e \cdot (K_e^{II}/Y_e) = \lambda_e \cdot x_{v,e} \cdot K_e^{II}$ aufweisen. Das stimmt mit dem Nennkapitalbetrag der ausgegliederten Anteile an der *Einheit* e überein.

Wegen $k_e^{gA} = \Delta K_e^{II} + \lambda_e \cdot x_{v,e} \cdot K_e^{II} \Leftrightarrow \Delta K_e^{II} = k_e^{gA} - \lambda_e \cdot x_{v,e} \cdot K_e^{II}$ folgt hier unabhängig davon, ob der Überträgerin Anteile aus einer umwandlungsbedingten Kapitalerhöhung, alte eigene Anteile oder die ausgegliederten Anteile selbst gewährt werden, $\Delta K_e^{II} = 0$. Die Ausgliederung von Anteilen an der Übernehmerin hat für sich auf die Höhe des effektiven Nennkapitals der Übernehmerin also keine Auswirkungen.

Eine entsprechend Anteilsgewährung führt auf Ebene der Überträgerin dazu, dass der Wert der Beteiligung an der Übernehmerin unverändert bleibt; lediglich die dieser Beteiligung zugrunde liegenden Anteile sind gegebenenfalls nicht mehr die ausgegliederten Anteile selbst, sondern neue mit einer umwandlungsbedingten Kapitalerhöhung geschaffenen Anteile oder alte eigene Anteile der Übernehmerin. Damit bleibt auch der Beteiligungswert der Überträgerin unverändert. Das führt dann wieder dazu, dass sich auch am Wert einer Beteiligung der *Einheit* e an der *Einheit* v im Zuge der Maßnahme nichts ändert und es damit insoweit auch keine Auswirkungen auf den Beteiligungswert der Übernehmerin gibt.

Zusammengenommen lässt sich feststellen, dass die Ausgliederung von Anteilen an der Übernehmerin für sich ***wirtschaftlich irrelevant*** ist. Die Überträgerin verfügt insoweit nach der Umwandlung jedenfalls (also auch dann, wenn die transferierten Anteile nicht selbst gewährt werden) über Anteile an der Übernehmerin, die nicht nur einen Wert aufweisen, der mit dem Wert der ausgegliederten Anteile übereinstimmt, sondern die auch den gleichen Nennkapitalbetrag haben und damit eine identische Beteiligungsquote vermitteln.

Für sich ändert die Ausgliederung von Anteilen an der Übernehmerin im Ergebnis also nichts an der Summe der insgesamt eigenfinanzierten Werte.

Weil eine gegebenenfalls bestehende Beteiligung der Übernehmerin an der Überträgerin keine Rolle spielt, kann es im Zuge einer Ausgliederung anders als bei einer Abspaltung (beziehungsweise Verschmelzung) nicht dazu kommen, dass Anteile (vor dem Hintergrund eines umwandlungsspezifischen Vorgangs) für ihren eigenen Transfer nicht gewährt werden dürfen, also zwingend zu eigenen Anteilen werden müssen, ohne dass an ihrer Stelle mit einer umwandlungsbedingten Kapitalerhöhung geschaffene Anteile oder alte eigene Anteile der Übernehmerin gewährt werden. Solche Anteile nach § 125 S. 1 i. V. m. §§ 54 Abs. 1 S. 2 Nr. 2, 68 Abs. 1 S. 2 Nr. 2 UmwG für die Übertragung eines im Übrigen positiven Vermögensaldos zu gewähren, kommt hier also nicht in Frage.

6.1.4.2.2.5 Verpflichtungen aus Fremdkapitalverträgen

Auch wenn es mit der Ausgliederung von Verpflichtungen aus Fremdkapitalverträgen zur Übertragung von Vermögen mit einem negativen Wert kommt, gilt der Grundsatz, dass – ohne einen zugleich stattfindenden Transfer eigener Anteile – im Ergebnis keine Veränderung des Beteiligungswertes der Überträgerin resultieren darf.

Vor diesem Hintergrund beschreibt

$$\sum_{n}^{N} \gamma_n \cdot (-1) \cdot F_{n,\mathrm{v}} \cdot \frac{K_{\mathrm{e}}^{II}}{Y_{\mathrm{e}}}$$

in (6.120) die Auswirkungen der Ausgliederung von Verpflichtungen aus Fremdkapitalverträgen auf den Umfang der umwandlungsbedingten Kapitalerhöhung, die im Zuge der Maßnahme bei der Übernehmerin durchzuführen ist.

Wie bei der Übertragung von Ansprüchen aus Fremdkapitalverträgen macht es auch hier wirtschaftlich keinen Unterschied, wenn eine unmittelbare Verpflichtung gegenüber der Übernehmerin ausgegliedert wird.

Weil der Beteiligungswert der Überträgerin sich nicht ändern darf, ist es in diesem Zusammenhang – wie bei der Übernahme von Vermögen mit positiven Werten – ohne Bedeutung, wenn die *Einheit* e vor der Maßnahme Anteile an der *Einheit* v hält. Es findet also keine Verrechnung mit dem Wert dieser Anteile statt, sondern die ausgegliederten Verpflichtungen mindern in vollem Umfang den Beteiligungswert der Übernehmerin. Für die Summe der insgesamt eigenfinanzierten Werte resultiert also eine Veränderung von

$$0 - \sum_{n}^{N} \gamma_n \cdot F_{n,\mathrm{v}} = - \sum_{n}^{N} \gamma_n \cdot F_{n,\mathrm{v}}. \qquad (6.125)$$

Anders als bei Verschmelzungen und Abspaltungen steigert die Übertragung von Verpflichtungen aus Fremdkapitalverträgen bei einer Ausgliederung für sich also nicht die Summe der insgesamt eigenfinanzierten Werte (oder lässt diese wenigstens unverändert), sondern führt dazu, dass die Summe der insgesamt eigenfinanzierten Werte kleiner wird.

Trotz der grundlegenden Unterschiede zu Verschmelzungen und Abspaltungen sind die Konsequenzen der Übertragung von Verpflichtungen aus Fremdkapitalverträgen, auch wenn sie im Rahmen einer Ausgliederung stattfindet, in der Systematik der Umwandlung für sich nicht handhabbar. Auch hier kommt es auf das Zusammenwirken mit den Vorgängen und Ergebnissen an, die mit dem Transfer des übrigen Übertragungsgegenstandes folgen.

6.1.4.2.3 Übertragungsgegenstand im Ganzen

Ohne die Auswirkungen des Transfers eigener Anteile der Überträgerin – also mit den unter 6.1.4.2.2.1 bis 6.1.4.2.2.5 dargestellten Entwicklungen – kommt es für die Summe der innerhalb des betrachteten Verbundes eigenfinanzierten Werte mit einer Ausgliederung insgesamt zu einer Veränderung in Höhe von

$$\alpha \cdot W_{\mathrm{V}} + \sum_{n}^{N} \beta_n \cdot F_{\mathrm{V},n} + \sum_{\substack{n \\ n \neq \mathrm{e}}}^{N} \lambda_n \cdot x_{\mathrm{V},n} \cdot Y_n - \sum_{n}^{N} \gamma_n \cdot F_{n,\mathrm{V}}. \tag{6.126}$$

Eine Ausgliederung führt also zu einer Steigerung der Summe der insgesamt eigenfinanzierten Werte und damit zu einer Steigerung der Komplexität der Eigenfinanzierungsbeziehungen, wenn der übertragene Vermögenssaldo, ausgenommen Anteile an der Übernehmerin, einen positiven Wert hat. Dabei macht es keinen Unterschied, ob die Übernehmerin Anteile an der Überträgerin hält. Nur bei einem Übertragungsgegenstand, der ausgenommen Anteile an der Übernehmerin einen Wert von null hat, lässt eine Ausgliederung die Komplexität der Eigenfinanzierungsbeziehungen unverändert.

Für die Erklärung dieses wirtschaftlichen Ergebnisses der Ausgliederung insgesamt kommt es wie bei Verschmelzungen und Abspaltungen – ausgehend von den jeweiligen Konsequenzen für sich – auf die Abhängigkeiten zwischen den verschiedenen Bestandteilen des Übertragungsgegenstandes an.

Entscheidend ist dabei wieder das Verhältnis der Werte des transferierten positiven Vermögens außer Anteilen an der Übernehmerin, der übergehenden Verpflichtungen aus Fremdkapitalverträgen und der übertragenen Anteile an der Übernehmerin.

Möglich sind auch hier drei Konstellationen:

1. Ohne Anteile an der Übernehmerin ist der Wert des übertragenen Vermögens positiv:

$$\alpha \cdot W_{\mathrm{V}} + \sum_{n}^{N} \beta_n \cdot F_{\mathrm{V},n} + \sum_{\substack{n \\ n \neq \mathrm{e}}}^{N} \lambda_n \cdot x_{\mathrm{V},n} \cdot Y_n - \sum_{n}^{N} \gamma_n \cdot F_{n,\mathrm{V}} > 0 \tag{6.127}$$

Die Übertragung des positiven Vermögenssaldos führt – unabhängig von einer Beteiligung der *Einheit* e an der *Einheit* v vor der Maßnahme – in vollem Umfang zu einer Erhöhung des Beteiligungswertes der *Einheit* e; der Überträgerin sind in entsprechendem Umfang Anteile an der Übernehmerin zu gewähren. Mit der Ausgliederung kommt es insoweit zu einer (unmittelbaren) ***Einlage***.

Für ausgegliederte Anteile an der Übernehmerin folgen die unter 6.1.4.2.2.4 dargestellten Konsequenzen. Für ihre Übertragung sind der *Einheit* v – unabhängig von einer Beteiligung der *Einheit* e an der *Einheit* v vor der Maßnahme – Anteile an der *Einheit* e zu gewähren, deren Nennkapital mit dem Nennkapital der ausgegliederten Anteile übereinstimmt. Die Umwandlung ist insoweit ***wirtschaftlich irrelevant***.

2. Ohne Anteile an der Übernehmerin ist der Wert des übertragenen Vermögens null:

$$\alpha \cdot W_{\mathrm{v}} + \sum_{n}^{N} \beta_n \cdot F_{\mathrm{v},n} + \sum_{\substack{n \\ n \neq \mathrm{e}}}^{N} \lambda_n \cdot x_{\mathrm{v},n} \cdot Y_n - \sum_{n}^{N} \gamma_n \cdot F_{n,\mathrm{v}} = 0 \tag{6.128}$$

Als wirtschaftliches Ergebnis der Maßnahme insgesamt folgen die für die Ausgliederung von Anteilen an der Übernehmerin unter 6.1.4.2.2.4 beschriebenen Konsequenzen. Eine Anteilsgewährung hat ausschließlich im Zusammenhang mit der Übertragung von Anteilen an der Übernehmerin zu erfolgen. Es kommt insoweit zu einem ***wirtschaftlich irrelevanten*** Erwerb eigener Anteile gegen die Gewährung entsprechender neuer Anteile beziehungsweise alter eigener Anteile, oder die übertragenen Anteile müssen im Zuge der Ausgliederung selbst (zurück) auf die *Einheit* v transferiert werden.

3. Ohne Anteile an der Übernehmerin ist der Wert des übertragenen Vermögens negativ:

$$\alpha \cdot W_{\mathrm{v}} + \sum_{n}^{N} \beta_n \cdot F_{\mathrm{v},n} + \sum_{\substack{n \\ n \neq \mathrm{e}}}^{N} \lambda_n \cdot x_{\mathrm{v},n} \cdot Y_n - \sum_{n}^{N} \gamma_n \cdot F_{n,\mathrm{v}} < 0 \tag{6.129}$$

Insoweit der Wert, den die ausgegliederten Anteile an der Übernehmerin vor der Maßnahme bei der Überträgerin aufweisen, den negativen Wert des im Übrigen transferierten Vermögens ausgleicht, hat der Vorgang keine Auswirkungen auf den Beteiligungswert der Überträgerin. Auf der anderen Seite wird der Beteiligungswert der *Einheit* e mit der Vermögensübernahme im Umfang des (im

Übrigen) transferierten Vermögensaldos kleiner. Die auch übertragenen Anteile an der Übernehmerin ändern daran nichts. Sie verbleiben als eigene Anteile bei der *Einheit* e und sind als solche für die Gesellschaft ohne Wert. Vor dem Hintergrund des gleichbleibenden Beteiligungswertes der Überträgerin sind für die Ausgliederung dieser Anteile der *Einheit* v dabei aber auch keine entsprechenden neuen Anteile an der *Einheit* e beziehungsweise alte eigene Anteile der Gesellschaft zu gewähren. Im Ergebnis wird das effektive Nennkapital der Übernehmerin kleiner und damit der gesunkene Beteiligungswert der Gesellschaft im Sinne der *Bedingung 2* ausgeglichen. Das folgt den gleichen Systematiken, die in diesem Zusammenhang für Verschmelzungen und Abspaltungen dargestellt wurden.

Der Vorgang wirkt sich hier also nicht auf die Werte von Anteilen an der Übernehmerin aus, die vor und nach der Maßnahme bei derselben Kapitalgesellschaft oder demselben Individuum einer Beteiligung zugrunde liegen. Das gilt damit auch für Anteile an der *Einheit* e, die die *Einheit* v vor der Maßnahme hält und nicht ausgliedert. Im Ergebnis kommt es hier zu einem ***Erwerb eigener Anteile gegen die Übernahme von Verpflichtungen*** aus Fremdkapitalverträgen.

Tatsächlich gibt es hier also keinen Unterschied zur Umsetzung einer entsprechenden Konstellation im Rahmen einer Abspaltung (beziehungsweise Verschmelzung). Obwohl hier eine Umsetzung im Rahmen einer Ausgliederung erfolgt, wird die Summe der insgesamt eigenfinanzierten Werte kleiner. Die Komplexität der Finanzierungsbeziehungen nimmt also ab.

Insoweit der Wert ausgegliederter Anteile an der Übernehmerin vor der Maßnahme einen im Übrigen transferierten negativen Vermögenssaldo mehr als ausgleicht, kommt es zu den in 6.1.4.2.2.4 beschriebenen Konsequenzen. Die ausgegliederten Anteile an der *Einheit* e werden also zu eigenen Anteilen und für ihre Übertragung sind der *Einheit* v neue mit einer umwandlungsbedingten Kapitalerhöhung geschaffene Anteile zu gewähren. Auf den Beteiligungswert der *Einheit* e hat das keine Auswirkungen. Dieser wird also um den Wert des im Übrigen transferierten negativen Vermögenssaldos gemindert, auch wenn der Wert der transferierten Anteile an der Übernehmerin dazu führt, dass der Übertragungsgenstand insgesamt einen positiven Wert aufweist.

6.1.4.2.4 Ausgliederung eigener Anteile der Überträgerin

6.1.4.2.4.1 Ausgliederung eigener Anteile bei Übertragung eines nichtnegativen Vermögenssaldos

Mit der Betrachtung der Ausgliederung eigener Anteile der Überträgerin ist im Folgenden wieder von der Bestimmungsgleichung für die umzusetzende Veränderung des effektiven Nennkapitals auf Ebene der Übernehmerin in der in (6.119) dargestellten Form auszugehen.

Wie beschrieben, sind die Auswirkungen des Transfers eigener Anteile der Überträgerin bei einer Ausgliederung anders als bei einer Abspaltung unabhängig von den anderen Bestandteilen des Übertragungsgegenstandes, wenn zugleich ein nichtnegativer Vermögenssaldo übertragen wird.

Ausgegliederte eigene Anteile liegen nach der Maßnahme bei der Übernehmerin einer Beteiligung zugrunde. Im Umfang der durch sie vermittelten Beteiligungsquote $\left(\varphi \cdot k_{\mathrm{v}}^{eA} / \left(K_{\mathrm{v}}^{II} + \varphi \cdot k_{\mathrm{v}}^{eA}\right)\right)$ nimmt die *Einheit* e also – gegebenenfalls zusätzlich, wenn sie schon vor der Umwandlung Anteile an der *Einheit* v hält – am Beteiligungswert der *Einheit* v nach der Maßnahme teil. Die ausgegliederten eigenen Anteile haben damit nach der Umwandlung einen Wert von $\left(\varphi \cdot k_{\mathrm{v}}^{eA} / \left(K_{\mathrm{v}}^{II} + \varphi \cdot k_{\mathrm{v}}^{eA}\right)\right) \cdot Y_{\mathrm{v}}^{nU}$.

Durch die Ausgliederung eigener Anteile ändert sich die Vermögensposition der Überträgerin nicht; ihr Beteiligungswert bleibt also gleich. Die Anteile, die vor der Umwandlung einer Beteiligung an der Überträgerin zugrunde liegen, werden durch den Vorgang aber verwässert. Das ist mittelbar auszugleichen, indem der Überträgerin Anteile an der Übernehmerin gewährt werden. Wie im Zusammenhang mit der *Bedingung 1* eines angemessenen Umtauschverhältnisses dargestellt, hat das in einem Umfang stattzufinden, so dass $Y_{\mathrm{v}} = \Theta \cdot Y_{\mathrm{v}}^{nU}$ gilt. Es sind also Anteile an der *Einheit* e mit einem Wert von $\left(\varphi \cdot k_{\mathrm{v}}^{eA} / K_{\mathrm{v}}^{II}\right) \cdot Y_{\mathrm{v}}$ zu gewähren und die dementsprechend ein Nennkapital in Höhe von $\left(\varphi \cdot k_{\mathrm{v}}^{eA} / K_{\mathrm{v}}^{II}\right) \cdot Y_{\mathrm{v}} \cdot \left(K_{\mathrm{e}}^{II} / Y_{\mathrm{e}}\right)$ aufweisen. Der Beteiligungswert der Überträgerin steigt um den Wert dieser Anteile.[59]

Der Wert, den die ausgegliederten eigenen Anteile nach der Maßnahme bei der *Einheit* v aufweisen, stimmt im Ergebnis mit dem Wert der für ihre Übertragung gewährten Anteile an der Übernehmerin überein:[60]

---

[59] Vgl. dazu 6.1.4.1.4.

[60] Es gilt:

$$\frac{\varphi \cdot k_{\mathrm{v}}^{eA}}{K_{\mathrm{v}}^{II} + \varphi \cdot k_{\mathrm{v}}^{eA}} \cdot Y_{\mathrm{v}}^{nU} = \frac{\varphi \cdot k_{\mathrm{v}}^{eA}}{K_{\mathrm{v}}^{II} + \varphi \cdot k_{\mathrm{v}}^{eA}} \cdot (Y_{\mathrm{v}} + \Delta Y_{\mathrm{v}}) = \frac{\varphi \cdot k_{\mathrm{v}}^{eA}}{K_{\mathrm{v}}^{II} + \varphi \cdot k_{\mathrm{v}}^{eA}} \cdot \left(Y_k + \frac{\varphi \cdot k_{\mathrm{v}}^{eA}}{K_{\mathrm{v}}^{II}} \cdot Y_{\mathrm{v}}\right)$$
$$= \frac{\varphi \cdot k_{\mathrm{v}}^{eA}}{K_{\mathrm{v}}^{II} + \varphi \cdot k_{\mathrm{v}}^{eA}} \cdot \left(1 + \frac{\varphi \cdot k_{\mathrm{v}}^{eA}}{K_{\mathrm{v}}^{II}}\right) \cdot Y_{\mathrm{v}} = \left(\frac{\varphi \cdot k_{\mathrm{v}}^{eA}}{K_{\mathrm{v}}^{II} + \varphi \cdot k_{\mathrm{v}}^{eA}} + \frac{\varphi \cdot k_{\mathrm{v}}^{eA}}{K_{\mathrm{v}}^{II} + \varphi \cdot k_{\mathrm{v}}^{eA}} \cdot \frac{\varphi \cdot k_{\mathrm{v}}^{eA}}{K_{\mathrm{v}}^{II}}\right) \cdot Y_{\mathrm{v}}$$
$$= \left(\frac{\varphi \cdot k_{\mathrm{v}}^{eA} \cdot K_{\mathrm{v}}^{II}}{\left(K_{\mathrm{v}}^{II} + \varphi \cdot k_{\mathrm{v}}^{eA}\right) \cdot K_{\mathrm{v}}^{II}} + \frac{\left(\varphi \cdot k_{\mathrm{v}}^{eA}\right)^2}{\left(K_{\mathrm{v}}^{II} + \varphi \cdot k_{\mathrm{v}}^{eA}\right) \cdot K_{\mathrm{v}}^{II}}\right) \cdot Y_{\mathrm{v}} = \left(\frac{\varphi \cdot k_{\mathrm{v}}^{eA} \cdot K_{\mathrm{v}}^{II} + \left(\varphi \cdot k_{\mathrm{v}}^{eA}\right)^2}{\left(K_{\mathrm{v}}^{II} + \varphi \cdot k_{\mathrm{v}}^{eA}\right) \cdot K_{\mathrm{v}}^{II}}\right) \cdot Y_{\mathrm{v}}$$
$$= \left(\frac{\varphi \cdot k_{\mathrm{v}}^{eA} \cdot \left(K_{\mathrm{v}}^{II} + \varphi \cdot k_{\mathrm{v}}^{eA}\right)}{\left(K_{\mathrm{v}}^{II} + \varphi \cdot k_{\mathrm{v}}^{eA}\right) \cdot K_{\mathrm{v}}^{II}}\right) \cdot Y_{\mathrm{v}} = \frac{\varphi \cdot k_{\mathrm{v}}^{eA}}{K_{\mathrm{v}}^{II}} \cdot Y_{\mathrm{v}}.$$

$$\frac{\varphi \cdot k_{\mathrm{v}}^{eA}}{K_{\mathrm{v}}^{II} + \varphi \cdot k_{\mathrm{v}}^{eA}} \cdot Y_{\mathrm{v}}^{nU} = \frac{\varphi \cdot k_{\mathrm{v}}^{eA}}{K_{\mathrm{v}}^{II}} \cdot Y_{\mathrm{v}}. \tag{6.130}$$

Vor diesem Hintergrund wirkt sich der Vorgang nicht auf den Wert von Anteilen an der Überträgerin aus, die schon vor der Maßnahme von der Übernehmerin gehalten werden: Diese Anteile werden durch die Ausgliederung der eigenen Anteile der Überträgerin in gleicher Weise verwässert wie alle anderen Anteile, die vor der Maßnahme einer Beteiligung an der Überträgerin zugrunde liegen. Es gilt

$$\frac{x_{\mathrm{e,v}} \cdot K_{\mathrm{v}}^{II}}{K_{\mathrm{v}}^{II}} < \frac{x_{\mathrm{e,v}} \cdot K_{\mathrm{v}}^{II}}{K_{\mathrm{v}}^{II} + \varphi \cdot k_{\mathrm{v}}^{eA}}. \tag{6.131}$$

Werden der *Einheit* v im beschriebenen Umfang Anteile an der *Einheit* e gewährt, wird diese Verwässerung durch den damit steigenden Beteiligungswert der *Einheit* v wie für alle anderen Anteile, die vor der Maßnahme einer Beteiligung an der Überträgerin zugrunde liegen, genau ausgeglichen.

Insgesamt lässt sich feststellen, dass die Ausgliederung eigener Anteile bei Übertragung eines nichtnegativen Vermögenssaldos einen Vorgang darstellt, der wirtschaftlich mit der ***Veräußerung eigener Anteile*** übereinstimmt. Die Überträgerin veräußert die Anteile ***gegen die Gewährung von Anteilen*** an der Übernehmerin.

Es wird hier ein wechselseitiges Beteiligungsverhältnis der umzuwandelnden Gesellschaften begründet oder erweitert. Die mit der Ausgliederung eigener Anteile der *Einheit* v und der entsprechenden Gewährung von Anteilen an der *Einheit* e steigenden Beteiligungswerte der *Einheit* v und der *Einheit* e erhöhen dabei zugleich die Summe der Werte der Beteiligungen (beziehungsweise der diesen zugrundeliegenden Anteile) an diesen Gesellschaften, das heißt die Werte der jeweiligen Rückbeteiligungen.

Vor diesem Hintergrund ist der Fall zu betrachten, dass auch Anteile an der Übernehmerin ausgegliedert werden, der Übertragungsgegenstand (mit einem nach wie vor insgesamt nichtnegativen Wert), ausgenommen den Wert dieser Anteile, einen negativen Wert aufweist und das nicht durch den Wert der ausgegliederten eigenen Anteile nach der Umwandlung ausgeglichen wird. Betrachtet wird hier also eine Situation, die insoweit der entspricht, die in (6.95) im Zusammenhang mit Abspaltungen dargestellt wurde. Es gilt demnach

$$\alpha \cdot W_{\mathrm{v}} + \sum_{n}^{N} \beta_n \cdot F_{\mathrm{v},n} + \sum_{\substack{n \\ n \neq \mathrm{e}}}^{N} \left(x_{\mathrm{v},n} + \lambda_n \cdot x_{\mathrm{v},n}\right) \cdot Y_n - \sum_{n}^{N} \gamma_n \cdot F_{n,\mathrm{v}}$$

$$+ \frac{\varphi \cdot k_{\mathrm{v}}^{eA}}{K_{\mathrm{v}}^{II} + \varphi \cdot k_{\mathrm{v}}^{eA}} \cdot Y_{\mathrm{v}}^{nU} < 0. \tag{6.132}$$

Die Ausgliederung ist hier ein kombinierter Vorgang bestehend aus einer ***Veräußerung eigener Anteile*** (durch die *Einheit* v) ***gegen die Gewährung von Anteilen*** und dem ***Erwerb eigener Anteile*** (durch die *Einheit* e) ***gegen die Übernahme von Verpflichtungen*** aus Fremdkapitalverträgen. Letzterer findet dabei nach der bekannten Systematik statt, bis der resultierende Rückgang des Beteiligungswertes der Übernehmerin über die Minderung des effektiven Nennkapitals der Gesellschaft ausgeglichen ist. Insoweit die übergehenden Anteile dabei nicht als eigene Anteile bei der Übernehmerin verbleiben müssen (also insoweit der Übertragungsgegenstand einschließlich des Wertes der ausgegliederten Anteile an der *Einheit* e vor der Umwandlung und des Wertes, den die ausgegliederten Anteile der *Einheit* v nach der Umwandlung aufweisen, einen positiven Wert hat), können sie nach § 125 S. 1 i. V. m. §§ 54 Abs. 1 S. 2 Nr. 2, 68 Abs. 1 S. 2 Nr. 2 UmwG der Überträgerin für die Ausgliederung der eigenen Anteile gewährt werden.

6.1.4.2.4.2 Ausgliederung eigener Anteile bei Übertragung eines negativen Vermögenssaldos

Wie die Abspaltung eines insgesamt negativen Vermögenssaldos führt auch die Ausgliederung eines insgesamt negativen Vermögenssaldos dazu, dass der Beteiligungswert der Überträgerin im Zuge der Umwandlung größer wird. Auf der anderen Seite wird der Beteiligungswert der Übernehmerin im Umfang des transferierten negativen Vermögenssaldos kleiner. Das wird nur dann durch die Entwicklung des Wertes einer Beteiligung der *Einheit* e an der *Einheit* v vollständig kompensiert, wenn die *Einheit* e Alleingesellschafterin der *Einheit* v ist $\left(x_{\mathrm{e,v}} = 1\right)$. Andernfalls steht dem Transfer eines negativen Vermögenssaldos die *Bedingung 2* eines angemessenen Umtauschverhältnisses entgegen. Gliedert die Überträgerin zugleich eigene Anteile aus, kann eine solche Vermögensübertragung aber wieder möglich sein. Der Wert, den die ausgegliederten eigenen Anteile nach der Maßnahme bei der Übernehmerin aufweisen, muss dabei den negativen Wert des im Übrigen transferierten Vermögens wenigstens ausgleichen. Auf

Ebene der Übernehmerin entspricht der Vorgang also der Situation, die in (6.96) im Zusammenhang mit Abspaltungen dargestellt wurde. Es muss im Ergebnis also

$$\frac{\varphi \cdot k_{\text{v}}^{eA}}{K_{\text{v}}^{II} + \varphi \cdot k_{\text{v}}^{eA}} \cdot Y_{\text{v}}^{nU} \geq Y_{\text{v}}^{nU} - Y_{\text{v}} \tag{6.133}$$

gelten, damit der Vorgang der *Bedingung 2* eines angemessenen Umtauschverhältnisses entsprechend umgesetzt werden kann.

In (6.119) (beziehungsweise (6.115)) – also für die Ebene der Überträgerin – stellt sich dieser Zusammenhang so dar, dass $\Delta K_{\text{e}}^{II} + \lambda_{\text{e}} \cdot x_{\text{v,e}} \cdot K_{\text{e}}^{II} \left(= k_{\text{e}}^{gA}\right) < 0$,[61] also der negative Wert, der für den Transfer des negativen Vermögenssaldos für sich resultiert,[62] durch $\left(\varphi \cdot k_{\text{v}}^{eA} / K_{\text{v}}^{II}\right) \cdot Y_{\text{v}} \cdot \left(K_{\text{e}}^{II} / Y_{\text{e}}\right)$ wenigstens ausgeglichen werden muss, so dass insgesamt $\Delta K_{\text{e}}^{II} + \lambda_{\text{e}} \cdot x_{\text{v,e}} \cdot K_{\text{e}}^{II} \left(= k_{\text{e}}^{gA}\right) \geq 0$ gilt.

Es sind der Überträgerin hier also weniger Anteile an der Übernehmerin zu gewähren, als die Ausgliederung der eigenen Anteile das für sich erfordert. Das ändert allerdings nichts daran, dass nach der Maßnahme $Y_{\text{v}}^{nU} = Y_{\text{v}} + \left(\varphi \cdot k_{\text{v}}^{eA} / K_{\text{v}}^{II}\right) \cdot Y_{\text{v}}$ gelten muss. Die Steigerung des Beteiligungswertes der *Einheit* v geht hier aber zum Teil nicht auf eine zusätzliche Beteiligung an der *Einheit* e zurück, sondern auf den Transfer des negativen Vermögenssaldos.

Im Ergebnis sind der Überträgerin also keine Anteile an der Übernehmerin zu gewähren, wenn der Wert, den die ausgegliederten eigenen Anteile nach der Maßnahme aufweisen, den transferierten negativen Vermögenssaldo genau ausgleicht. Wie bei der Umsetzung einer entsprechenden Konstellation im Rahmen einer Abspaltung kommt es hier zu einer ***Veräußerung eigener Anteile*** (durch die *Einheit* v) gegen die ***Abgabe von Verpflichtungen*** aus Fremdkapitalverträgen. Die gleichen Konsequenzen wie bei einer Abspaltung hat es dabei auch, wenn vor diesem Hintergrund (auch) Anteile an der Übernehmerin ausgegliedert werden. Diesen Anteilen steht also in voller Höhe ihres Wertes vor der Ausgliederung ein negativer Wert übertragener Verpflichtungen aus Fremdkapitalverträgen gegenüber. Die übertragenen Verpflichtungen mindern nach der Maßnahme den Beteiligungswert der Übernehmerin, während die ausgegliederten Anteile (an der *Einheit* e) nach der Maßnahme für die Gesellschaft keinen Wert haben. Die

---

[61] Vgl. dazu 6.1.3.2.4.2.

[62] Es gilt dann

$$\left(\alpha \cdot W_{\text{v}} + \sum_{n}^{N} \left(\beta_n \cdot F_{\text{v},n} + \lambda_n \cdot x_{\text{v},n} \cdot Y_n - \gamma_n \cdot F_{n,\text{v}}\right)\right) \cdot \frac{K_{\text{e}}^{II}}{Y_{\text{e}}} < 0.$$

Anteile müssen also zu neuen und zusätzlichen eigenen Anteilen der Übernehmerin werden und als solche das effektive Nennkapital mindern. Es kommt insoweit also zu einem ***Erwerb eigener Anteile*** (durch die *Einheit* e) ***gegen die Übernahme von Verpflichtungen*** aus Fremdkapitalverträgen.

Werden eigene Anteile der Überträgerin zugleich mit einem negativen Vermögenssaldo ausgegliedert und werden dabei auch Anteile an der Übernehmerin Bestandteil des Übertragungsgegenstandes, handelt es sich bei der Umwandlung also um einen kombinierten Vorgang bestehend aus einem ***Erwerb eigener Anteile*** (durch die *Einheit* e) ***gegen die Übernahme von Verpflichtungen*** aus Fremdkapitalverträgen und einer ***Veräußerung eigener Anteile*** (durch die *Einheit* v) ***gegen die Abgabe von Verpflichtungen*** aus Fremdkapitalverträgen.

Insoweit der Wert, den die ausgegliederten eigenen Anteile nach der Maßnahme bei der Übernehmerin aufweisen, den transferierten negativen Vermögenssaldo mehr als ausgleicht, resultieren die wirtschaftlichen Vorgänge und Ergebnisse, die oben im Zusammenhang mit der Ausgliederung eigener Anteile bei Übertragung eines nichtnegativen Vermögenssaldos beschrieben wurde. Es kommt zur Verwässerung aller vor der Maßnahme bestehenden Beteiligungen an der Überträgerin. Dementsprechend sind der *Einheit* v Anteile an der *Einheit* e zu gewähren, um diese Verwässerung mittelbar auszugleichen. Es kommt zu einer ***Veräußerung eigener Anteile*** (durch die *Einheit* v) ***gegen die Gewährung von Anteilen***. Werden dabei auch Anteile an der Übernehmerin ausgegliedert, können diese auch weiterhin nicht für ihren eigenen Transfer gewährt werden. Nach § 125 S. 1 i. V. m. §§ 54 Abs. 1 S. 2 Nr. 2, 68 Abs. 1 S. 2 Nr. 2 UmwG ist es aber möglich, sie der Überträgerin (gegebenenfalls teilweise) für die Ausgliederung der eigenen Anteile zu gewähren.

6.1.4.2.5 Das Verhältnis von Ausgliederung zu Verschmelzung und Abspaltung

Ausgliederungen unterscheiden sich wirtschaftlich grundlegend von Verschmelzungen und Abspaltungen.[63]

Bei einer Ausgliederung werden der Überträgerin selbst und nicht ihren Anteilseignern Anteile an der Übernehmerin für die Vermögensübertragung gewährt. Eine Ausgliederung ist damit anders als Abspaltungen und Verschmelzungen strukturell angelegt wie eine (unmittelbare) Einlage außerhalb des umwandlungsgesetzlichen Rahmens.

[63] Vgl. Galla/Cé. Müller in Henssler/Strohn/Galla/Cé. Müller (2024), § 123 UmwG, Rn. 7; dazu auch Sagasser in Sagasser/Bula (2024), § 18. Rn. 25.

Sieht man von ihrem Einfluss auf die Höhe des Beteiligungswertes der Übernehmerin und ihrer damit einhergehenden Bedeutung für die Bestimmung eines angemessenen Umtauschverhältnisses ab, wirkt sich eine Beteiligung der Übernehmerin an der Überträgerin im Zuge einer Ausgliederung wirtschaftlich nicht aus.

Auch eine Beteiligung der Überträgerin an der Übernehmerin ist für die wirtschaftlichen Vorgänge und Ergebnisse einer Ausgliederung vielfach ohne Bedeutung. Das ist auch dann so, wenn die einer solchen Beteiligung zugrundeliegenden Anteile tatsächlich Bestandteil des Übertragungsgegenstandes werden. Bei Verschmelzungen und Abspaltungen sind die den gegenseitigen Eigenfinanzierungsbeziehungen der umzuwandelnden Gesellschaften zugrundeliegenden Anteile demgegenüber regelmäßig von entscheidender Bedeutung für die resultierenden wirtschaftlichen Vorgänge und Ergebnisse.

Insgesamt führen Ausgliederungen in der Regel zu zusätzlichen eigenfinanzierten Werten und damit zu einer gesteigerten Komplexität der Finanzierungsbeziehungen. Diese insgesamt steigende Komplexität folgt dabei typischerweise aus einer komplexeren Finanzierung des übertragenen Vermögens. Zu einer komplexeren Finanzierung des bei der Überträgerin verbleibenden Vermögens kommt es, wenn auch eigene Anteile der Überträgerin ausgegliedert werden. Verschmelzungen und Abspaltungen lassen Komplexität von Finanzierungsbeziehungen in der Regel unverändert oder sie führen zu einer Vereinfachung. Die zurückgehende Komplexität folgt dabei typischerweise aus einer weniger komplexen Finanzierung des übertragenen Vermögens.

Zu übereinstimmenden wirtschaftlichen Vorgängen und Ergebnissen kommt es mit Ausgliederungen und Abspaltungen (beziehungsweise Verschmelzungen), wenn bestimmte Ausgangssituationen auch bei Abspaltungen dazu führen, dass die Ebene der Anteilseigner der Überträgerin nur mittelbar von der Umwandlung betroffen ist, weil für die Vermögensübertragung keine Anteile zu gewähren sind.

Das betrifft den Fall, dass das übertragene Vermögen, ausgenommen Anteile an der Übernehmerin, einen negativen Wert aufweist. Insoweit die auch übertragenen Anteile an der Übernehmerin diesen negativen Vermögensaldo ausgleichen, kommt es bei allen bis hier betrachteten Umwandlungen zu einem Erwerb eigener Anteile gegen die Übernahme von Verpflichtungen aus Fremdkapitalverträgen. Auch im Zuge einer Ausgliederung wird dann die Summe der insgesamt eigenfinanzierten Werte kleiner, das heißt die Komplexität der Finanzierungsbeziehungen durch die Umwandlung verringert.

Abspaltungen und Ausgliederungen stimmen zudem überein, wenn eigene Anteile der Überträgerin zusammen mit einem negativen Vermögenssaldo transferiert werden und der Wert, den die eigenen Anteile nach der Maßnahme bei der Übernehmerin aufweisen, den negativen Wert des Übertragungsgegenstandes genau ausgleichen. Mit beiden Umwandlungen kommt es dann zu einer Veräußerung eigener Anteile gegen die Abgabe von Verpflichtungen. Werden dabei auch Anteile an der Übernehmerin übertragen, führt das übereinstimmend bei Abspaltungen und Ausgliederungen dazu, dass zugleich auch ein Erwerb eigener Anteile gegen die Übernahme von Verpflichtungen aus Fremdkapitalverträgen stattfindet.

6.1.4.2.6 Zusammenfassung

Bei den hier betrachteten Ausgliederungen geht es wie bei den zuvor betrachteten Verschmelzungen und Abspaltungen um die Neufassung der Finanzierungsbeziehungen von Kapitalgesellschaften.

Fremdfinanzierungen sind dabei für sich nur betroffen, wenn unmittelbare Ansprüche oder Verpflichtungen der Überträgerin gegenüber der Übernehmerin ausgegliedert werden. Die gegenseitigen Positionen gehen durch Konfusion unter und die Komplexität der Fremdfinanzierungsbeziehungen wird insgesamt kleiner. Zu neuen und zusätzlichen Fremdfinanzierungen kann es durch eine Ausgliederung nicht kommen.

Die Hauptsache von Ausgliederungen ist die Neufassung von Eigenfinanzierungen.

Ausgliederungen unterscheiden sich systematisch grundlegend von Verschmelzungen und Abspaltungen. Zu übereinstimmenden wirtschaftliche Vorgängen und Ergebnissen führen Ausgliederungen und Abspaltungen nur bei Konstellationen, in denen für die Vermögensübertragung keine Anteile zu gewähren sind.

Hält die Übernehmerin vor der Maßnahme Anteile an der Überträgerin, hat das – anders als bei Verschmelzungen und Abspaltungen – abgesehen von dem Einfluss auf die maßgeblichen Beteiligungswerte – für die wirtschaftlichen Resultate der Umwandlung keine Bedeutung.

Werden keine eigenen Anteile ausgegliedert, muss der Beteiligungswert der Überträgerin vor und nach der Maßnahme übereinstimmen.

Vor diesem Hintergrund ist auch bei einer Ausgliederung zu unterscheiden, ob ein Übertragungsgegenstand mit einem nichtnegativen Wert bestimmt wird oder es zur Übertragung eines negativen Vermögenssaldos kommt.

Ausgliederung eines nichtnegativen Vermögenssaldos

Gleichen die Werte des ausgegliederten Realvermögens, der transferierten Ansprüche aus Fremdkapitalverträgen und der übertragenen Anteile an dritten Kapitalgesellschaften den negativen Wert der ausgegliederten Verpflichtungen aus Fremdkapitalverträgen mehr als aus, gehen der Übernehmerin damit neue und zusätzliche Eigenmittel zu. Der Überträgerin müssen dementsprechend Anteile an der Übernehmerin gewährt werden. Insoweit entspricht eine Ausgliederung einer (unmittelbaren) ***Einlage***.

Findet dabei auch eine Ausgliederung von Anteilen an der Übernehmerin statt, werden diese zu neuen eigenen Anteilen und für ihren Transfer sind der Überträgerin alte eigene Anteile der Übernehmerin oder Anteile aus einer umwandlungsbedingten Kapitalerhöhung mit einem übereinstimmenden Nennkapital zu gewähren oder die ausgegliederten Anteile verbleiben nach der Maßnahme nicht bei der Übernehmerin, sondern werden der Überträgerin (selbst) für ihre eigene Übertragung gewährt. Unabhängig davon, wie der Vorgang umgesetzt wird, ist die Ausgliederung von Anteilen an der Übernehmerin für sich ***wirtschaftlich irrelevant***. Die Überträgerin verfügt nach der Maßnahme über Anteile mit einem unveränderten Nennkapital, die eine unveränderte Beteiligungsquote vermitteln und einen unveränderten Wert aufweisen.

Ist der Wert des Übertragungsgegenstandes, ausgenommen Anteile an der Übernehmerin, negativ, führt die Maßnahme zu einem Rückgang des Beteiligungswertes der *Einheit* e. Die transferierten Anteile müssen insoweit zu neuen und zusätzlichen eigenen Anteilen werden. Mit der Ausgliederung kommt es zu einem ***Erwerb eigener Anteile gegen die Übernahme von Verpflichtungen*** aus Fremdkapitalverträgen.

Transferiert die Überträgerin einen positiven Vermögenssaldo und gliedert zugleich eigene Anteile aus, kommt es zu einer Verwässerung der Anteile, die schon vor der Maßnahme einer Beteiligung an der Gesellschaft zugrunde liegen. Das ist mittelbar auszugleichen, indem der Überträgerin Anteile an der Übernehmerin gewährt werden. Mit der Ausgliederung kommt dann zu einer ***Veräußerung eigener Anteile*** (durch die *Einheit* v) ***gegen die Gewährung von Anteilen***.

Ausgliederung eines negativen Vermögenssaldos

Die Ausgliederung eines insgesamt negativen Vermögenssaldos ist grundsätzlich nur möglich, wenn zugleich auch eigene Anteile der Überträgerin transferiert werden.

Insoweit der Wert, den die ausgegliederten eigenen Anteile nach der Maßnahme auf Ebene der Übernehmerin aufweisen, den Transfer eines negativen Vermögenssaldos genau ausgleicht, kommt es mit der Ausgliederung zu einer ***Veräußerung eigener Anteile gegen die Abgabe von Verpflichtungen*** aus Fremdkapitalverträgen. Sind dabei auch Anteile an der Übernehmerin Bestandteil des Übertragungsgegenstandes, müssen diese (in vollem Umfang) zu neuen und zusätzlichen eigenen Anteilen werden. Insoweit handelt es sich bei der Ausgliederung um einen ***Erwerb eigener Anteile gegen die Übernahme von Verpflichtungen*** aus Fremdkapitalverträgen.

Insoweit der Wert, den die ausgegliederten eigenen Anteile nach der Maßnahme auf Ebene der Übernehmerin aufweisen, den Transfer eines negativen Vermögenssaldos mehr als ausgleicht, kommt es zu einer ***Veräußerung eigener Anteile*** (durch die *Einheit* v) ***gegen die Gewährung von Anteilen***.

Grundsätzlich führen Ausgliederungen zu einer Steigerung der Komplexität der Eigenfinanzierungsbeziehungen, also zu zusätzlichen eigenfinanzierten Werten. Nur bei einem Übertragungsgegenstand, der ausgenommen Anteile an der Übernehmerin einen negativen Wert hat, ohne dass das durch den Wert, den zugleich ausgegliederte eigene Anteile nach der Maßnahme bei der Übernehmerin aufweisen, ausgeglichen wird, führt eine Ausgliederung zu einem Rückgang der insgesamt eigenfinanzierten Werte. In diesem Fall kommt es also auch mit einer Ausgliederung dazu, dass die Umsetzung von Investitionsobjekten unmittelbarer und konzentrierter erfolgt.

6.2 Umwandlungen zur Neugründung

6.2.1 Ausgangssituation

Bei einer Umwandlung zur Neugründung mit zwei umzuwandelnden Kapitalgesellschaften ($|U| = 2$) gibt es eine Gesellschaft, deren Vermögen insgesamt oder in Teilen übertragen wird, und eine im Zuge der Maßnahme entstehende übernehmende Gesellschaft.

Es wird festgelegt, dass Überträgerin auch weiterhin nur dem oben bestimmten Verbund von N Kapitalgesellschaften zugehörige Einheiten sein können. Die übertragende Einheit wird vor diesem Hintergrund weiter durch den Index v gekennzeichnet.

Nach den Darstellungen in Abschnitt 5.6 handelt es sich bei der übernehmenden Einheit um ein Element der Menge G. Dabei gelten $g \notin N$ sowie in den hier betrachteten Fällen $|G| = 1$.

Weil die *Einheit* g erst mit der Umwandlung entsteht, existiert vor einer Maßnahme kein Beteiligungswert Y_g, es gibt keine Ansprüche oder Verpflichtungen aus Fremdkapitalverträgen gegenüber der *Einheit* g und die Gesellschaft hält keine Anteile an anderen Kapitalgesellschaften und hat selbst keine Anteilseigner. Es ist also ausgeschlossen, dass eine Umwandlung mit der *Einheit* g als umzuwandelnder Gesellschaft ein Aufwärtselement (die *Einheit* g hält vor der Maßnahme keine Anteile an der *Einheit* v) oder ein Abwärtselement (die *Einheit* v hält vor der Maßnahme keine Anteile an der *Einheit* g) aufweist.

Hinsichtlich des Beteiligungswertes der übertragenden *Einheit* v vor der Maßnahme gibt es keinen Unterschied zu einer Umwandlung zur Aufnahme; die

Ermittlung folgt also der allgemeinen Formel zur Berechnung des Beteiligungswertes in (4.6). Es gilt demnach

$$\begin{aligned} Y_\mathrm{v} &= W_\mathrm{v} + F_\mathrm{v}^A + Y_\mathrm{v}^P - F_\mathrm{v}^V \\ \Leftrightarrow Y_\mathrm{v} &= W_\mathrm{v} + \sum_n^N F_{\mathrm{v},n} + \sum_n^N x_{\mathrm{v},n} \cdot Y_n - \sum_n^N F_{n,\mathrm{v}}. \end{aligned} \tag{6.134}$$

Vor diesem Hintergrund kommen ***Abspaltungen*** und ***Ausgliederungen*** als Umwandlungen in Frage.

Es wird sich zeigen, dass Abspaltungen und Ausgliederungen zur Neugründung weitaus weniger problematisch sind als Abspaltungen und Ausgliederungen zur Aufnahme. Tatsächlich weisen sie keine wirtschaftlichen Elemente auf, die nicht auch im Rahmen einer entsprechenden Umwandlung zur Aufnahme möglich sind, während die wesentlichen Schwierigkeiten von Umwandlungen zur Aufnahme nicht vorkommen. Vor diesem Hintergrund werden bereits behandelte Inhalte und Zusammenhänge im Folgenden nur kurz dargestellt.

6.2.2 Abspaltung

Bei einer Abspaltung zur Neugründung mit $|U| = 2$ transferiert die Überträgerin einen Teil ihres Vermögens und besteht nach der Maßnahme fort.

Ohne finanzielle Verflechtungen der umzuwandelnden Gesellschaften kann es dabei nicht zur Übertragung von Ansprüchen und Verpflichtungen aus Fremdkapitalverträgen gegenüber der *Einheit g* und von Anteilen an der *Einheit g* kommen.

Ansonsten ist der Transfer von Realvermögen, Anteilen an anderen Gesellschaften des Verbundes und gegenüber diesen bestehenden Ansprüchen und Verpflichtungen aus Fremdkapitalverträgen möglich. Auch eigene Anteile der Überträgerin können Bestandteil des Übertragungsgegenstandes werden.

Die Abspaltung eines insgesamt negativen Vermögensaldos ist dabei grundsätzlich nicht möglich. Anders als bei Abspaltungen zur Aufnahme hängt das offenkundig nicht mit dem Wert von Anteilen zusammen, die schon vor der Maßnahme einer Beteiligung an der Übernehmerin zugrunde liegen, sondern ist darauf zurückzuführen, dass die Ausstattung der Übernehmerin nach der Maßnahme ausschließlich aus dem Übertragungsgegenstand besteht. Es ist ausgeschlossen, dass eine Kapitalgesellschaft einen negativen Beteiligungswert aufweist. Das wäre aber die Folge der Übernahme eines negativen Vermögenssaldos. In Frage kommt die Abspaltung eines Übertragungsgegenstandes mit einem negativen Wert wieder nur, wenn auch eigene Anteile der *Einheit* v transferiert werden.

Für die Ebene der Anteilseigner der Überträgerin resultieren im Zusammenhang mit einem angemessenen Umtauschverhältnis die von einer Abspaltung zur Aufnahme bekannten Beziehungen. Nur eigene Anteile der *Einheit* v – unabhängig davon, ob sie im Zuge der Maßnahme transferiert werden – begründen nach § 131 Abs. 1 Nr. 3 S. 1 UmwG keinen Anspruch auf die Gewährung von Anteilen an der *Einheit g*. Weil die Übernehmerin vor der Maßnahme keine Anteile an der Überträgerin hält, erübrigt sich der diesbezügliche Ausschluss einer Anteilsgewährung.

Im Ergebnis sind allen Einheiten des Verbundes (mit Ausnahme der *Einheit* v) und allen Individuen, die vor der Maßnahme Anteile an der *Einheit* v halten, jeweils Anteile an der *Einheit g* in einem Umfang zu gewähren, so dass die Auswirkungen der Vermögensübertragung auf ihre Anteile an der *Einheit* v genau ausgeglichen werden.

Maßgeblich sind hier also die Wertänderungen

$$\begin{aligned} &x_{n,\mathrm{v}} \cdot Y_{\mathrm{v}} - x_{n,\mathrm{v}}^{nU} \cdot Y_{\mathrm{v}}^{nU} \quad \forall\, n \in N \mid \neg \mathrm{v}, \\ &x_{m,\mathrm{v}} \cdot Y_{\mathrm{v}} - x_{m,\mathrm{v}}^{nU} \cdot Y_{\mathrm{v}}^{nU} \quad \forall\, m \in M\,. \end{aligned} \tag{6.135}$$

Es müssen demnach Anteile an der Übernehmerin gewährt werden, so dass

$$\begin{aligned} x_{n,\mathrm{v}} \cdot Y_{\mathrm{v}} - x_{n,\mathrm{v}}^{nU} \cdot Y_{\mathrm{v}}^{nU} &= x_{n,g}^{gA} \cdot Y_{g}^{nU} \quad \forall\, n \in N \mid \neg \mathrm{v}\,, \\ x_{m,\mathrm{v}} \cdot Y_{\mathrm{v}} - x_{m,\mathrm{v}}^{nU} \cdot Y_{\mathrm{v}}^{nU} &= x_{m,g}^{gA} \cdot Y_{g}^{nU} \quad \forall\, m \in M \end{aligned} \tag{6.136}$$

gilt. Umgestellt nach den Werten der Anteile an der *Einheit* v vor der Umwandlung resultiert die *Bedingung 1* eines angemessenen Umtauschverhältnisses einer Abspaltung zur Neugründung mit $|U| = 2$:

Bedingung 1

$$\begin{aligned} x_{n,\mathrm{v}} \cdot Y_{\mathrm{v}} &= x_{n,\mathrm{v}}^{nU} \cdot Y_{\mathrm{v}}^{nU} + x_{n,g}^{gA} \cdot Y_{g}^{nU} \quad \forall\, n \in N \mid \neg \mathrm{v}\,, \\ x_{m,\mathrm{v}} \cdot Y_{\mathrm{v}} &= x_{m,\mathrm{v}}^{nU} \cdot Y_{\mathrm{v}}^{nU} + x_{m,g}^{gA} \cdot Y_{g}^{nU} \quad \forall\, m \in M \end{aligned} \tag{6.137}$$

Die *Einheit g* entsteht erst mit der Abspaltung. Es gibt also vor der Maßnahme keine Anteilseigner, deren Vermögenspositionen bei der Ermittlung eines angemessenen Umtauschverhältnisses berücksichtigt werden müssten. Damit ist eine *Bedingung 2* eines angemessenen Umtauschverhältnisses nicht zu formulieren.[64]

Die Ausstattung der Übernehmerin nach der Maßnahme besteht aus dem Übertragungsgegenstand. Werden dabei auch eigene Anteile der *Einheit* v transferiert $\left(\varphi \cdot k_{\mathrm{v}}^{eA} > 0\right)$, liegen diese nach der Umwandlung einer Beteiligung zugrunde. Die Anteile, die schon vor der Abspaltung einer Beteiligung an der Überträgerin zugrunde liegen, werden dem Faktor Θ entsprechend verwässert. Auf den Beteiligungswert der *Einheit* v wirkt sich die Abspaltung eigener Anteile nicht aus.

Insgesamt wird der Beteiligungswert der Überträgerin im Zuge der Maßnahme um den Wert eines im Übrigen transferierten positiven Vermögenssaldos kleiner oder er steigt entsprechend dem Wert eines im Übrigen transferierten negativen Vermögenssaldos. Weil die Übernehmerin nur entstehen kann, wenn sie mit einem insgesamt nichtnegativen Vermögen ausgestattet wird, muss der Wert, den abgespaltene eigene Anteile nach der Maßnahme bei der Übernehmerin aufweisen, einen gegebenenfalls negativen Wert des Übertragungsgegenstandes im Übrigen wenigstens[65] ausgleichen.

Die Auswirkungen der Abspaltung eigener Anteile und des Transfers des Übertragungsgegenstandes im Übrigen treffen die Anteilseigner der Überträgerin entsprechend ihren Beteiligungsquoten vor der Maßnahme. Demnach müssen – im Regelfall einer verhältniswahrenden Abspaltung – ihre Beteiligungsquoten an der *Einheit g* übereinstimmen mit ihren Beteiligungsquoten an der *Einheit* v vor der Maßnahme, damit die Umsetzung der Umwandlung der *Bedingung 1* eines angemessenen Umtauschverhältnisses entspricht. Es müssen also

$$\begin{aligned} x_{n,\mathrm{v}} &= x_{n,g}^{gA} = x_{n,g}^{nU} \quad \forall\, n \in N \mid \neg \mathrm{v}\,, \\ x_{m,\mathrm{v}} &= x_{m,g}^{gA} = x_{m,g}^{nU} \quad \forall\, m \in M \end{aligned} \qquad (6.138)$$

[64] Obwohl den Positionen der Anteilseigner der Überträgerin keine Positionen auf Ebene der Anteilseigner der Übernehmerin entgegenstehen (vgl. Mayer in Widmann/Mayer (2025), § 136 UmwG, Rn. 21; Priester/Lieder in Lutter (2024), § 136 UmwG, Rn. 9), wird der Begriff Umtauschverhältnis hier weiterhin verwendet.

[65] Grundsätzlich ist hier zu beachten, dass nach § 135 Abs. 2 UmwG die allgemeinen gesellschaftsrechtlichen Gründungsvorschriften und damit auch die entsprechenden Grundsätze zur Kapitalaufbringung gelten (vgl. Bärwaldt in Semler/Stengel/Leonard (2021), § 135 UmwG, Rn. 16; Sickinger in Kallmeyer (2024), § 135 UmwG, Rn. 11).

gelten.[66] Wegen der Auswirkungen einer Abspaltung eigener Anteile heißt das allerdings nicht, dass die für die Beteiligungen an der *Einheit* g maßgeblichen Beteiligungsquoten an der *Einheit* v im Zuge der Maßnahme gleich bleiben. Es ist hier also (auch für eine verhältniswahrende Spaltung) nicht gefordert, dass auch $x_{n,\mathrm{v}} = x_{n,\mathrm{v}}^{nU} \; \forall \, n \in N \mid \neg \mathrm{v}$ und $x_{m,\mathrm{v}} = x_{m,\mathrm{v}}^{nU} \; \forall \, m \in M$ gelten.

Weil die Umwandlung kein Abwärtselement aufweisen kann, kommt eine Gewährung von Anteilen an der *Einheit* g nach § 125 S. 1 UmwG i. V. m. §§ 54 Abs. 1 S. 2 Nr. 2, 68 Abs. 1 S. 2 Nr. 2 UmwG nicht in Frage. Eine Gewährung alter eigener Anteile der *Einheit* g nach § 125 S. 1 UmwG i. V. m. §§ 54 Abs. 1 S. 2 Nr. 1, 68 Abs. 1 S. 2 Nr. 1 UmwG ist offenkundig ebenfalls nicht möglich. Alle zu gewährenden Anteile an der Übernehmerin sind demnach im Zuge einer umwandlungsbedingten Kapitalerhöhung zu schaffen.

Anders als bei einer Abspaltung zur Aufnahme weist die Übernehmerin vor der Maßnahme kein effektives Nennkapital auf. Es gibt also keinen feststehenden Betrag K_g^{II}. Den einzelnen Anteilseignern der Überträgerin sind also jeweils Anteile an der Übernehmerin zu gewähren, die ein Nennkapital aufweisen, das dem im Zuge der Maßnahme bestimmten Nennkapital der *Einheit* g $\left(K_g^{I,nU}\right)$ – das dann mit dem effektiven Nennkapital der Gesellschaft übereinstimmt $\left(K_g^{I,nU} = K_g^{II,nU}\right)$ – im Umfang ihrer Beteiligungsquote an der Überträgerin vor der Maßnahme entspricht:[67]

$$\begin{aligned} &x_{n,\mathrm{v}} \cdot K_g^{I,nU} \quad \forall \, n \in N \mid \neg \mathrm{v} \\ &x_{m,\mathrm{v}} \cdot K_g^{I,nU} \quad \forall \, m \in M \end{aligned} \tag{6.139}$$

Werden keine eigenen Anteile der Überträgerin abgespalten, ändert sich die Summe der insgesamt eigenfinanzierten Werte nicht. Ein Rückgang des Beteiligungswertes der Überträgerin wird durch den (neuen) Beteiligungswert der Übernehmerin immer genau ausgeglichen.

Unabhängig von seiner Zusammensetzung im Einzelnen kommt es mit der Abspaltung eines Übertragungsgegenstandes mit einem positiven Wert also zu einer ***mittelbaren Einlage***.

---

[66] Vgl. Diekmann in Semler/Stengel/Leonard (2021), § 143 UmwG, Rn. 4; Schwab in Lutter (2024), § 143 UmwG, Rn. 7, 10 sowie die grundsätzlichen Ausführungen zu verhältniswahrenden und nichtverhältniswahrenden Spaltungen in 5.3.2 und 5.4.2.

[67] Vgl. Hörtnagl in Schmitt/Hörtnagl (2024), § 126 UmwG, Rn. 35; Priester/Lieder in Lutter (2024), § 136 UmwG, Rn. 10 f.

Werden auch eigene Anteile der Überträgerin abgespalten, ist das Verhältnis des Wertes, den diese Anteile nach der Maßnahme bei der Übernehmerin aufweisen, und dem Wert des Übertragungsgegenstandes im Übrigen ausschlaggebend:

Wird mit den eigenen Anteilen der Überträgerin ein positiver Vermögenssaldo abgespalten, kommt es mit dessen Übertragung zu einer ***mittelbaren Einlage***. Bei dem Transfer eigener Anteile handelt es sich vor diesem Hintergrund um eine ***Veräußerung eigener Anteile gegen die Gewährung von Anteilen an Anteilseigner der Überträgerin.***

Wird mit den eigenen Anteilen der Überträgerin ein negativer Vermögenssaldo abgespalten, kommt es zu einer ***Veräußerung eigener Anteile*** (durch die *Einheit* v) ***gegen die Abgabe von Verpflichtungen*** aus Fremdkapitalverträgen, insoweit der Wert, den die abgespaltenen eigenen Anteile nach der Maßnahme bei der Übernehmerin aufweisen, den negativen Wert des sonstigen Übertragungsgegenstandes ausgleicht. Insoweit der Wert, den die abgespaltenen eigenen Anteile nach der Maßnahme bei der Übernehmerin aufweisen, den negativen Wert des sonstigen Übertragungsgegenstandes mehr als ausgleicht, kommt es wieder zu einer ***Veräußerung eigener Anteile gegen die Gewährung von Anteilen an Anteilseigner der Überträgerin.***

Insoweit es mit der Abspaltung eigener Anteile zu einer Veräußerung eigener Anteile gegen die Gewährung neuer Anteile an Anteilseigner der Überträgerin kommt, führt die Umwandlung dazu, dass die Summe der insgesamt eigenfinanzierten Werte größer wird, die Komplexität der Finanzierungsbeziehungen durch die Maßnahme also steigt. Insoweit es zu einer Veräußerung eigener Anteile gegen die Abgabe von Verpflichtungen aus Fremdkapitalverträgen kommt, lässt die Maßnahme die Summe der insgesamt eigenfinanzierten Werte unverändert.

6.2.3 Ausgliederung

Bei einer Ausgliederung zur Neugründung mit $|U| = 2$ transferiert die Überträgerin einen Teil ihres Vermögens oder ihr gesamtes Vermögen und besteht nach der Maßnahme fort.

Möglich ist dabei der Transfer von Realvermögen, Anteilen an anderen Gesellschaften des Verbundes und gegenüber diesen bestehenden Ansprüchen und Verpflichtungen aus Fremdkapitalverträgen sowie von eigenen Anteilen der Überträgerin; eine Übertragung von Ansprüchen und Verpflichtungen aus Fremdkapitalverträgen gegenüber der *Einheit g* beziehungsweise von Anteilen an dieser Gesellschaft kommt nicht in Frage.

Wie bei einer Ausgliederung zur Aufnahme ist dabei auch ein Übertragungsgegenstand möglich, dessen Wert den Beteiligungswert der *Einheit* v übersteigt. Die Ausgliederung eines negativen Vermögenssaldos ist nur möglich, wenn zugleich eigene Anteile übertragen werden. Es gelten hier die oben für die Übertragung eines negativen Vermögenssaldos im Rahmen einer Abspaltung zur Neugründung dargestellten Zusammenhänge.

Bei einer Ausgliederung zur Neugründung sind der übertragenden *Einheit* v Anteile an der übernehmenden *Einheit g* in einem Umfang zu gewähren, so dass die Auswirkungen der Übertragung des Vermögensgegenstandes auf ihren Beteiligungswert und mittelbar die Auswirkungen des Transfers eigener Anteile auf den Wert der an ihr gehaltenen Beteiligungen ausgeglichen werden.

Die *Bedingung 1* einer Ausgliederung zur Neugründung mit $|U| = 2$ entspricht damit der *Bedingung 1* einer Ausgliederung zur Aufnahme mit $|U| = 2$:

Bedingung 1

$$Y_{\text{v}} = \Theta \cdot Y_{\text{v}}^{nU} \tag{6.140}$$

Wie im Zusammenhang mit einer Abspaltung zur Neugründung ist hier eine *Bedingung 2* eines angemessenen Umtauschverhältnisses nicht zu formulieren; es gibt vor der Maßnahme keine Anteilseigner der *Einheit g*.

Für den Wert der zu gewährenden Anteile an der übernehmenden *Einheit g* folgt damit

$$\begin{aligned} \frac{k_{\text{v},g}^{gA}}{K_g^{I,nU}} \cdot Y_g^{nU} &= x_{\text{v},g}^{gA} \cdot Y_g^{nU} \\ &= \alpha \cdot W_{\text{v}} + \sum_n^N \left(\beta_n \cdot F_{\text{v},n} + \lambda_n \cdot x_{\text{v},n} \cdot Y_n - \gamma_n \cdot F_{n,\text{v}}\right) \\ &\quad + \frac{\varphi \cdot k_{\text{v}}^{eA}}{K_{\text{v}}^{II}} \cdot Y_{\text{v}}. \end{aligned} \tag{6.141}$$

Wie bei einer Abspaltung zur Neugründung kommt hier eine Gewährung von Anteilen an der *Einheit g* nach § 125 S. 1 UmwG i. V. m. §§ 54 Abs. 1 S. 2 Nr. 2, 68 Abs. 1 S. 2 Nr. 2 UmwG nicht in Frage, weil die Umwandlung kein Abwärtselement aufweisen kann; eine Gewährung alter eigener Anteile der Einheit *g* nach § 125 S. 1 UmwG i. V. m. §§ 54 Abs. 1 S. 2 Nr. 1, 68 Abs. 1 S. 2

Nr. 1 UmwG ist ebenfalls ausgeschlossen. Alle zu gewährenden Anteile sind demnach mit einer umwandlungsbedingten Kapitalerhöhung zu schaffen.

Es ist offenkundig, dass der übertragenden Einheit v im Zuge der Umwandlung alle Anteile an der neugegründeten *Einheit g* $\left(k_{v,g}^{gA} = K_g^{I,nU}\right)$ zu gewähren sind. Nach der Maßnahme muss also $x_{v,g}^{nU} = 1$ gelten.[68]

Werden keine eigenen Anteile der Überträgerin ausgegliedert, steigt die Summe der insgesamt eigenfinanzierten Werte im Zuge der Maßnahme um den Wert des übertragenen Vermögens. Mit der Ausgliederung kommt es zu einer (unmittelbaren) ***Einlage***.

Werden auch eigene Anteile der Überträgerin ausgegliedert, ist das Verhältnis des Wertes, den diese Anteile nach der Maßnahme bei der Übernehmerin aufweisen, und dem Wert des Übertragungsgegenstandes im Übrigen ausschlaggebend:

Wird mit den eigenen Anteilen der Überträgerin ein positiver Vermögenssaldo ausgegliedert, kommt es mit dessen Übertragung zu einer (unmittelbaren) ***Einlage***. Bei dem Transfer eigener Anteile handelt es sich vor diesem Hintergrund um eine ***Veräußerung eigener Anteile gegen die Gewährung neuer Anteile***.

Wird mit den eigenen Anteilen der Überträgerin ein negativer Vermögenssaldo ausgegliedert, kommt es zu einer ***Veräußerung eigener Anteile*** (durch die *Einheit* v) ***gegen die Abgabe von Verpflichtungen*** aus Fremdkapitalverträgen, insoweit der Wert, den die ausgegliederten eigenen Anteile nach der Maßnahme bei der Übernehmerin aufweisen, den negativen Wert des sonstigen Übertragungsgegenstandes ausgleicht. Insoweit der Wert, den die ausgegliederten eigenen Anteile nach der Maßnahme bei der Übernehmerin aufweisen, den negativen Wert des sonstigen Übertragungsgegenstandes mehr als ausgleicht, kommt es wieder zu einer ***Veräußerung eigener Anteile gegen die Gewährung neuer Anteile***.

Insoweit es mit der Abspaltung eigener Anteile zu einer Veräußerung eigener Anteile gegen die Gewährung neuer Anteile kommt, führt die Umwandlung dazu, dass die Summe der insgesamt eigenfinanzierten Werte größer wird. Die mit der Ausgliederung eigener Anteile der *Einheit* v und der entsprechenden Gewährung von Anteilen an der *Einheit g* steigenden Beteiligungswerte der *Einheit* v und der *Einheit g* erhöhen dabei zugleich die Summe der Werte der Beteiligungen (beziehungsweise der diesen zugrundeliegenden Anteile) an diesen Gesellschaften – also die Werte der jeweiligen Rückbeteiligungen.

[68] Vgl. Hörtnagl in Schmitt/Hörtnagl (2024), § 126 UmwG, Rn. 37 f.

7 Umwandlungen mit mehr als zwei umzuwandelnden Kapitalgesellschaften

7.1 Umwandlungen zur Aufnahme

7.1.1 Ausgangssituation

Wie in Kapitel 5 dargestellt, kommen als Umwandlungen zur Aufnahme mit mehr als zwei umzuwandelnden Kapitalgesellschaften ($|U| > 2$) eine ***Verschmelzung*** und sämtliche Formen der Spaltung, das heißt ***Aufspaltung***, ***Abspaltung*** und ***Ausgliederung*** in Frage.

Wieder wird festgelegt, dass nur Einheiten des oben bestimmten Verbundes von N Kapitalgesellschaften Überträgerinnen oder Übernehmerinnen sein können. Es gelten also auch hier $u \in N \; \forall \; u$ und damit $U \subseteq N$.

Bei einer Verschmelzung zur Aufnahme mit $|U| > 2$ gibt es nach § 2 UmwG grundsätzlich beliebig viele übertragende Einheiten und immer genau eine übernehmende Einheit.[1]

Für die Anzahl übertragender Einheiten folgt demnach $2 \leq |U| - 1 \leq N - 1$ und damit für die Maßnahme insgesamt $|U| \leq N$.

Bei einer Abspaltung, einer Aufspaltung und einer Ausgliederung zur Aufnahme mit $|U| > 2$ gibt es nach § 123 UmwG immer genau eine übertragende Einheit und grundsätzlich beliebig viele übernehmende Einheiten.[2] Hier gilt also für die Anzahl übernehmender Einheiten $2 \leq |U| - 1 \leq N - 1$. Für die Umwandlung insgesamt folgt damit auch hier $|U| \leq N$.

---

[1] Vgl. 5.2.1 und 5.6.

[2] Vgl. 5.3.1, 5.4.1, 5.5.1 und 5.6.

D. Klumpe, *Die Umwandlung von Kapitalgesellschaften*,
https://doi.org/10.1007/978-3-658-51872-1_7

Der Beteiligungswert jeder umzuwandelnden Einheit vor einer Umwandlung folgt dabei wieder der allgemeinen Formel zur Berechnung des Beteiligungswertes in (4.6). Es gilt demnach

$$Y_u = W_u + F_u^A + Y_u^P - F_u^V \quad \forall\, u \in U. \tag{7.1}$$

Bereits im Zusammenhang mit Umwandlungen mit $|U| = 2$ behandelte Inhalte und Zusammenhänge werden im Folgenden vorausgesetzt oder gegebenenfalls nur kurz dargestellt. Die Ausführungen konzentrieren sich also auf die Besonderheiten von Umwandlungen mit $|U| > 2$.

Bei Verschmelzungen geht es dabei insbesondere um die Konsequenzen einer Vermögensübertragung, die durch untereinander finanziell verflochtene Kapitalgesellschaften erfolgt. Vor diesem Hintergrund resultiert die Notwendigkeit, die übertragenden Einheiten als Gesamtheit zu behandeln und die Maßnahme entsprechend den Verhältnissen der übernehmenden Einheit sowie der ausgleichsberechtigten Anteilseigner der Überträgerinnen zu dieser Gesamtheit umzusetzen.

Bei Aufspaltungen und Abspaltungen stellt es sich als zentrale Problematik dar, dass es im Zusammenhang mit einer Bestimmung der auf die verschiedenen Übernehmerinnen entfallenden Übertragungsgenstände, bei denen das Verhältnis der Werte nicht den Beteiligungsverhältnissen der übernehmenden Einheiten an der Überträgerin vor der Maßnahme entspricht, zu der Notwendigkeit kommt, einem Teil der Übernehmerinnen im Zuge der Maßnahme Anteile an einer oder an mehreren anderen Übernehmerinnen zu gewähren. Ausgliederungen sind insoweit unproblematisch.

7.1.2 Verschmelzung

7.1.2.1 Durchführung

7.1.2.1.1 Entwicklung der Überträgerinnen

Bei einer Verschmelzung zur Aufnahme mit $|U| > 2$ ist eine den umzuwandelnden Einheiten zuzuordnende Kapitalgesellschaft die Übernehmerin. Diese Einheit wird weiterhin durch den Index e gekennzeichnet.

Alle übertragendenden Gesellschaften gehen mit der Verschmelzung unter. Das geschieht als Mehrfachverschmelzung zugleich im Zuge eines einheitlichen Vorgangs.[3] Der jeweilige Übertragungsgegenstand umfasst dabei das gesamte

---

[3] Vgl. Leuering in Kölner Komm UmwG (2024), § 2 UmwG, Rn. 180.

Realvermögen sowie alle Anteile an anderen Kapitalgesellschaften des Verbundes, bei denen es sich nicht um umzuwandelnde Gesellschaften handelt, sowie alle Anteile an der Übernehmerin und alle Ansprüche und Verpflichtungen aus Fremdkapitalverträgen gegenüber anderen Kapitalgesellschaften des Verbundes, bei denen es sich nicht um umzuwandelnde Gesellschaften handelt, sowie alle Ansprüche und Verpflichtungen aus Fremdkapitalverträgen gegenüber der Übernehmerin.

Eine dritte Kapitalgesellschaft ist hier also jede Gesellschaft n für die $n \in N \mid n \notin U$ gilt.

Nicht Bestandteil des Übertragungsgegenstandes werden folglich alle Anteile an einer übertragenden Einheit, die vor der Maßnahme von einer anderen übertragenden Einheit gehalten werden. Diese Anteile gehen im Zuge der Verschmelzung mit der jeweiligen Gesellschaft unter. In gleicher Weise folgt damit auch der Untergang aller vor der Maßnahme bestehenden Ansprüche und Verpflichtungen aus Fremdkapitalverträgen einer übertragenden Einheit gegenüber einer anderen übertragenden Einheit.

Eigene Anteile einer Überträgerin gehen – entsprechend den Gegebenheiten bei einer Verschmelzung mit $|U| = 2$ – ebenfalls im Zuge der Maßnahme unter und können damit nicht Bestandteil eines Übertragungsgenstandes werden.

7.1.2.1.2 Entwicklung der Übernehmerin

Nach der Verschmelzung verfügt die Übernehmerin über ihr ursprüngliches Realvermögen sowie die gesamten Realvermögen der übertragenden Einheiten.

Anteile an Kapitalgesellschaften sowie Ansprüche und Verpflichtungen aus Fremdkapitalverträgen werden, wie beschrieben, nur transferiert, wenn sie vor der Maßnahme keiner Finanzierungsbeziehung zwischen zwei übertragenden Einheiten zugrunde liegen.

Ansprüche und Verpflichtungen gegenüber dritten Einheiten des Verbundes gehen auf die Übernehmerin über. Die *Einheit* e wird Gläubigerin beziehungsweise Schuldnerin; an den Werten der transferierten Positionen ändert sich dabei nichts.

Ansprüche und Verpflichtungen aus Fremdkapitalverträgen der übertragenden Einheiten gegenüber der Übernehmerin erlöschen im Zuge der Maßnahme durch Konfusion.

Übertragene Anteile an dritten Einheiten des Verbundes begründen oder erweitern bei der Übernehmerin eine Beteiligung an diesen Gesellschaften. Unter der Voraussetzung, dass ein angemessenes Umtauschverhältnis ermittelt wird, ändert sich der Wert der transferierten Anteile nicht. Es gelten dabei uneingeschränkt die diesbezüglichen Zusammenhänge, die oben für Umwandlungen mit zwei umzuwandelnden Gesellschaften dargestellt wurden.

Anteile an der Übernehmerin, die vor der Verschmelzung von einer Überträgerin gehalten werden, gehen auf die *Einheit* e über und verbleiben dort nach der Verschmelzung als eigene Anteile oder sie werden entsprechend den Wahlrechten der §§ 54 Abs. 1 S. 1 Nr. 2, 68 Abs. 1 S. 1 Nr. 2 UmwG den berechtigten Anteilseignern einer Überträgerin gewährt. Unabhängig von ihrem Verbleib erhöhen sie, auch unter Berücksichtigung der in diesem Zusammenhang resultierenden Besonderheiten bei Verschmelzungen mit $|U| > 2$,[4] den Beteiligungswert der Übernehmerin nach der Maßnahme also nicht.

Alle vor der Verschmelzung existierenden Beteiligungen der Übernehmerin an den übertragenden Einheiten gehen mit den ihnen zugrundeliegenden Anteilen im Zuge der Maßnahme unter; sie leisten also nach der Verschmelzung keinen Beitrag zum Beteiligungswert der Übernehmerin.

Als Beteiligungswert der übernehmenden *Einheit* e nach der Verschmelzung resultiert vor diesem Hintergrund

$$
\begin{aligned}
Y_{\mathrm{e}}^{nU} = {} & \sum_{\substack{u \\ u \neq \mathrm{e}}}^{U} W_u + W_{\mathrm{e}} \\
& + \sum_{\substack{u \\ u \neq \mathrm{e}}}^{U} \sum_{\substack{n \\ n \notin U}}^{N} F_{u,n} + \sum_{\substack{n \\ n \notin U}}^{N} F_{\mathrm{e},n} \\
& + \sum_{\substack{u \\ u \neq \mathrm{e}}}^{U} \sum_{\substack{n \\ n \notin U}}^{N} x_{u,n} \cdot Y_n + \sum_{\substack{n \\ n \notin U}}^{N} x_{\mathrm{e},n} \cdot Y_n \\
& - \sum_{\substack{u \\ u \neq \mathrm{e}}}^{U} \sum_{\substack{n \\ n \notin U}}^{N} F_{n,u} - \sum_{\substack{n \\ n \notin U}}^{N} F_{n,\mathrm{e}}.
\end{aligned}
\tag{7.2}
$$

7.1.2.1.3 Bedingungen eines angemessenen Umtauschverhältnisses

Grundsätzlich sind bei einer Verschmelzung mit $|U| > 2$ den Anteilseignern der übertragenden Einheiten für die Vermögensübertragung Anteile an der Übernehmerin zu gewähren. Der Kreis der berechtigten Anteilseigner wird dabei wie bei einer Verschmelzung mit $|U| = 2$ durch § 20 Abs. 1 Nr. 3 UmwG festgelegt. Danach sind keine Anteile zu gewähren, wenn Anteile an einer übertragenden Einheit vor der Maßnahme von der Übernehmerin gehalten werden oder es sich um eigene Anteile handelt. Von der Vorschrift nicht erfasst – das heißt nicht vom

---

[4] Dazu im Einzelnen in den folgenden Abschnitten.

Anteilstausch ausgeschlossen – werden also Anteile, die vor der Maßnahme einer Beteiligung bei einer anderen übertragenden Gesellschaft zugrunde liegen.

Werden Anteile an einer übertragenden Einheit vor der Verschmelzung von einer anderen übertragenden Einheit gehalten, gehen beide Einheiten im Zuge der Maßnahme unter. Eine Kapitalgesellschaft, die nach der Umwandlung nicht mehr existiert, kann auch keine Anteile an der Übernehmerin halten. Tatsächlich dürfen und können nur solche Anteile an einer Überträgerin gegen Anteile an der Übernehmerin getauscht werden, die vor der Maßnahme keine eigenen Anteile sind und nicht von der Übernehmerin gehalten werden und zudem keiner Beteiligung bei einer anderen übertragenden Einheit zugrunde liegen.

Damit zeigt sich bereits an dieser Stelle, dass es, um eine Verschmelzung, bei der die Überträgerinnen untereinander Eigenkapitalverflechtungen aufweisen, überhaupt umsetzen zu können, erforderlich ist, die übertragenden Einheiten als Gesamtheit zu behandeln.

Den berechtigten Anteilseignern der übertragenden Einheiten sind dabei Anteile an der Übernehmerin zu gewähren, deren Wert mit dem Wert der von ihnen vor der Maßnahme gehaltenen Anteile an der jeweiligen Überträgerin übereinstimmen. Dabei macht es keinen Unterschied, wenn eine Gesellschaft des Verbundes oder ein Individuum an mehreren übertragenden Einheiten beteiligt ist. Ein Anteilstausch findet jeweils für sich für die Anteile an einer Überträgerin statt.

Als *Bedingung 1* eines angemessenen Umtauschverhältnisses für eine übertragende *Einheit u* ($u \in U \mid \neg \mathrm{e}$) resultiert damit:

$$\begin{aligned} x_{n,u} \cdot Y_u &= x_{n,\mathrm{e}}^{gA} \cdot Y_{\mathrm{e}}^{nU} \quad \forall\, n \in N \mid n \notin U \\ x_{m,u} \cdot Y_u &= x_{m,\mathrm{e}}^{gA} \cdot Y_{\mathrm{e}}^{nU} \quad \forall\, m \in M \end{aligned} \tag{7.3}$$

Dementsprechend ist die *Bedingung 1* für alle übertragenden Einheiten zu formulieren. Damit folgen insgesamt die $(N - |U|) \cdot (|U| - 1) + |M| \cdot (|U| - 1) = (N - |U| + |M|) \cdot (|U| - 1)$ Gleichungen der *Bedingung 1* eines angemessenen Umtauschverhältnisses einer Verschmelzung zur Aufnahme mit $|U| > 2$:

Bedingung 1

$$\begin{aligned} &\forall\, u \in U \mid \neg \mathrm{e}: \\ &x_{n,u} \cdot Y_u = x_{n,\mathrm{e}}^{gA} \cdot Y_{\mathrm{e}}^{nU} \quad \forall\, n \in N \mid n \notin U \\ &x_{m,u} \cdot Y_u = x_{m,\mathrm{e}}^{gA} \cdot Y_{\mathrm{e}}^{nU} \quad \forall\, m \in M \end{aligned} \tag{7.4}$$

Wie auf die Ebene der Anteilseigner der übertragenden Einheiten wirkt sich die Umsetzung eines angemessenen Umtauschverhältnisses wieder auch auf die Vermögenspositionen der Anteilseigner der Übernehmerin aus. Grundsätzlich müssen also die Werte der Anteile an der *Einheit* e, die schon vor der Maßnahme einer Beteiligung an der Gesellschaft zugrunde liegen, im Zuge der Maßnahme unverändert bleiben.

Anteile an der Übernehmerin, die vor der Maßnahme von einer übertragenden Einheit gehalten werden, sind dabei nicht zu berücksichtigen. Diese Anteile gehen auf die *Einheit* e über und verbleiben dort nach der Maßnahme als eigene Anteile oder sie werden entsprechend den Wahlrechten der §§ 54 Abs. 1 S. 1 Nr. 2, 68 Abs. 1 S. 1 Nr. 2 UmwG für die Vermögensübertragung gewährt. Es folgt:

Bedingung 2

$$\begin{aligned} x_{n,\mathrm{e}} \cdot Y_{\mathrm{e}} &= x_{n,\mathrm{e}}^{nU} \cdot Y_{\mathrm{e}}^{nU} \quad \forall\, n \in N \mid n \notin U \\ x_{m,\mathrm{e}} \cdot Y_{\mathrm{e}} &= x_{m,\mathrm{e}}^{nU} \cdot Y_{\mathrm{e}}^{nU} \quad \forall\, m \in M \end{aligned} \tag{7.5}$$

7.1.2.1.4 Zu gewährende Anteile und umzusetzende Kapitalveränderungen

Die umzusetzende Kapitalveränderung auf Ebene der Übernehmerin findet bei einer Verschmelzung mit $|U| > 2$ im Rahmen eines einheitlichen Vorgangs statt.[5] Um das Nennkapital der insgesamt für die Vermögensübertragung zu gewährenden Anteile zu bestimmen, sind in einem ersten Schritt die Ansprüche nach *Bedingung 1* durch Aufsummieren sämtlicher Gleichungen in (7.4) zusammenzufassen. Es folgt

$$\sum_{\substack{u \\ u \neq \mathrm{e}}}^{U} \left(\sum_{\substack{n \\ n \notin U}}^{N} x_{n,u} + \sum_{m}^{M} x_{m,u} \right) \cdot Y_u = \left(\sum_{\substack{n \\ n \notin U}}^{N} x_{n,\mathrm{e}}^{gA} + \sum_{m}^{M} x_{m,\mathrm{e}}^{gA} \right) \cdot Y_{\mathrm{e}}^{nU}. \tag{7.6}$$

Für eine übertragende Einheit gilt dabei

$$\sum_{\substack{n \\ n \notin U}}^{N} x_{n,u} + \sum_{m}^{M} x_{m,u} \leq 1 - x_{\mathrm{e},u}. \tag{7.7}$$

[5] Vgl. Mayer in Widmann/Mayer (2025), § 5 UmwG, Rn. 56.12.

Die linke und die rechte Seite von (7.7) sind also nur dann gleich, wenn vor der Maßnahme keine andere übertragende Einheit Anteile an der Gesellschaft hält. Demgegenüber resultiert eine entsprechende Übereinstimmung bei Verschmelzungen zur Aufnahme mit $|U| = 2$ jedenfalls.

Verwendet man in (7.6) für die Summe der Beteiligungsquoten aller Beteiligungen an der Übernehmerin, denen im Zuge der Verschmelzung gewährte Anteile zugrunde liegen, wieder x_{e}^{gA}, folgt

$$\sum_{\substack{u \\ u \neq \mathrm{e}}}^{U} \left(\sum_{\substack{n \\ n \notin U}}^{N} x_{n,u} + \sum_{m}^{M} x_{m,u} \right) \cdot Y_u = x_{\mathrm{e}}^{gA} \cdot Y_{\mathrm{e}}^{nU}. \tag{7.8}$$

Dabei gelten die von einer Verschmelzung zur Aufnahme mit $|U| = 2$ bekannten Beziehungen $x_{\mathrm{e}}^{gA} = k_{\mathrm{e}}^{gA} / K_{\mathrm{e}}^{II,nU} \Leftrightarrow x_{\mathrm{e}}^{gA} \cdot K_{\mathrm{e}}^{II,nU} = k_{\mathrm{e}}^{gA}$ und $K_{\mathrm{e}}^{II,nU} = K_{\mathrm{e}}^{II} + \Delta K_{\mathrm{e}}^{II}$ unverändert. Wegen $K_{\mathrm{e}}^{II} > 0$ sind k_{e}^{gA} und $\Delta K_{\mathrm{e}}^{II}$ bei einer gegebenen Beteiligungsquote x_{e}^{gA} also auch hier eindeutig bestimmt. Es ist also wieder so, dass sich gegebenenfalls mögliche Wahlrechtsausübungen nach §§ 54 Abs. 1 S. 2 Nr. 1 u. 2, 68 Abs. 1 S. 2 Nr. 1 u. 2 UmwG auf den Nennkapitalbetrag der zu gewährenden Anteile und die Entwicklung des effektiven Nennkapitals der übernehmenden Gesellschaft im Ergebnis nicht auswirken dürfen.

Während sich für Anteile, die vor der Maßnahme eigene Anteile der Übernehmerin sind (§§ 54 Abs. 1 S. 2 Nr. 1, 68 Abs. 1 S. 2 Nr. 1 UmwG), keine Besonderheiten ergeben, ist im Zusammenhang mit §§ 54 Abs. 1 S. 2 Nr. 2, 68 Abs. 1 S. 2 Nr. 2 UmwG zu beachten, dass vor der Umwandlung jede übertragende Einheit Anteilseignerin der Übernehmerin sein kann.

Das Wahlrecht bezieht sich also auf Anteile an der Übernehmerin mit einem Nennkapital von

$$\sum_{\substack{u \\ u \neq \mathrm{e}}}^{U} x_{u,\mathrm{e}} \cdot K_{\mathrm{e}}^{II}.$$

Damit folgt hier[6]

[6] Vgl. (auch hier) 6.1.2.1.4. für die dahinterstehenden Systematiken der Entwicklung des effektiven Nennkapitals der Übernehmerin und der Höhe des Nennkapitals der zu gewährenden Anteile.

$$k_{\mathrm{e}}^{gA} = \Delta K_{\mathrm{e}}^{II} + \sum_{\substack{u \\ u \neq \mathrm{e}}}^{U} x_{u,\mathrm{e}} \cdot K_{\mathrm{e}}^{II} \tag{7.9}$$

und dementsprechend

$$x_{\mathrm{e}}^{gA} = \frac{k_{\mathrm{e}}^{gA}}{K_{\mathrm{e}}^{II} + \Delta K_{\mathrm{e}}^{II}} = \frac{\Delta K_{\mathrm{e}}^{II} + \sum\limits_{\substack{u \\ u \neq \mathrm{e}}}^{U} x_{u,\mathrm{e}} \cdot K_{\mathrm{e}}^{II}}{K_{\mathrm{e}}^{II} + \Delta K_{\mathrm{e}}^{II}}. \tag{7.10}$$

Eingesetzt in (7.8) führt das zu

$$\sum_{\substack{u \\ u \neq \mathrm{e}}}^{U} \left(\sum_{\substack{n \\ n \notin U}}^{N} x_{n,u} + \sum_{m}^{M} x_{m,u} \right) \cdot Y_u = \frac{\Delta K_{\mathrm{e}}^{II} + \sum\limits_{\substack{u \\ u \neq \mathrm{e}}}^{U} x_{u,\mathrm{e}} \cdot K_{\mathrm{e}}^{II}}{K_{\mathrm{e}}^{II} + \Delta K_{\mathrm{e}}^{II}} \cdot Y_{\mathrm{e}}^{nU}. \tag{7.11}$$

Wie bei der Ermittlung der umzusetzenden Kapitalveränderungen bei Umwandlungen zur Aufnahme mit $|U| = 2$ ist an dieser Stelle auf Grundlage der *Bedingung 2* eines angemessenen Umtauschverhältnisses fortzufahren. Durch Aufsummieren der $N - |U| + |M|$ Gleichungen der *Bedingung 2* in (7.5) erhält man

$$\left(1 - \sum_{\substack{u \\ u \neq \mathrm{e}}}^{U} x_{u,\mathrm{e}} \right) \cdot Y_{\mathrm{e}} = \left(\sum_{\substack{n \\ n \notin U}}^{N} x_{n,\mathrm{e}}^{nU} + \sum_{m}^{M} x_{m,\mathrm{e}}^{nU} \right) \cdot Y_{\mathrm{e}}^{nU}. \tag{7.12}$$

Unter Verwendung der den Beteiligungsquoten zugrundeliegenden Kapitalbeträge ergibt sich

$$\left(1 - \sum_{\substack{u \\ u \neq \mathrm{e}}}^{U} \frac{k_{u,\mathrm{e}}}{K_{\mathrm{e}}^{II}} \right) \cdot Y_{\mathrm{e}} = \left(\sum_{\substack{n \\ n \notin U}}^{N} \frac{k_{n,\mathrm{e}}}{K_{\mathrm{e}}^{II,nU}} + \sum_{m}^{M} \frac{k_{m,\mathrm{e}}}{K_{\mathrm{e}}^{II,nU}} \right) \cdot Y_{\mathrm{e}}^{nU}. \tag{7.13}$$

Geht man nun entsprechend der Berechnung in (6.21) vor, resultiert wieder die bekannte Beziehung[7]

$$Y_{\mathrm{e}}^{nU} = \frac{K_{\mathrm{e}}^{II} + \Delta K_{\mathrm{e}}^{II}}{K_{\mathrm{e}}^{II}} \cdot Y_{\mathrm{e}}. \tag{7.14}$$

Durch Einsetzen in (7.11) folgt

$$\sum_{\substack{u \\ u \neq \mathrm{e}}}^{U} \left(\sum_{\substack{n \\ n \notin U}}^{N} x_{n,u} + \sum_{m}^{M} x_{m,u} \right) \cdot Y_u = \frac{\Delta K_{\mathrm{e}}^{II} + \sum\limits_{\substack{u \\ u \neq \mathrm{e}}}^{U} x_{u,\mathrm{e}} \cdot K_{\mathrm{e}}^{II}}{K_{\mathrm{e}}^{II} + \Delta K_{\mathrm{e}}^{II}} \cdot \frac{K_{\mathrm{e}}^{II} + \Delta K_{\mathrm{e}}^{II}}{K_{\mathrm{e}}^{II}} \cdot Y_{\mathrm{e}} \tag{7.15}$$

und schließlich

$$\Delta K_{\mathrm{e}}^{II} = \sum_{\substack{u \\ u \neq \mathrm{e}}}^{U} \left(\sum_{\substack{n \\ n \notin U}}^{N} x_{n,u} + \sum_{m}^{M} x_{m,u} \right) \cdot Y_u \cdot \frac{K_{\mathrm{e}}^{II}}{Y_{\mathrm{e}}} - \sum_{\substack{u \\ u \neq \mathrm{e}}}^{U} x_{u,\mathrm{e}} \cdot K_{\mathrm{e}}^{II} \tag{7.16}$$

für die auf Ebene der Übernehmerin umzusetzende Kapitalveränderung bei einer Verschmelzung zur Aufnahme mit $|U| > 2$.

(7.16) hängt dabei von den Beteiligungswerten vor der Maßnahme (Y_u) aller übertragenden Einheiten ab. Ein Ansatz, der dem für Umwandlungen mit $|U| = 2$ dargestellten gleichkommt, – also ein Einsetzen der Beteiligungswerte in der Form nach (7.1) – ist für den Fortgang der Betrachtung aber nicht grundsätzlich zielführend, weil hier nicht unbedingt ein konkretes durch eine übertragende Einheit transferiertes Vermögen abgebildet wird.

---

[7] Im letzten Berechnungsschritt (in (6.21)) ist an Stelle des Terms $K_{\mathrm{e}}^{II} - k_{\mathrm{v,e}}$

$$K_{\mathrm{e}}^{II} - \sum_{\substack{u \\ u \neq \mathrm{e}}}^{U} k_{u,\mathrm{e}}$$

zu eliminieren.

7.1.2.2 Ermittlung der wirtschaftlichen Vorgänge und Ergebnisse

7.1.2.2.1 Vermögensübertragung durch untereinander nicht finanziell verflochtene Kapitalgesellschaften

Sind die übertragenden Einheiten untereinander nicht finanziell verflochten, entspricht der Wert des durch eine Überträgerin transferierten Vermögens, insoweit er vor der Maßnahme mittelbar auf ihre nach *Bedingung 1* berechtigten Anteilseigner entfällt, dem Beteiligungswert dieser Gesellschaft, insoweit sein Untergang durch die Gewährung von Anteilen an der Übernehmerin auszugleichen ist.

Dementsprechend stimmt der Wert der untergehenden Anteile an einer Überträgerin, die vor der Maßnahme von der Übernehmerin gehalten werden, im Umfang der durch sie vermittelten Beteiligungsquote mit dem Wert des Übertragungsgegenstandes dieser Überträgerin überein.

Dass die addierten Nettovermögen aller übertragenden Einheiten im Rahmen der Ermittlung der umzusetzenden Kapitalveränderungen maßgeblich sind,[8] ist hier also zutreffend.

Für (7.16) folgt damit

$$\Delta K_{\mathrm{e}}^{II} = \sum_{\substack{u \\ u \neq \mathrm{e}}}^{U} \left(1 - x_{\mathrm{e},u}\right) \cdot Y_u \cdot \frac{K_{\mathrm{e}}^{II}}{Y_{\mathrm{e}}} - \sum_{\substack{u \\ u \neq \mathrm{e}}}^{U} x_{u,\mathrm{e}} \cdot K_{\mathrm{e}}^{II}. \tag{7.17}$$

Vor diesem Hintergrund lassen sich bei einer Verschmelzung zur Aufnahme mit $|U| > 2$ für jede übertragende Einheit also die gleichen wirtschaftlichen Konsequenzen und Ergebnisse wie bei einer Verschmelzung zur Aufnahme mit $|U| = 2$ feststellen.

Wie beschrieben, ist die auf Ebene der Übernehmerin herbeizuführende Kapitalveränderung dabei im Zuge eines einheitlichen Vorgangs umzusetzen. Die Bestimmung des jeweiligen Nennkapitalbetrages der Anteile, die nach *Bedingung 1* eines angemessenen Umtauschverhältnisses zu gewähren sind, muss auch bei einer Verschmelzung mit $|U| > 2$ den bisherigen Beteiligungsverhältnissen entsprechend erfolgen.[9] Eine solche Umsetzung ist in der hier betrachteten Konstellation auf Grundlage des Verhältnisses der Werte der Übertragungsgegenstände der einzelnen Überträgerinnen und dem Wert des insgesamt transferierten Vermögens möglich.

---

[8] Vgl. Mayer in Widmann/Mayer (2025), § 5 UmwG, Rn. 56.13.

[9] Vgl. dazu auch die entsprechenden Ausführungen zu Verschmelzungen mit zwei umzuwandelnden Kapitalgesellschaften in 6.1.2.1.4.

Im Zusammenhang mit den Wahlrechten der §§ 54 Abs. 1 S. 2 Nr. 2, 68 Abs. 1 S. 2 Nr. 2 UmwG ist dabei zu beachten, dass die Vorschriften keine Einschränkungen dahingehend enthalten, dass durch eine Überträgerin transferierte Anteile an der Übernehmerin, insoweit sie den berechtigten Anteilseignern dieser Gesellschaft nicht für ihren eigenen Transfer und auch nicht für die Übertragung eines im Übrigen positiven Vermögenssaldos gewährt werden, gegebenenfalls an die Anteilseigner einer anderen Überträgerin gehen können.

So wie es bei einer Verschmelzung zur Aufnahme mit $|U| = 2$ keinen Unterschied macht, ob die Anteile, die vor der Umwandlung einer Beteiligung bei der (einzigen) Überträgerin zugrunde liegen, selbst gewährt werden oder stattdessen alte eigene Anteile beziehungsweise mit einer umwandlungsbedingten Kapitalerhöhung geschaffene Anteile verwendet werden, kommt es aber auch hier unabhängig vom Verbleib der transferierten Anteile an der Übernehmerin nach der Maßnahme jedenfalls zu übereinstimmenden wirtschaftliche Vorgängen und Ergebnissen.

Dass Mehrfachverschmelzungen entweder als Gesamtverschmelzungen, die nur insgesamt wirksam werden, oder als mehrfache Einzelverschmelzungen, die auch teilweise wirksam werden können, umsetzbar sind,[10] kann in diesem Zusammenhang allerdings problematisch sein. Wird ein Element einer mehrfachen Einzelverschmelzung (das heißt eine zugehörige Einzelverschmelzung) nicht wirksam, besteht die jeweilige Überträgerin im Ergebnis fort und ihr Übertragungsgegenstand wird nicht transferiert. Betrifft das auch Anteile an der Übernehmerin, können diese den Anteilseignern der anderen Überträgerinnen – anders als das gegebenenfalls vorgesehen war – also offenkundig nicht gewährt werden.

Existieren vor der Maßnahme keine finanziellen Verflechtungen der übertragenden Einheiten untereinander, ist es im Übrigen unproblematisch, wenn Elemente einer mehrfachen Einzelverschmelzung nicht wirksam werden. Die den berechtigten Anteilseignern der tatsächlich untergehenden Überträgerinnen zugeteilten Anteile an der Übernehmerin vermitteln dann eine höhere Beteiligungsquote, so dass ihr Wert trotz des resultierenden niedrigeren Beteiligungswertes der Einheit e nach der Maßnahme mit dem Wert übereinstimmt, der sich für sie bei der ursprünglich geplanten Umsetzung ergeben hätte.

---

[10] Vgl. Leuering in Kölner Komm UmwG (2024), § 2 UmwG, Rn. 181; Winter in Schmitt/Hörtnagl (2024), § 2 UmwG, Rn. 9.

7.1.2.2.2 Vermögensübertragung durch untereinander finanziell verflochtene Kapitalgesellschaften

Stellt wenigstens eine übertragende Einheit einer anderen übertragenden Einheit vor der Verschmelzung Eigen- oder Fremdkapital zur Verfügung, weist eine Verschmelzung zur Aufnahme mit $|U| > 2$ grundlegende Unterschiede gegenüber einer Verschmelzung zur Aufnahme mit $|U| = 2$ auf.

Die Hauptsache ist dabei die oben angeführte Notwendigkeit, die übertragenden Einheiten als Gesamtheit zu behandeln und dementsprechend auch in Bezug auf die Beteiligungen, die vor der Maßnahme von den ausgleichsberechtigten Anteilseigner und der Übernehmerin gehalten werden, zu verfahren.

Wie oben festgestellt wurde, gehen alle Anteile an einer übertragenden Einheit, die vor der Maßnahme von einer anderen übertragenden Einheit gehalten werden, und alle vor der Maßnahme bestehenden Ansprüche und Verpflichtungen aus Fremdkapitalverträgen einer übertragenden Einheit gegenüber einer anderen übertragenden Einheit im Zuge der Verschmelzung unter; sie können im Zuge der Umwandlung also nicht transferiert werden. Die entsprechenden Anteile beziehungsweise Ansprüche und Verpflichtungen weisen dabei vor der Maßnahme einen positiven oder negativen Wert auf. Die Finanzierungsbeziehungen zwischen den übertragenden Einheiten wirken sich damit auf die Beteiligungswerte dieser Gesellschaften aus und erhöhen oder vermindern zugleich den Wert der Anteile, die vor und nach der Maßnahme an ihnen gehalten werden.

Betroffen sind hier also auch die von *Bedingung 1* eines angemessenen Umtauschverhältnisses erfassten Anteile und die Anteile an den übertragenden Einheiten, die vor der Maßnahme von der Übernehmerin gehalten werden.

Vor diesem Hintergrund ist es entscheidend, dass der Wert des durch eine Überträgerin transferierten Vermögens nicht mit dem Beteiligungswert dieser Einheit vor der Maßnahme übereinstimmt, wenn die Werte der Anteile, die diese Gesellschaft vor der Verschmelzung an anderen übertragenden Einheiten hält, und die Werte ihrer Ansprüche und Verpflichtungen aus Fremdkapitalverträgen gegenüber anderen übertragenden Einheiten sich insgesamt nicht ausgleichen. Kennzeichnet man eine übertragende Einheit mit u', geht es hier also um eine Situation, in der

$$\sum_{\substack{u \\ u \neq \mathrm{e}, u'}}^{U} x_{u',u} \cdot Y_u + \sum_{\substack{u \\ u \neq \mathrm{e}, u'}}^{U} F_{u',u} - \sum_{\substack{u \\ u \neq \mathrm{e}, u'}}^{U} F_{u,u'} \neq 0 \tag{7.18}$$

gilt. Obwohl alle Kapitalgesellschaften des Verbundes vor der Umwandlung einen Beteiligungswert von wenigstens null aufweisen, ist es damit also auch möglich, dass übertragende Einheiten im Zuge der Verschmelzung negative Vermögenssalden transferieren.

In Kapitel 4 wurde gezeigt, dass der Wert der Anteile an Einheiten einer Gruppe (Teilmenge) finanziell verflochtener Kapitalgesellschaften, die nicht von Einheiten dieser Gruppe gehalten werden, der Summe der Werte der (in dieser Gruppe vorhandenen) Realvermögen, der Anteile an Kapitalgesellschaften, die nicht dieser Gruppe zugehören, sowie der Ansprüche und Verpflichtungen aus Fremdkapitalverträgen, insoweit diese nicht gegenüber anderen Einheiten dieser Gruppe bestehen, entspricht.

Der Wert des tatsächlich transferierten Vermögens ist also insgesamt vollständig im Wert der Beteiligungen der nach *Bedingung 1* ausgleichsberechtigten Anteilseigner und der Beteiligungen der Übernehmerin an den übertragenden Einheiten erfasst.

Hier ist es also nicht zutreffend, dass die addierten Nettovermögen aller übertragenden Einheiten im Rahmen der Ermittlung der umzusetzenden Kapitalveränderungen ausschlaggebend sind. Zudem zeigt sich wieder, dass die Auffassung, dass für das Umtauschverhältnis immer das Verhältnis der Werte der Überträgerinnen vor der Maßnahme maßgeblich ist, nicht zutrifft.[11] Vor diesem Hintergrund beschreibt

$$\sum_{\substack{u \\ u \neq e}}^{U} \left(\sum_{\substack{n \\ n \notin U}}^{N} x_{n,u} + \sum_{m}^{M} x_{m,u} \right) \cdot Y_u$$

in (7.16) demnach die Summe der Werte aller Übertragungsgegenstände, insoweit diese vor der Maßnahme den Wert der von *Bedingung 1* erfassten Anteile erhöhen. Wie angesprochen sind die Beteiligungswerte der übertragenden Einheiten (Y_u) in diesem Zusammenhang Rechengrößen und beschreiben nicht unbedingt zugleich auch ein bestimmtes Vermögen, das von einer *Einheit u* übertragen wird.

Damit sind den berechtigten Anteilseignern einer Überträgerin regelmäßig Anteile an der Übernehmerin zu gewähren, die einen Wert haben, der größer oder kleiner ist als der Wert, den das von dieser Gesellschaft transferierte Vermögen (im Umfang der Beteiligungsquoten der berechtigten Anteilseigner) aufweist.

Tatsächlich kommt es hier darauf an, in welchem Umfang vor der Verschmelzung unter Berücksichtigung der im Zuge der Maßnahme untergehenden Finanzierungsbeziehungen zwischen den übertragenden Einheiten an einem transferierten Vermögen teilgenommen wird. Eine Übereinstimmung gibt es also nur

[11] Vgl. dazu 5.2.2.

bei einer unmittelbaren Beteiligung an einer übertragenden Einheit, die keine Anteile an einer anderen Überträgerin hält und bei der keine Ansprüche oder Verpflichtungen gegenüber anderen übertragenden Einheiten bestehen oder die Werte solcher Finanzierungen sich insgesamt aufheben.

Grundsätzlich muss dabei auch hier die Bestimmung des jeweiligen Nennkapitalbetrags der nach *Bedingung 1* eines angemessenen Umtauschverhältnisses zu gewährenden Anteile den bisherigen Beteiligungsverhältnissen entsprechend erfolgen. Dabei kann so vorgegangen werden, dass zunächst die für die berechtigten Anteilseigner einer Überträgerin insgesamt verfügbar zu machenden Anteile bestimmt werden. Maßgeblich ist insoweit der Beteiligungswert der Gesellschaft, insoweit er vor der Maßnahme auf die von *Bedingung 1* erfassten Anteile entfällt, im Verhältnis zu der Summe der Beteiligungswerte aller übertragenden Einheiten, insoweit diese auf die von *Bedingung 1* erfassten Anteile entfallen (das entspricht der linken Seite von (7.8)). Eine Zuteilung muss dann entsprechend den bisherigen Beteiligungsverhältnissen an dieser einen Überträgerin erfolgen. Die Beteiligungen der anderen übertragenden Einheiten sowie eine Beteiligung der Übernehmerin sind hier also herauszurechnen.

Alternativ ist der Wert jedes nach *Bedingung 1* umzutauschenden Anteils an einer Überträgerin ins Verhältnis zu setzen zum Wert sämtlicher umzutauschenden Anteile (an allen übertragenden Einheiten) und dementsprechend eine Zuteilung der nach (7.16) insgesamt zu gewährenden Anteile umzusetzen.

Insoweit den Anteilseignern der übertragenden Einheiten für die Vermögensübertragung Anteile an der Übernehmerin zu gewähren sind, kommt es vor diesem Hintergrund mit der Verschmelzung im Ergebnis zu einer ***mittelbaren Einlage***. Wirtschaftlich stellt sich der Vorgang dabei so dar, dass die Vermögensübertragung ***durch die übertragenden Einheiten als Gesamtheit*** stattfindet und eine Gewährung von Anteilen an der Übernehmerin auf Grundlage des Umfangs einer Beteiligung an dieser Gesamtheit umzusetzen ist.

Wie beschrieben, können Mehrfachverschmelzungen grundsätzlich auch als mehrfache Einzelverschmelzungen umgesetzt werden. Bei vor der Maßnahme existierenden finanziellen Verflechtungen der übertragenden Einheiten untereinander kann es dabei allerdings zu ganz erheblichen Auswirkungen auch auf die übrigen Bestandteile einer solchen Maßnahme kommen, wenn ein Element (eine zugehörige Einzelverschmelzung) nicht wirksam wird, besteht die jeweilige Überträgerin im Ergebnis fort. Wenn vor der Maßnahme eine oder mehrere andere übertragende Einheiten an dieser Einheit beteiligt sind, gehen die entsprechenden Anteile nicht unter, sondern werden im Prinzip (nachträglich) Bestandteile der jeweiligen Übertragungsgegenstände. Das gleiche folgt für vor der Maßnahme bestehende Ansprüche oder Verpflichtungen aus Fremdkapitalverträgen der tatsächlich untergehenden Überträgerinnen gegenüber der fortbestehenden Einheit. Ist die fortbestehende Einheit vor der Maßnahme an einer tatsächlich untergehenden Überträgerin beteiligt, wird sie damit im Prinzip (nachträglich) zu einer nach § 20 Abs. 3 UmwG ausgleichsberechtigten Anteilseignerin dieser Gesellschaft.

Von der Übernehmerin gehaltene Anteile an den Überträgerinnen (Aufwärtselemente)

Ist die Übernehmerin vor der Maßnahme an wenigstens einer der übertragenden Einheiten beteiligt $\left(x_{\mathrm{e},u} > 0 \,\exists\, u \in U \mid \neg \mathrm{e}\right)$, weist die Verschmelzung ein Aufwärtselement auf.

Die Anteile an den Überträgerinnen, die vor der Maßnahme von der Übernehmerin gehalten werden, haben dabei insgesamt einen Wert von

$$\sum_{\substack{u \\ u \neq \mathrm{e}}}^{U} x_{\mathrm{e},u} \cdot Y_u.$$

In diesem Umfang verfügt die Übernehmerin also vor der Maßnahme mittelbar über das im Zuge der Maßnahme insgesamt (das heißt durch alle übertragenden Einheiten) transferierte Vermögen. Das bedeutet auch hier aber nicht unbedingt, dass die Übernehmerin nach der Verschmelzung (im Umfang ihrer Beteiligungsquote) unmittelbar über ein Vermögen einer Überträgerin – beziehungsweise im Fall einer Übertragung von Anteilen an der Übernehmerin eine entsprechende Möglichkeit zur Anpassung des effektiven Nennkapitals – verfügt, dessen Wert den Untergang ihrer Beteiligung an dieser übertragenden Einheit ausgleicht.

Ausschlaggebend ist auch hier, in welchem Umfang vor der Verschmelzung unter Berücksichtigung der im Zuge der Maßnahme untergehenden Finanzierungsbeziehungen zwischen den übertragenden Einheiten an einem transferierten Vermögen teilgenommen wird. Eine Übereinstimmung gibt es hier wieder nur bei einer unmittelbaren Beteiligung an einer übertragenden Einheit, die keine Anteile an einer anderen Überträgerin hält und bei der keine Ansprüche oder Verpflichtungen gegenüber anderen übertragenden Einheiten bestehen oder die Werte solcher Finanzierungen sich insgesamt aufheben, für die also für die linke Seite in (7.18) null folgt.

Für die Anwendung der Kapitalerhöhungsverbote der §§ 54 Abs. 1 S. 1 Nr. 1, 68 Abs. 1 S. 1 Nr. 1 UmwG bedeutet das, dass es zu sachgerechten Ergebnissen führt, wenn eine Kapitalerhöhung für das insgesamt übertragenden

Vermögens verhindert wird im Umfang der Summe der Werte aller Anteile, die die Übernehmerin vor der Maßnahme an den Überträgerinnen hält.

Nicht sachgerecht ist es in diesem Zusammenhang also, eine Kapitalerhöhung für das durch eine Überträgerin transferierte Vermögen im Umfang der Beteiligungsquote der Übernehmerin an dieser Gesellschaft zu unterbinden.

Es geht hier also beispielsweise um eine Maßnahme mit zwei Überträgerinnen, bei der eine übertragende *Einheit* u' Anteile an der anderen übertragenden *Einheit* u hält $\left(x_{u',u} > 0\right)$. Die *Einheit* u hält weder Anteile an der *Einheit* u' noch hält sie Anteile an übernehmenden *Einheit* e $\left(x_{u,u'} = x_{u,\mathrm{e}} = 0\right)$. Auf der anderen Seite hält die Übernehmerin Anteile an der *Einheit* u' $\left(x_{\mathrm{e},u'} > 0\right)$ und Anteile an der *Einheit* u $\left(x_{\mathrm{e},u} > 0\right)$. Alle drei umzuwandelnden Gesellschaften weisen keine Fremdkapitalbeziehungen auf. Die jeweiligen Übertragungsgegenstände bestehen vor diesem Hintergrund ausschließlich aus den Realvermögen der Überträgerinnen.

Die *Einheit* u hält keine Anteile an einer anderen Überträgerin und bei ihr bestehen keine Ansprüche oder Verpflichtungen gegenüber anderen übertragenden Einheiten. Der Wert der Anteile, die die *Einheit* e vor der Maßnahme an dieser Gesellschaft hält, stimmt also mit dem Wert des Übertragungsgegenstandes der *Einheit* u im Umfang der Beteiligungsquote der *Einheit* e an der *Einheit* u überein $\left(x_{\mathrm{e},u} \cdot Y_u = x_{\mathrm{e},u} \cdot W_u\right)$.

Demgegenüber geht die Beteilung der *Einheit* u' an der *Einheit* u im Zuge der Maßnahme unter. Der anteilige Wert des Übertragungsgegenstandes ist hier also kleiner als der Wert der Anteile, die die *Einheit* e vor der Maßnahme an der Gesellschaft hält $\left(x_{\mathrm{e},u'} \cdot Y_{u'} > x_{\mathrm{e},u'} \cdot W_{u'}\right)$. Dabei gilt

$$\begin{aligned} x_{\mathrm{e},u'} \cdot W_{u'} - x_{\mathrm{e},u'} \cdot Y_{u'} &= x_{\mathrm{e},u'} \cdot W_u - x_{\mathrm{e},u'} \cdot \left(W_{u'} + x_{u',u} \cdot W_u\right) \\ &= -x_{\mathrm{e},u'} \cdot x_{u',u} \cdot W_u \end{aligned}$$

Die Differenz entspricht hier also dem Wert des Realvermögens der *Einheit* u, insoweit die *Einheit* e vor der Maßnahme über ihre direkte Beteiligung an der *Einheit* u' unter Berücksichtigung der Beteiligung der *Einheit* u' an der *Einheit* u an diesem teilnimmt.

Eine Kapitalerhöhung muss hier also im Umfang des Wertes der Anteile, die die *Einheit* e vor der Maßnahme an der *Einheit* u' und an der *Einheit* u hält, unzulässig sein:

$$x_{\mathrm{e},u'} \cdot Y_{u'} + x_{\mathrm{e},u} \cdot Y_u = x_{\mathrm{e},u'} \cdot W_{u'} + x_{\mathrm{e},u} \cdot x_{u',u} \cdot W_u + x_{\mathrm{e},u} \cdot W_u$$

Wird eine Kapitalerhöhung im Umfang der Beteiligungsquoten der *Einheit* e an der *Einheit* u' beziehungsweise an der *Einheit* u bezogen auf den Wert der jeweiligen Übertragungsgegenstände verhindert, führt das demgegenüber zu einem unzutreffenden Ergebnis:

$$x_{\mathrm{e},u'} \cdot Y_{u'} + x_{\mathrm{e},u} \cdot Y_u > x_{\mathrm{e},u'} \cdot W_{u'} + x_{\mathrm{e},u} \cdot W_u$$

Es würde sich hier also die Möglichkeit ergeben, mit einer Kapitalerhöhung entsprechend einem Wert von $x_{\mathrm{e},u'} \cdot x_{u',u} \cdot W_u$ neue Anteile zu schaffen, ohne das dem ein tatsächlich zugegangenes neues und zusätzliches Vermögen gegenüberstände.

Auch wenn die Übertragung von Vermögen, an dem die Übernehmerin vor der Maßnahme nur unter Berücksichtigung der finanziellen Verflechtungen der übertragenden Einheiten untereinander beteiligt ist, letztlich durch eine andere Gesellschaft erfolgt als die, an der die Übernehmerin (direkt) Anteile hält, handelt es sich bei der Verschmelzung insoweit wirtschaftlich um eine ***Ausschüttung oder Rückzahlung von Einlagen***. Die Übernehmerin verfügt nach der Maßnahme unmittelbar über Vermögen, über das sie vor der Maßnahme mittelbar über ihre Beteiligungen an den Überträgerinnen verfügt. Wirtschaftlich erfolgt die Vermögensübertragung dabei durch die übertragenden Einheiten als Gesamtheit; der Wert der untergehenden Anteile an den Überträgerinnen, die vor der Maßnahme von der Übernehmerin gehalten werden, stimmt mit dem (anteiligen) Wert des insgesamt tatsächlich übertragenen Vermögens überein.

Übertragene Anteile an der Übernehmerin (Abwärtselemente)

Anteile an der Übernehmerin, die vor der Maßnahme einer Beteiligung bei einer übertragenden Einheit zugrunde liegen, werden Bestandteil eines Übertragungsgegenstandes. Wie beschrieben, entspricht der Wert der Anteile an den übertragenden Einheiten, die nicht von anderen übertragenden Einheiten gehalten werden, vor der Verschmelzung dem Wert des im Zuge der Maßnahme transferierten Vermögens. Der Wert transferierter Anteile an der *Einheit* e findet sich also vollständig wieder in den Werten der von *Bedingung 1* eines angemessenen Umtauschverhältnisses erfassten Anteile und – bei Vorhandensein eines Aufwärtselementes – den Werten der Anteile, die die Übernehmerin an einer oder mehreren Überträgerinnen hält.

Hält dabei die Übernehmerin vor der Maßnahme keine Anteile an (irgend-) einer der übertragenden Einheiten $\left(x_{\mathrm{e},u} = 0 \; \forall \, u \in U | \neg \mathrm{e} \wedge x_{u,\mathrm{e}} > 0 \, \exists \, u \in U \mid \neg \mathrm{e}\right)$, weist die Verschmelzung ein Abwärtselement, aber kein Aufwärtselement auf. Der Untergang der von *Bedingung 1* erfassten Anteile geht dann im Umfang ihres Wertes vor der Maßnahme auf den Transfer der Anteile an der Übernehmerin zurück. Insgesamt sind den berechtigten Anteilseignern der übertragenden Einheiten insoweit also Anteile an der Übernehmerin zu gewähren, deren Wert – und damit auch ihr Nennkapital – mit dem der übertragenen Anteile übereinstimmt. Entsprechend der Wahlrechte der §§ 54 Abs. 1 S. 2 Nr. 2, 68 Abs. 1 S. 2 Nr. 2 UmwG kann es sich dabei um die transferierten Anteile selbst handeln, oder diese werden zu eigenen Anteilen der Übernehmerin und es werden stattdessen alte eigene Anteile oder durch eine umwandlungsbedingte Kapitalerhöhung geschaffene Anteile mit einem entsprechenden Nennkapital gewährt. Wie bei Verschmelzungen mit $|U| = 2$ wirkt sich eine unterschiedliche Ausübung der Wahlrechte nicht auf den Betrag des effektiven Nennkapitals der Übernehmerin nach der Maßnahme aus.

Der zentrale Unterschied zu einer Verschmelzung mit $|U| = 2$ folgt auch hier wieder daraus, dass der Wert des durch eine Einheit übertragenen Vermögens grundsätzlich unabhängig ist vom Beteiligungswert dieser Gesellschaft vor der Maßnahme. Damit dürfen die von einer Überträgerin transferierten Anteile an der Übernehmerin den berechtigten Anteilseignern dieser Gesellschaft regelmäßig nicht für ihren eigenen Transfer gewährt werden. Es kommt ausschließlich darauf an, inwieweit mit einem Anteil an einer Überträgerin vor der Maßnahme unter Berücksichtigung der finanziellen Verflechtungen der übertragenden Gesellschaften untereinander am Wert der Anteile an der Übernehmerin teilgenommen wird. Gehen entsprechende Anteile also nach §§ 54 Abs. 1 S. 2 Nr. 2, 68 Abs. 1 S. 2 Nr. 2 UmwG an die berechtigten Anteilseigner einer anderen übertragenden Einheit, können sie wirtschaftlich also trotzdem für ihren eigenen Transfer gewährt werden. Unabhängig davon, ob in diesem Zusammenhang übertragende Anteile an der Übernehmerin selbst oder an ihrer Stelle entsprechende alte Anteile oder mit einer umwandlungsbedingten Kapitalerhöhung geschaffene Anteile gewährt werden, kommt es hier wirtschaftlich zu einem ***Erwerb einer von den Überträgerinnen als Gesamtheit gehaltenen Beteiligung durch Anteilseigner der Überträgerinnen***.

Hält die Übernehmerin vor der Maßnahme Anteile an wenigstens einer der übertragenden Einheiten und werden dabei Anteile an der Übernehmerin Bestandteil (irgend-)eines Übertragungsgegenstandes $\left(x_{\mathrm{e},u} > 0 \, \exists \, u \in U \mid \neg \mathrm{e} \wedge x_{u,\mathrm{e}} > 0 \, \exists \, u \in U \mid \neg \mathrm{e}\right)$, weist die Verschmelzung ein Aufwärts- und ein Abwärtselement auf.

Im Zusammenhang mit Verschmelzungen zur Aufnahme mit $|U| = 2$ wurde dargestellt, dass eine entsprechende Konstellation zu einem Rückgang des Beteiligungswertes der Übernehmerin führt, insoweit der Wert des im Zuge der Maßnahme untergehenden wechselseitigen Beteiligungsverhältnisses vor der Umwandlung auf die Übernehmerin entfällt. Der Untergang der Anteile an der

Überträgerin geht hier also nicht mit der Übernahme eines Vermögens mit einem positiven Wert einher. Die transferierten Anteile an der Übernehmerin dürfen insoweit also nicht für ihren eigenen Transfer gewährt werden, sondern müssen zu neuen und zusätzlichen eigenen Anteilen werden. Gegebenenfalls können sie aber nach den Wahlrechten der §§ 54 Abs. 1 S. 2 Nr. 2, 68 Abs. 1 S. 2 Nr. 2 UmwG für die Übertragung eines im Übrigen positiven Vermögenssaldos gewährt werden.

Weist eine Verschmelzung mit $|U| > 2$ sowohl ein Aufwärts- als auch ein Abwärtselement auf, bedeutet das anders als bei einer Verschmelzung mit $|U| = 2$ allerdings nicht unbedingt, dass es auch zur Auflösung eines wechselseitigen Beteiligungsverhältnisses kommt.

Ausschlaggebend ist diesbezüglich, inwieweit sich der Wert von Anteilen an der Übernehmerin, die Bestandteil (irgend-)eines Übertragungsgegenstandes werden, sich in den Werten der Anteile wiederfindet, die die Übernehmerin vor der Verschmelzung an (irgend-)einer übertragenden Einheit hält.

Hält also beispielsweise eine Überträgerin, die vor der Maßnahme keine finanziellen Verflechtungen mit den anderen übertragenden Einheiten aufweist und an der auch die Übernehmerin nicht beteiligt ist, Anteile an der Übernehmerin, kommt es im Zuge der Verschmelzung nicht zu der Auflösung eines wechselseitigen Beteiligungsverhältnisses, auch wenn die Übernehmerin vor der Maßnahme Anteile an anderen übertragenden Einheiten hält.

Andererseits existiert ein für die Umsetzung der Maßnahme relevantes wechselseitiges Beteiligungsverhältnis immer auch dann, wenn die Übernehmerin Anteile an einer Überträgerin hält, deren Beteiligungswert zwar nicht durch eine unmittelbare Beteiligung dieser Überträgerin an der Übernehmerin, aber auf Grundlage der Finanzierungsbeziehungen zwischen dieser Überträgerin und den anderen übertragenden Einheiten erhöht wird.

Am Wert der Anteile an der übernehmenden *Einheit* e, die jeweils von den Überträgerinnen gehalten werden, nimmt die Übernehmerin vor der Maßnahme – unter Berücksichtigung der finanziellen Verflechtungen der übertragenden Einheiten untereinander – über ihre direkten Beteiligungen an den übertragenden Einheiten in gleicher Weise teil wie beispielsweise am Wert eines Realvermögens. Es kann hier also im Rahmen eines ***umwandlungsspezifischen Vorgangs*** mit der Vermögensübertragung auch dann zum Rückgang des Beteiligungswertes der Übernehmerin kommen, wenn eine Überträgerin, an der die Übernehmerin vor der Maßnahme keine Anteile hält, im Zuge der Maßnahme Anteile an der Übernehmerin transferiert.

Beschrieben ist damit beispielsweise eine Situation, in der eine übertragende *Einheit* u' Anteile an einer anderen übertragenden *Einheit* u hält $\left(x_{u',u} > 0\right)$. Die

Einheit u ist unmittelbar an der übernehmenden *Einheit* e beteiligt $\left(x_{u,\mathrm{e}} > 0\right)$, während die *Einheit* u' keine Anteile an der Übernehmerin hält $\left(x_{u',\mathrm{e}} = 0\right)$. Auf der anderen Seite ist die Übernehmerin unmittelbar an der *Einheit* u' beteiligt $\left(x_{\mathrm{e},u'} > 0\right)$, hält aber keine Anteile an der *Einheit* u $\left(x_{\mathrm{e},u} = 0\right)$. Der Beteiligungswert der *Einheit* e findet sich im Umfang von $x_{u,\mathrm{e}} \cdot Y_\mathrm{e}$ im Beteiligungswert der *Einheit* u wieder. Damit geht er über den Wert der Beteiligung der *Einheit* u' an der *Einheit* u $\left(x_{u',u} \cdot Y_u\right)$ anteilig auch in den Beteiligungswert der *Einheit* u' $(Y_{u'})$ ein. Der Wert der Anteile, die die *Einheit* e vor der Maßnahme an der *Einheit* u' hält $\left(x_{\mathrm{e},u'} \cdot Y_{u'}\right)$, wird – über die Beteiligung der *Einheit* u' an der *Einheit* u – also durch ihren eigenen Beteiligungswert (den Beteiligungswert der *Einheit* e (Y_e)) erhöht. Insoweit wird im Zuge der Maßnahme aber kein Vermögen auf die Übernehmerin transferiert und der Untergang ihrer Anteile an der *Einheit* u' wird insoweit nicht ausgeglichen. Dementsprechend dürfen die Anteile an der *Einheit* e, die vor der Maßnahme von der (anderen übertragenden und nicht unmittelbar an der *Einheit* e beteiligten) *Einheit* u gehalten werden, nicht in vollem Umfang den berechtigten Anteilseignern der Überträgerinnen gewährt werden, sondern müssen teilweise als neue und zusätzliche eigene Anteile den resultierenden Rückgang des Beteiligungswertes der *Einheit* e kompensieren.

Transfer eines ausgenommen den Wert übertragener Anteile an der Übernehmerin negativen Vermögenssaldos

Vor diesem Hintergrund ist abschließend der Fall zu betrachten, dass die Summe der Werte aller Übertragungsgegenstände, ausgenommen den Wert der insgesamt transferierten Anteile an der Übernehmerin in Höhe von

$$\sum_{\substack{u \\ u \neq \mathrm{e}}}^{U} x_{u,\mathrm{e}} \cdot Y_\mathrm{e},$$

negativ ist. Es geht hier also um eine Situation, in der

$$\sum_{\substack{u \\ u \neq \mathrm{e}}}^{U} \left(W_u + \sum_{\substack{n \\ n \notin U}}^{N} \left(F_{u,n} + x_{u,n} \cdot Y_n - F_{n,u} \right) \right) < 0 \tag{7.19}$$

gilt. In diesem Fall kommt es mit der Verschmelzung zu einem ***Erwerb eigener Anteile*** (durch die *Einheit* e) ***gegen die Übernahme von Verpflichtungen*** aus Fremdkapitalverträgen. Bei einer Verschmelzung mit $|U| > 2$ müssen die Verbindlichkeiten aus Fremdkapitalverträgen und die Anteile an der übernehmenden

Einheit, die als neue und zusätzliche eigene Anteile die Übernahme der Verpflichtungen ausgleichen, also nicht unbedingt durch dieselbe Überträgerin transferiert werden. Die Übernehmerin erwirbt die Anteile von den Überträgerinnen als Gesamtheit und übernimmt im Gegenzug einen (ausgenommen den Wert dieser Anteile) negativen Vermögenssaldo von den Überträgerinnen als Gesamtheit.

Den finanziellen Verflechtungen der Überträgerinnen untereinander zugrunde liegende Finanzierungstitel

Mit den obigen Einordnungen wird die Summe der untergehenden Beteiligungswerte der übertragenden Einheiten berücksichtigt, insoweit diese vor der Maßnahme auf die von *Bedingung 1* eines angemessenen Umtauschverhältnisses erfassten Anteile und auf Anteile entfällt, die vor der Verschmelzung von der Übernehmerin gehalten werden.

Hinsichtlich der von *Bedingung 1* erfassten Anteile kommt es im Zuge der Maßnahme zu einer entsprechenden neuen Eigenfinanzierung auf Ebene der Übernehmerin. Die Summe der innerhalb des Verbundes insgesamt eigenfinanzierten Werte ändert sich damit nicht.

Mit dem Untergang der Anteile an den übertragenden Einheiten, die vor der Maßnahme von der übernehmenden Einheit gehalten werden, wird die Summe der innerhalb des Verbundes insgesamt eigenfinanzierten Werte im Umfang des Wertes dieser Anteile kleiner; hinzu kommt hier gegebenenfalls ein Rückgang des Beteiligungswerts der Übernehmerin. Nicht berücksichtigt werden demnach die Beteiligungswerte, die auf die vor der Maßnahme von (den jeweils anderen) Überträgerinnen gehaltenen Anteile entfallenen, das heißt der verbleibende Teil der Summe der untergehenden Beteiligungswerte der übertragenden Einheiten in Höhe von

$$\sum_{\substack{u \\ u \neq \mathrm{e}}}^{U} \left(1 - \left(\sum_{\substack{n \\ n \notin U}}^{N} x_{n,u} + \sum_{m}^{M} x_{m,u} + x_{\mathrm{e},u} \right) \right) \cdot Y_u.$$

Für Ansprüche und Verpflichtungen aus Fremdkapitalverträgen kommt es zu einem entsprechenden Ergebnis. Die Übernehmerin wird Gläubigerin oder Schuldnerin, wenn Ansprüche oder Verpflichtungen aus Fremdkapitalverträgen gegenüber dritten Einheiten des Verbundes transferiert werden.

Werden Ansprüche oder Verpflichtungen aus Fremdkapitalverträgen gegenüber der Übernehmerin Bestandteil eines Übertragungsgegenstandes, gehen die entsprechenden Positionen durch Konfusion unter.

Nicht erfasst wird also der Untergang der Ansprüche und Verpflichtungen aus den Fremdkapitalbeziehungen zwischen den übertragenden Einheiten.

Dass eine Verschmelzung zur Aufnahme mit $|U| > 2$, bei der die übertragenden Kapitalgesellschaften untereinander finanziell verflochten sind, dazu führt, dass die Vermögensübertragung durch die Überträgerinnen als Gesamtheit erfolgt und für die Umsetzung der Maßnahme dementsprechend das Verhältnis der übernehmenden Einheit sowie der ausgleichsberechtigten Anteilseigner der übertragenden Einheiten zu dieser Gesamtheit maßgeblich ist, ist für den Untergang der Finanzierungsbeziehungen der übertragenden Einheiten untereinander für sich also nicht relevant.

Gleichwohl hat die Form der Finanzierung und demnach auch die Auflösung der entsprechenden Finanzierungsbeziehungen unabhängig von Umwandlungen regelmäßig eigene Konsequenzen. Das ist bei der Formulierung, Beurteilung und Anwendung von Vorgaben, die an die umwandlungsgesetzlichen Regelungen anknüpfen, zu beachten.

7.1.3 Aufspaltung

Bei einer Aufspaltung zur Aufnahme überträgt eine Kapitalgesellschaft ihr Vermögen auf wenigstens zwei bereits vor der Umwandlung existierende andere Kapitalgesellschaften und geht mit der Maßnahme unter. Für die Vermögensübertragung sind den Anteilseignern der übertragenden Einheit Anteile an den übernehmenden Einheiten zu gewähren. Wie beschrieben, handelt es sich bei einer Aufspaltung also jedenfalls um eine Umwandlung mit $|U| > 2$. Eine den umzuwandelnden Einheiten zuzuordnende Kapitalgesellschaft ist demnach die Überträgerin. Diese Einheit wird weiterhin durch den Index v gekennzeichnet.

Es gilt also $\mathrm{v} \in U$. Damit gibt es $|U| - 1$ übernehmende Kapitalgesellschaften u.

Die Teile, die dem auf eine Übernehmerin u entfallenden Übertragungsgegenstand zugeordneten Positionen an den bei der übertragenden *Einheit* v vor der Maßnahme vorhandenen jeweiligen Gesamtbeständen (bemessen nach ihren Werten) ausmachen, werden dabei folgendermaßen dargestellt:

α^u:	auf die Kapitalgesellschaft u entfallender übertragener Teil des Realvermögens
$\boldsymbol{\beta}^u = \left(\beta_1^u, \ldots, \beta_N^u\right)^{\mathrm{T}}$:	auf die Kapitalgesellschaft u entfallende übertragene Teile der Ansprüche aus Fremdkapitalverträgen

$\boldsymbol{\lambda}^u = \left(\lambda_1^u, \ldots, \lambda_N^u\right)^\mathsf{T}$: auf die Kapitalgesellschaft u entfallende übertragene Teile der Anteile an Kapitalgesellschaften

$\boldsymbol{\gamma}^u = \left(\gamma_1^u, \ldots, \gamma_N^u\right)^\mathsf{T}$: auf die Kapitalgesellschaft u entfallende übertragene Teile der Verbindlichkeiten aus Fremdkapitalverträgen

Weil die übertragende Einheit mit der Maßnahme untergeht, gilt hier

$$\sum_{\substack{u \\ u \neq v}}^{U} \alpha^u = \sum_{\substack{u \\ u \neq v}}^{U} \beta_n^u = \sum_{\substack{u \\ u \neq v}}^{U} \lambda_n^u = \sum_{\substack{u \\ u \neq v}}^{U} \gamma_n^u = 1 \quad \forall\, n \in N. \tag{7.20}$$

Ein Transfer eigener Anteile der Überträgerin ist vor diesem Hintergrund wie bei Verschmelzungen nicht möglich.

Grundsätzlich resultieren im Zuge einer Aufspaltung zur Aufnahme für den jeweiligen (auf eine Übernehmerin entfallenden) Übertragungsgegenstand die oben im Zusammenhang mit einer Verschmelzung zur Aufnahme mit $|U| = 2$ dargestellten wirtschaftlichen Vorgänge und Ergebnisse.[12]

Wie bereits angesprochen, besteht die bestimmende Besonderheit hier darin, dass damit eine übernehmende Einheit zugleich auch ausgleichsberechtigte Anteilseignerin der Überträgerin nach *Bedingung 1* eines angemessenen Umtauschverhältnisses sein kann.

Für die vor der Maßnahme existierenden unmittelbare Finanzierungsbeziehungen zwischen der Überträgerin und den übernehmenden Einheiten sind vor diesem Hintergrund die folgenden Zusammenhänge abzuleiten:

Hält eine Übernehmerin vor der Aufspaltung Anteile an der Überträgerin, weist die Maßnahme insoweit regelmäßig ein Aufwärtselement auf.

Entscheidend ist dabei, ob die Beteiligungsquote einer Übernehmerin vor der Maßnahme dem Verhältnis des Wertes des dieser Gesellschaft zugeordneten Übertragungsgegenstandes und des Wertes des insgesamt transferierten Vermögens (also dem Beteiligungswert der Überträgerin vor der Maßnahme) entspricht oder kleiner beziehungsweise größer ist.[13]

---

[12] Vgl. Sagasser in Sagasser/Bula (2024), § 18. Rn. 25.

[13] Klarstellend wird hier noch einmal darauf hingewiesen, dass der Wert des Übertragungsgegenstandes sich (auch bei Umwandlungen mit $|U| > 2$) immer nach den Werten bemisst, die die ihm zugeordneten Teile der Ausstattung der Überträgerin vor der Umwandlung aufweisen.

Transferierte Anteile an einer Übernehmerin, die dem auf diese Übernehmerin entfallenden Übertragungsgegenstand zugeordnet werden, erhöhen zwar den Wert des Übertragungsgenstandes, den Beteiligungswert dieser Übernehmerin erhöhen sie aber unabhängig

Für eine mit u' gekennzeichnete übernehmende Einheit geht es also um die Beziehung

$$\frac{\alpha^{u'} \cdot W_n + \sum_n^N \beta_n^{u'} \cdot F_{\mathrm{v},n} + \sum_n^N \lambda_n^{u'} \cdot Y_n - \sum_n^N \gamma_n^{u'} \cdot F_{n,\mathrm{v}}}{Y_\mathrm{v}} \gtreqless x_{u',\mathrm{v}}. \tag{7.21}$$

Ist in (7.21) die linke Seite kleiner als die rechte Seite, resultiert ein Aufwärtselement nicht für die gesamte Beteiligung der *Einheit* u' an der *Einheit* v (das heißt den gesamten Wert der zugrunde liegenden Anteile), sondern nur im Umfang des Wertes des gesamten der *Einheit* u' zugeordneten Übertragungsgegenstandes. Im Umfang des insoweit nicht abgedeckten Teils von $x_{u',\mathrm{v}} \cdot Y_\mathrm{v}$ sind der *Einheit* u' für den Untergang ihrer Beteiligung Anteile an einer oder an mehreren der anderen übernehmenden Einheiten zu gewähren. Anteile an der *Einheit* u' sind dabei weder anderen Übernehmerinnen noch dritten Kapitalgesellschaften oder Individuen, die vor der Maßnahme Anteile an der *Einheit* v halten, zu gewähren.

Wird der *Einheit* u' ein Übertragungsgegenstand mit einem Wert von null zugeordnet, resultiert hier also, obwohl die Gesellschaft vor der Umwandlung Anteile an der Überträgerin hält, überhaupt kein Aufwärtselement. Der *Einheit* u' sind dann für den Untergang der von ihr vor der Maßnahme gehaltenen Anteile an der *Einheit* v in vollem Umfang Anteile an einer oder an mehreren anderen Übernehmerinnen zu gewähren.

Stimmen die linke Seite und die rechte Seite in (7.21) überein, resultiert ein Aufwärtselement für die gesamte Beteiligung der *Einheit* u' an der *Einheit* v. Der Wert der Anteile an der Überträgerin, die vor der Aufspaltung von der *Einheit* u' gehalten werden, stimmt hier mit dem Wert des auf die *Einheit* u' entfallenden Übertragungsgenstandes überein. Demnach sind in diesem Fall der *Einheit* u' keine Anteile an anderen Übernehmerinnen zu gewähren und anderen übernehmenden Einheiten sowie dritten Kapitalgesellschaften und Individuen sind keine Anteile an der *Einheit* u' zu gewähren.

Ist in (7.21) die linke Seite größer als die rechte Seite, resultiert ein Aufwärtselement für die gesamte Beteiligung der *Einheit* u' an der *Einheit* v. Weil in diesem Fall der Wert des auf die *Einheit* u' entfallenden Übertragungsgenstandes den Wert der von ihr vor der Maßnahme gehaltenen Anteile an der Überträgerin übersteigt, sind anderen Anteilseignern der *Einheit* v (gegebenenfalls – also nicht unbedingt – auch anderen Übernehmerinnen) für den $x_{u',\mathrm{v}} \cdot Y_\mathrm{v}$ übersteigenden

von ihrem Verbleib nach der Maßnahme nicht. Damit kommt es also auch weiterhin zu den im bisherigen Verlauf dieser Arbeit dargestellten Konsequenzen einer entsprechenden Vermögensübertragung.

Teil im Zuge der Maßnahme Anteile an der *Einheit* u' zu gewähren. Der *Einheit* u' sind keine Anteile an einer oder an mehreren der anderen übernehmenden Einheiten zu gewähren.

Ein Abwärtselement resultiert für eine übernehmende *Einheit* u', insoweit dem auf sie entfallenen anteiligen Übertragungsgegenstand Anteile zugeordnet werden, die die Überträgerin vor der Maßnahme an dieser Übernehmerin hält. Es muss hier also $\lambda_{u'}^{u'} > 0$ gelten.

Werden Anteile an einer übernehmenden *Einheit* u' dagegen dem auf eine andere übernehmende *Einheit* u entfallenden anteiligen Übertragungsgegenstand zugeordnet – gilt also $\lambda_{u'}^{u} > 0$ –, weist die Maßnahme insoweit kein Abwärtselement auf. Für die diese Anteile übernehmende Gesellschaft (*Einheit* u) stellt sich der Vorgang dabei nicht anders dar als die Übernahme von Anteilen an dritten Kapitalgesellschaften. Für die *Einheit* u', an der die Überträgerin vor der Maßnahme beteiligt ist, kommt es vor diesem Hintergrund darauf an, ob sie ihrerseits vor der Maßnahme Anteile an der Überträgerin hält $\left(x_{u',\mathrm{v}} > 0\right)$ und der ihr zugeordnete Übertragungsgegenstand einen Wert aufweist, der kleiner ist als der Wert ihrer Anteile an der *Einheit* v (für sie die linke Seite in (7.21) also kleiner ist als die rechte Seite). Ist das der Fall, sind der *Einheit* u' Anteile der *Einheit* u für die Übertragung der Anteile (an der *Einheit* u') durch die übertragende *Einheit* v zu gewähren.

Dementsprechend gehen auch transferierte Ansprüche und Verpflichtungen aus Fremdkapitalverträgen gegenüber der *Einheit* u' nur im Umfang von $\beta_{u'}^{u'} > 0$ beziehungsweise $\gamma_{u'}^{u'}$ durch Konfusion unter, also insoweit sie dem auf diese Gesellschaft entfallenden Übertragungsgenstand zugeordnet werden. Andernfalls tritt eine andere Übernehmerin in die bisher von der Überträgerin besetzte Gläubiger- oder Schuldnerposition ein.

Sind die übernehmenden Einheiten vor der Maßnahme finanziell verflochten, wirkt sich das auf die im Zuge der Aufspaltung maßgeblichen Beteiligungswerte aus. Im Übrigen sind entsprechende Finanzierungsbeziehungen für die Umsetzung der Maßnahme aber nicht relevant. Hält also eine übernehmende Einheit vor der Maßnahme Anteile an einer anderen Übernehmerin, ist diese Beteiligung nicht anders zu behandeln als – abgesehen von einer Beteiligung der Überträgerin – jede andere Beteiligung an der Gesellschaft.

Abschließend ist hier festzuhalten, dass (auch)[14] die Aufspaltung nicht grundsätzlich als Gegenstück – im Sinne eines gegensätzlichen Vorgangs – einer

[14] Vgl. dazu auch die entsprechende Feststellung zu Abspaltungen mit zwei umzuwandelnden Kapitalgesellschaften in 6.1.3.2.5.

Verschmelzung bezeichnet werden kann. Bei vorhandenen finanziellen Verflechtungen der Überträgerin und wenigstens einer Übernehmerin vor der Maßnahme kommt es auch bei einer Aufspaltung dazu, dass die Komplexität der Finanzierung bestehender Investitionen im Zuge der Maßnahme kleiner wird. Eine Verschmelzung und eine Aufspaltung als Umkehrung der jeweils anderen Maßnahme sind nur ohne solche Verflechtungen möglich.[15]

7.1.4 Abspaltung

Bei einer Abspaltung zur Aufnahme mit $|U| > 2$ überträgt eine Kapitalgesellschaft Teile ihres Vermögens auf wenigstens zwei bereits vor der Maßnahme existierende andere Kapitalgesellschaften und besteht nach der Maßnahme fort. Für die Vermögensübertragung sind den Anteilseignern der übertragenden Einheit Anteile an den übernehmenden Einheiten zu gewähren. Eine den umzuwandelnden Einheiten zuzuordnende Kapitalgesellschaft ist demnach die Überträgerin und wird durch den Index v gekennzeichnet.

Es gilt also wie bei einer Aufspaltung $\mathrm{v} \in U$ und es existieren $|U| - 1$ übernehmende Kapitalgesellschaften u.

Für die auf die einzelnen Übernehmerinnen entfallenden übertragenden Teile der Ausstattung der Überträgerin werden weiter die im Zusammenhang mit Aufspaltungen bestimmten Variablen α^u sowie die Vektoren $\boldsymbol{\beta}^u$, $\boldsymbol{\lambda}^u$ und $\boldsymbol{\gamma}^u$ verwendet. Weil die übertragende *Einheit* v im Zuge der Umwandlung nicht untergeht, ist auch die Abspaltung eigener Anteile der Überträgerin möglich. Dementsprechend wird

φ^u : auf die Kapitalgesellschaft u entfallender übertragener Teil der eigenen Anteile der Überträgerin

definiert. Damit folgt für den Verwässerungsfaktor Θ:

$$\Theta = \frac{K_{\mathrm{v}}^{II}}{K_{\mathrm{v}}^{II} + \sum\limits_{\substack{u \\ u \neq \mathrm{v}}}^{U} \varphi^u \cdot k_{\mathrm{v}}^{eA}} \tag{7.22}$$

[15] Vgl. dazu auch Sagasser in Sagasser/Bula (2024), § 18. Rn. 25.

Grundsätzlich resultieren im Zuge einer Abspaltung zur Aufnahme mit $|U| > 2$ für den jeweiligen (auf eine Übernehmerin entfallenden) Übertragungsgegenstand die oben im Zusammenhang mit einer Abspaltung zur Aufnahme mit $|U| = 2$ dargestellten wirtschaftlichen Vorgänge und Ergebnisse.

Wie bei Aufspaltungen folgt damit auch hier, dass eine übernehmende Einheit nach *Bedingung 1* eines angemessenen Umtauschverhältnisses zugleich auch ausgleichsberechtigte Anteilseignerin der Überträgerin sein kann.

Keine Abspaltung eigener Anteile

Entsprechend dem Vorgehen bei einer Abspaltung zur Aufnahme mit $|U| = 2$ wird zunächst der Fall betrachtet, dass die Überträgerin keine eigenen Anteile abspaltet, also $\varphi^u = 0 \; \forall \; u \in U \mid \neg \mathrm{v}$ gilt.

Ist eine Übernehmerin vor der Maßnahme an der Überträgerin beteiligt, weist die Umwandlung insoweit regelmäßig ein Aufwärtselement auf.

Der Wert einer Beteiligung einer übernehmenden Einheit an der Überträgerin verändert sich im Zuge einer Abspaltung, bei der keine eigenen Anteile der *Einheit* v transferiert werden, entsprechend der Veränderung des Beteiligungswertes der Überträgerin. Maßgeblich ist insoweit also das Verhältnis

$$\frac{\sum\limits_{\substack{u \\ u \neq \mathrm{v}}}^{U} \left(\alpha^u \cdot W_n + \sum\limits_{n}^{N} \beta_n^u \cdot F_{\mathrm{v},n} + \sum\limits_{n}^{N} \lambda_n^u \cdot Y_n - \sum\limits_{n}^{N} \gamma_n^u \cdot F_{n,\mathrm{v}} \right)}{Y_\mathrm{v}} = \frac{Y_\mathrm{v} - Y_\mathrm{v}^{nU}}{Y_\mathrm{v}}. \tag{7.23}$$

Auf Ebene einer übernehmenden *Einheit* u' geht es hier also um einen Wert der von ihr gehaltenen Anteile an der *Einheit* v in Höhe von

$$\frac{Y_\mathrm{v} - Y_\mathrm{v}^{nU}}{Y_\mathrm{v}} \cdot x_{u',\mathrm{v}} \cdot Y_\mathrm{v} = \left(Y_\mathrm{v} \quad Y_\mathrm{v}^{nU} \right) \cdot x_{u',\mathrm{v}}. \tag{7.24}$$

Insoweit kommt es darauf an, ob die Beteiligungsquote der *Einheit* u' an der Überträgerin vor der Maßnahme dem Verhältnis des Wertes des ihr zugeordneten Übertragungsgegenstandes und des Wertes des insgesamt transferierten Vermögens entspricht oder kleiner beziehungsweise größer ist. Maßgeblich ist demnach die Beziehung

$$\frac{\alpha^{u'} \cdot W_n + \sum_{n}^{N} \beta_n^{u'} \cdot F_{\mathrm{v},n} + \sum_{n}^{N} \lambda_n^{u'} \cdot Y_n - \sum_{n}^{N} \gamma_n^{u'} \cdot F_{n,\mathrm{v}}}{\sum_{\substack{u \\ u \neq \mathrm{v}}}^{U} \left(\alpha^{u} \cdot W_n + \sum_{n}^{N} \beta_n^{u} \cdot F_{\mathrm{v},n} + \sum_{n}^{N} \lambda_n^{u} \cdot Y_n - \sum_{n}^{N} \gamma_n^{u} \cdot F_{n,\mathrm{v}} \right)} \gtreqless x_{u',\mathrm{v}}. \quad (7.25)$$

Ist in (7.25) die linke Seite kleiner als die rechte Seite, resultiert ein Aufwärtselement nicht für den gesamten Rückgang des Wertes der von der *Einheit* u' gehaltenen Anteile an der *Einheit* v, sondern nur im Umfang des Wertes des gesamten der *Einheit* u' zugeordneten Übertragungsgegenstandes. Für den Untergang des verbleibenden Teils von $\left(Y_{\mathrm{v}} - Y_{\mathrm{v}}^{nU}\right) \cdot x_{u',\mathrm{v}}$ sind der *Einheit* u' Anteile an einer oder an mehreren der anderen übernehmenden Einheiten zu gewähren. Anderen Anteilseignern der Überträgerin sind im Zuge der Maßnahme keine Anteile an der *Einheit* u' zu gewähren.

Weist der Übertragungsgegenstand, der *Einheit* u' zugeordnet ist, einen Wert von null auf, resultiert hier also überhaupt kein Aufwärtselement. Der *Einheit* u' sind dann für den gesamten Rückgang des Wertes der von ihr vor der Maßnahme gehaltenen Anteile an der Überträgerin Anteile an einer oder an mehreren anderen Übernehmerinnen zu gewähren.

Stimmen die linke Seite und die rechte Seite in (7.25) überein, resultiert ein Aufwärtselement für den gesamten Rückgang des Wertes der von der *Einheit* u' gehaltenen Anteile an der *Einheit* v. Der Wert des auf die *Einheit* u' entfallenden Übertragungsgenstandes hat hier einen Wert von $\left(Y_{\mathrm{v}} - Y_{\mathrm{v}}^{nU}\right) \cdot x_{u',\mathrm{v}}$. Der *Einheit* u' sind damit in diesem Fall keine Anteile an anderen Übernehmerinnen zu gewähren und anderen Anteilseignern der Überträgerin sind keine Anteile an der *Einheit* u' zu gewähren.

Ist in (7.25) die linke Seite größer als die rechte Seite, resultiert ein Aufwärtselement für den gesamten Rückgang der von der *Einheit* u' gehaltenen Anteile an der *Einheit* v. Insoweit der Wert des auf die *Einheit* u' entfallenden $\left(Y_{\mathrm{v}} - Y_{\mathrm{v}}^{nU}\right) \cdot x_{u',\mathrm{v}}$ übersteigt, sind anderen Anteilseignern der *Einheit* v (gegebenenfalls – aber nicht zwingend – auch anderen Übernehmerinnen) im Zuge der Maßnahme Anteile an der *Einheit* u' zu gewähren. Der *Einheit* u' sind keine Anteile an einer oder an mehreren der anderen übernehmenden Einheiten zu gewähren.

Spaltet die Überträgerin eigene Anteile ab ($\varphi^{u} > 0\, \exists\, u \in U \mid \neg \mathrm{v}$), ist zu unterscheiden ob das zugleich mit der Übertragung eines insgesamt nichtnegativen oder zugleich mit der Übertragung eines insgesamt negativen Vermögenssaldos stattfindet.

Abspaltung eigener Anteile bei Übertragung eines nichtnegativen Vermögenssaldos

Wird mit den eigenen Anteilen ein insgesamt nichtnegativer Vermögenssaldo transferiert,[16] geht der Beteiligungswert der übertragenden *Einheit* v und damit der Wert der vor der Maßnahme einer Beteiligung an der Gesellschaft zugrunde liegenden Anteile entsprechend dem Wert des Übertragungsgenstandes zurück. Der verbleibende Wert dieser Anteile wird zudem im Umfang des Wertes, den die übertragenen eigenen Anteile nach der Maßnahme auf Ebene einer oder mehrerer Übernehmerinnen (insgesamt) aufweisen, gemindert.

Ausschlaggebend für den Umfang eines Aufwärtselementes auf Ebene einer übernehmenden *Einheit* u' ist vor diesem Hintergrund die Beziehung

$$\alpha^{u'} \cdot W_n + \sum_{n}^{N} \beta_n^{u'} \cdot F_{\mathrm{v},n} + \sum_{n}^{N} \lambda_n^{u'} \cdot Y_n - \sum_{n}^{N} \gamma_n^{u'} \cdot F_{n,\mathrm{v}} + \frac{\varphi^{u'} \cdot k_{\mathrm{v}}^{eA}}{K_{\mathrm{v}}^{II} + \sum\limits_{\substack{u \\ u \neq \mathrm{v}}}^{U} \varphi^{u} \cdot k_{\mathrm{v}}^{eA}} \cdot Y_{\mathrm{v}}^{nU} \begin{smallmatrix} > \\ = \\ < \end{smallmatrix} \left(Y_{\mathrm{v}} - Y_{\mathrm{v}}^{nU} \cdot \Theta\right) \cdot x_{u',\mathrm{v}}. \tag{7.26}$$

Ist in (7.26) die linke Seite kleiner als die rechte Seite, resultiert ein Aufwärtselement – also eine Ausschüttung oder Rückzahlung von Einlagen beziehungsweise ein Tausch –, nur insoweit der Wert des der *Einheit* u' zugeordneten Übertragungsgegenstandes und der Wert, den die auf diese Gesellschaft übergehenden abgespaltenen eigene Anteile nach der Umwandlung aufweisen, die Wertminderung der Anteile an der Überträgerin ausgleichen, die schon vor der Maßnahme einer Beteiligung auf Ebene der *Einheit* u' zugrunde liegen. Für den damit nicht abgedeckten Teil von $\left(Y_{\mathrm{v}} - Y_{\mathrm{v}}^{nU} \cdot \Theta\right) \cdot x_{u',\mathrm{v}}$ sind der *Einheit* u' Anteile an einer oder an mehreren der anderen übernehmenden Einheiten zu gewähren. Anderen Anteilseignern der *Einheit* v sind keine Anteile an der *Einheit* u' zu gewähren.

Stimmen die linke Seite und die rechte Seite in (7.26) überein, resultiert ein Aufwärtselement für den gesamten Rückgang des Wertes der von der *Einheit* u'

[16] Klarstellend wird (auch) hier noch einmal darauf hingewiesen, dass der Wert des Übertragungsgenstandes sich immer nach den Werten bemisst, die die ihm zugeordneten Teile der Ausstattung der Überträgerin vor der Umwandlung aufweisen. Eigene Anteile der Überträgerin haben als solche für die Gesellschaft keinen Wert. Auch wenn sie den Beteiligungswert der Gesellschaft, auf die sie übertragen werden, nach der Maßnahme erhöhen, erhöhen sie den Wert des Übertragungsgenstandes also nicht.

gehaltenen Anteile an der *Einheit* v. Der Wert des auf die *Einheit* u' entfallenden Übertragungsgenstandes beläuft sich hier zusammen mit dem Wert, den die auf diese Gesellschaft übergehenden abgespaltenen eigene Anteile nach der Umwandlung aufweisen, auf einen Wert von $\left(Y_{\mathrm{v}} - Y_{\mathrm{v}}^{nU} \cdot \Theta\right) \cdot x_{u',\mathrm{v}}$. Demnach sind der *Einheit* u' hier keine Anteile an anderen Übernehmerinnen zu gewähren und anderen Anteilseignern der *Einheit* v sind keine Anteile an der *Einheit* u' zu gewähren.

Ist in (7.26) die linke Seite größer als die rechte Seite, resultiert ein Aufwärtselement für den gesamten Rückgang der von der *Einheit* u' gehaltenen Anteile an der *Einheit* v. Insoweit der Wert des auf die *Einheit* u' entfallenden Übertragungsgenstandes zusammen mit dem Wert, den die auf diese Gesellschaft übergehenden abgespaltenen eigene Anteile nach der Umwandlung aufweisen, $\left(Y_{\mathrm{v}} - Y_{\mathrm{v}}^{nU} \cdot \Theta\right) \cdot x_{u',\mathrm{v}}$ übersteigt, sind anderen Anteilseignern der Überträgerin (gegebenenfalls – aber nicht zwingend – auch anderen Übernehmerinnen) im Zuge der Maßnahme Anteile an der *Einheit* u' zu gewähren. Der *Einheit* u' sind keine Anteile an einer oder an mehreren der anderen übernehmenden Einheiten zu gewähren.

Abspaltung eigener Anteile bei Übertragung eines negativen Vermögenssaldos

Ein zugleich mit der Übertragung eigener Anteile transferierter insgesamt negativer Vermögenssaldo führt zu einem entsprechenden Anstieg des Beteiligungswertes der Überträgerin. Auf der anderen Seite muss die Übernahme dieses negativen Vermögenssaldos durch die übernehmenden Einheiten insgesamt durch den Wert abgespaltener eigener Anteile der Überträgerin nach der Maßnahme wenigstens ausgeglichen werden.[17]

Oben wurde dargestellt, dass einer übernehmenden Einheit im Zuge der Maßnahme Anteile an einer oder an mehreren anderen Übernehmerinnen zu gewähren sind, wenn ein resultierender Rückgang des Wertes der von ihr schon vor der Maßnahme gehaltenen Anteile an der Überträgerin nicht durch die Vermögensübertragung und die Abspaltung eigener Anteile ausgeglichen wird. Demgegenüber ist es auch bei einer Abspaltung zur Aufnahme mit $|U| > 2$ in der Systematik der Maßnahme nicht umsetzbar, einer Übernehmerin einen Übertragungsgegenstand zuzuordnen, der einen negativen Wert aufweist und dieser nicht durch den Wert abgespaltener eigener Anteile nach der Maßnahme ausgeglichen wird. Für jede übernehmende *Einheit* u' muss insoweit also

[17] Auch hier geht es also nicht um den Fall, in dem der Transfer eines Übertragungsgegenstandes mit einem positiven Wert dazu führt, dass der Beteiligungswert einer Übernehmerin im Zuge der Maßnahme kleiner wird.

$$\alpha^{u'} \cdot W_n + \sum_{n}^{N} \beta_n^{u'} \cdot F_{\text{v},n} + \sum_{n}^{N} \lambda_n^{u'} \cdot Y_n - \sum_{n}^{N} \gamma_n^{u'} \cdot F_{n,\text{v}}$$
$$+ \frac{\varphi^{u'} \cdot k_{\text{v}}^{eA}}{K_{\text{v}}^{II} + \sum\limits_{\substack{u \\ u \neq \text{v}}}^{U} \varphi^{u} \cdot k_{\text{v}}^{eA}} \cdot Y_{\text{v}}^{nU} \geq 0 \tag{7.27}$$

gelten. Wenn der Transfer eines negativen Vermögensaldos für die Umwandlung insgesamt durch die Abspaltung eigener Anteile genau ausgeglichen wird, sind den Übernehmerinnen also Übertragungsgenstände zuzuordnen, die einen Wert von null aufweisen, oder negative Vermögenssalden, die durch den Wert, den entsprechend zugeordnete abgespaltene eigene Anteile nach der Maßnahme aufweisen, jeweils genau ausgeglichen werden. Würde einer Übernehmerin hier ein positiver Vermögenssaldo zugeordnet, wäre die damit erforderliche Übernahme eines (zusätzlichen) Vermögens mit einem negativen Wert durch eine oder mehrere andere übernehmende Einheiten durch die abgespaltenen eigenen Anteile nicht zu kompensieren.

Werden durch die Überträgerin eigene Anteile in einem Umfang abgespalten, so dass der Wert, den diese Anteile nach der Maßnahme insgesamt aufweisen, einen im Übrigen transferierten insgesamt negativen Vermögenssaldo mehr als ausgleicht, kann einer oder mehreren Übernehmerinnen also auch ein Übertragungsgegenstand mit einem positiven Wert zugeordnet werden. Die damit erforderliche Übernahme eines (zusätzlichen) Vermögens mit einem negativen Wert durch eine oder mehrere andere übernehmende Einheiten kann dann durch eine weitergehende Übertragung eigener Anteile auf diese Gesellschaften kompensiert werden.

Werden im Zuge einer Abspaltung zur Aufnahme mit $|U| > 2$ auch Anteile an einer übernehmenden Einheit oder Ansprüche oder Verpflichtungen aus Fremdkapitalverträgen gegenüber einer Übernehmerin transferiert, sind die diesbezüglich für Aufspaltungen zur Aufnahme dargestellten Zusammenhänge zu beachten.

Finanzielle Verflechtungen der übernehmenden Einheiten untereinander machen – abgesehen von ihrem Einfluss auf die maßgeblichen Beteiligungswerte – für die Umsetzung der Maßnahme auch hier keinen Unterschied.

7.1.5 Ausgliederung

Bei einer Ausgliederung zur Aufnahme mit $|U| > 2$ überträgt eine Kapitalgesellschaft Teile ihres Vermögens auf wenigstens zwei bereits vor der Maßnahme existierende andere Kapitalgesellschaften. Für die Vermögensübertragung sind der übertragenden Einheit Anteile an den übernehmenden Einheiten zu gewähren. Auch hier ist eine den umzuwandelnden Einheiten zuzuordnende Kapitalgesellschaft also die Überträgerin und bei den verbleibenden umzuwandelnden Einheiten handelt es sich um die Übernehmerinnen.

Im Zuge einer Ausgliederung zur Aufnahme mit $|U| > 2$ resultieren für den jeweiligen anteiligen Übertragungsgegenstand die oben im Zusammenhang mit einer Ausgliederung zur Aufnahme mit $|U| = 2$ dargestellten wirtschaftlichen Vorgänge und Ergebnisse.

Weil bei Ausgliederungen der übertragenden Einheit selbst und nicht ihren Anteilseignern Anteile für die Vermögensübertragung zu gewähren sind und sich damit im Zuge der Maßnahme nichts am Wert von Anteilen an der Überträgerin ändert, die schon vor der Umwandlung einer Beteiligung bei einer übernehmenden Einheit zugrunde liegen, sind die oben für Aufspaltungen zur Aufnahme mit $|U| > 2$ und für Abspaltungen zur Aufnahme mit $|U| > 2$ dargestellten Besonderheiten im Zusammenhang mit Aufwärtselementen nicht relevant.

Die Festlegung der auf die Übernehmerinnen jeweils entfallenden Übertragungsgegenstände findet also unter genau den Maßgaben statt wie die Bestimmung des einen Übertragungsgegenstandes bei einer Ausgliederung zur Aufnahme mit $|U| = 2$.

7.2 Umwandlungen zur Neugründung und kombinierte Spaltungen

Alle in den vorangegangenen Abschnitten behandelten Umwandlungen zur Aufnahme mit $|U| > 2$ können grundsätzlich auch als Umwandlungen zur Neugründung umgesetzt werden. Wie das oben für das Verhältnis von Abspaltungen zur Neugründung mit $|U| = 2$ und Ausgliederungen zur Neugründung mit $|U| = 2$ zu den entsprechenden Umwandlungen zur Aufnahme festgestellt wurde, sind dabei auch bei Umwandlungen zur Neugründung mit $|U| > 2$ keine wirtschaftlichen Konsequenzen möglich, die nicht auch bei einer entsprechenden Maßnahme zur Aufnahme resultieren können.

Bei einer ***Verschmelzung*** zur Neugründung mit $|U| > 2$ entsteht die (eine) übernehmende *Einheit g* im Zuge der Maßnahme. Für die Anzahl übertragender Einheiten folgt demnach $2 \leq N$ und damit für die Anzahl der umzuwandelnden Kapitalgesellschaften $|U| \leq N + 1$.

Vor der Umwandlung existieren keine Finanzierungsbeziehungen mit der *Einheit g*. Für die Verschmelzung kommen Aufwärtselemente und Abwärtselemente also nicht in Frage. Im Übrigen resultieren die oben für eine Verschmelzung zur Aufnahme mit $|U| > 2$ dargestellten wirtschaftlichen Vorgänge und Ergebnisse.[18] Sind die übertragenden Einheiten vor der Maßnahme untereinander finanziell verflochten, ist es dabei (auch bei einer Verschmelzung zur Neugründung) unzutreffend, dass es für das Umtauschverhältnis auf das Verhältnis der Werte der Überträgerinnen vor der Maßnahme ankommt.[19]

Bei ***Aufspaltungen*** zur Neugründung, ***Abspaltungen*** zur Neugründung mit $|U| > 2$ und ***Ausgliederungen*** zur Neugründung mit $|U| > 2$ entstehen die jeweiligen übernehmenden Kapitalgesellschaften g im Zuge der Maßnahme und es gibt jeweils eine übertragende Einheit. Für die Anzahl übernehmender Einheiten folgt demnach $|G| \geq 2$ und damit für die Anzahl der umzuwandelnden Kapitalgesellschaften $|U| = |G| + 1$. Vor einer entsprechenden Umwandlung existieren keine Finanzierungsbeziehungen mit den übernehmenden Einheiten. Für eine Umwandlung können hier also keine Aufwärtselemente und keine Abwärtselemente resultieren. Im Übrigen kommt es zu den für Aufspaltungen zur Aufnahme, Abspaltungen zur Aufnahme mit $|U| > 2$ und Ausgliederungen zur Aufnahme mit $|U| > 2$ dargestellten wirtschaftlichen Vorgängen und Ergebnissen.[20]

Wie in Kapitel 5 beschrieben, können Aufspaltungen sowie Abspaltungen mit $|U| > 2$ und Ausgliederungen mit $|U| > 2$ nach § 123 Abs. 4 UmwG zugleich zur Aufnahme und zur Neugründung stattfinden. Auch solche Umsetzungen können dabei keine (eigenen) wirtschaftlichen Konsequenzen haben. Für die den einzelnen bereits vor einer Maßnahme bestehenden und den im Zuge

[18] Dabei ist grundsätzlich zu beachten, dass nach § 36 Abs. 2 UmwG die allgemeinen gesellschaftsrechtlichen Gründungsvorschriften mit den entsprechenden Grundsätzen zur Kapitalaufbringung gelten. (vgl. Grunewald in Lutter (2024), § 36 UmwG, Rn. 13, § 73 UmwG, Rn. 4, § 74 UmwG, Rn. 4; Vetter in Lutter (2024), § 56 UmwG, Rn. 34 ff., § 58 UmwG, Rn. 1).

[19] So aber z. B. Bärwaldt in Semler/Stengel/Leonard (2021), § 36 UmwG, Rn. 12; Oppenhoff in Kallmeyer (2024), § 36 UmwG, Rn. 5.

[20] Wie bei Abspaltungen und Ausgliederungen zur Neugründung mit $|U| = 2$, ist auch bei Aufspaltungen zur Neugründung sowie bei Abspaltungen und Ausgliederungen zur Neugründung mit $|U| > 2$ grundsätzlich zu beachten, dass nach § 135 Abs. 2 UmwG die allgemeinen gesellschaftsrechtlichen Gründungsvorschriften mit den entsprechenden Grundsätzen zur Kapitalaufbringung gelten (vgl. Bärwaldt in Semler/Stengel/Leonard (2021), § 135 UmwG, Rn. 16; Sickinger in Kallmeyer (2024), § 135 UmwG, Rn. 119).

einer Maßnahme neu entstehenden übernehmenden Einheiten zugeordneten Übertragungsgegenständen folgen jeweils die für eine Umwandlung zur Aufnahme oder die für eine Umwandlung zur Neugründung dargestellten wirtschaftlichen Vorgänge und Ergebnisse.

Dementsprechend sind auch für den Fall, dass eine übertragende Einheit Vermögen zum Teil abspaltet und zum Teil ausgliedert keine eigenen wirtschaftlichen Konsequenzen und Ergebnisse festzustellen.

Schlussbetrachtung 8

Bei der Umwandlung von Kapitalgesellschaften handelt es sich um Finanzierungstransaktionen, die regelmäßig innerhalb komplexer Finanzierungsstrukturen stattfinden.

Ziel der vorliegenden Arbeit war es, eine umfassende und allgemeingültige Darstellung der wirtschaftlichen Vorgänge und Ergebnisse zu liefern, zu denen es mit einer Neuordnung der Finanzierungsbeziehungen von Kapitalgesellschaften im Zuge von Umwandlungen kommt. Eine solche Darstellung ist dabei unverzichtbar für eine sachgerechte und konsistente Erfassung und Regelung dieser Vorgänge im Umwandlungsrecht sowie in anknüpfenden Rechtsgebieten wie dem Bilanz- und Steuerrecht.

Für sich wurden zunächst solche Maßnahmen betrachtet, an denen zwei Kapitalgesellschaften als umzuwandelnde Rechtsträger beteiligt sind. Dabei ist es gelungen, für alle in Frage kommenden Umwandlungsarten für jeweils beliebige Ausgangssituationen und Übertragungsgegenstände, die stattfinden Veränderungen der Finanzierungsbeziehungen präzise abzuleiten und zu erklären. Bisher vertretene Auffassungen hinsichtlich der dabei stattfinden Vorgänge konnten richtiggestellt und zahlreiche noch unberücksichtigte Prozesse erstmalig systematisch erfasst und beurteilt werden. So hat sich gezeigt, dass es regelmäßig zwingend erforderlich ist, den Bestand eigener Anteile bei einer übernehmenden Kapitalgesellschaft zu erweitern, ohne dass dem die Gewährung mittels einer umwandlungsbedingten Kapitalerhöhung geschaffener neuer Anteile an der Gesellschaft gegenübersteht.

Hinsichtlich der im Einzelnen ermittelten Untersuchungsergebnisse, wird an dieser Stelle auf die jeweiligen Zusammenfassungen am Ende der jeweiligen Ausführungen zu den unterschiedlichen Umwandlungsarten sowie den Darstellungen zum Verhältnis der Maßnahmen verwiesen.

D. Klumpe, *Die Umwandlung von Kapitalgesellschaften*,
https://doi.org/10.1007/978-3-658-51872-1_8

Bei der anschließenden Betrachtung von Umwandlungen, an denen mehr als zwei Kapitalgesellschaften als umzuwandelnde Rechtsträger beteiligt sind, ist deutlich geworden, dass auch die wesentlichen im Zusammenhang mit diesen Maßnahmen auftretenden Schwierigkeiten auf die Komplexität der Finanzierungsstruktur zurückzuführen sind, innerhalb derer sie umgesetzt werden.

Als besonders bedeutsam lassen sich dabei die folgenden Ergebnisse herausgreifen:

Bei Verschmelzungen mit mehr als zwei übertragenden Gesellschaften ist es erforderlich, die übertragenden Gesellschaften als Gesamtheit zu behandeln. Das heißt, die im Einzelnen bestehenden Beteiligungen an den übertragenden Gesellschaften sind unter Berücksichtigung der finanziellen Verflechtungen der übertragenden Gesellschaften untereinander zu betrachten und zu berücksichtigen. Das gilt sowohl für die Position der Anteilseigner, für die im Zuge der Vermögensübertragung Anteile an der übernehmenden Gesellschaft zu gewähren sind, als auch für die Anteile, die die übernehmende Gesellschaft vor der Maßnahme an den übertragenden Einheiten hält.

Im Zusammenhang mit Auf- und Abspaltungen mit mehr als zwei übernehmenden Kapitalgesellschaften kann der Fall eintreten, dass dem Unter- beziehungsweise Rückgang des Wertes der Anteile, den die Übernehmerinnen vor der Maßnahme an der Überträgerin halten, nur teilweise die Übernahme eines positiven Vermögens gegenübersteht. Das heißt, es kann erforderlich sein, einer Übernehmerin im Zuge der Umwandlung Anteile an einer anderen Übernehmerin zu gewähren.

Grundsätzlich legen die Vorgaben des Umwandlungsgesetzes zusammen mit den verbundenen allgemeinen Vorgaben des Kapitalgesellschaftsrechtes den Rahmen einer bestimmten Umwandlung fest und geben vor, welches Vorgehen dazu führt, dass eine betriebliche Umstrukturierung als solche einzuordnen ist. Mit der Ermittlung der wirtschaftlichen Vorgänge und deren Ergebnissen konnte im Rahmen dieser Arbeit gezeigt werden, wie im Zusammenhang mit zentralen umwandlungsgesetzlichen Vorgaben zu verfahren ist, um eine sachgerechte Lösung zu erreichen.

Wie angesprochen, folgt aus der gesellschaftsrechtlichen und wirtschaftlichen Existenz von Umwandlungen die Notwendigkeit sie auch im Rahmen anknüpfender Rechtsgebiete wie dem Bilanz- und dem Steuerrecht zu erfassen und zu regeln.

Hier lässt sich die Notwendigkeit erkennen, entsprechende Regelungen beziehungsweise ihre Auslegung und Anwendung dahingegen zu überprüfen, ob sie mit den Ergebnissen dieser Arbeit in Einklang stehen, oder ob gegebenenfalls Anpassungen oder Erweiterungen erforderlich sind.

Exemplarisch lassen sich in diesem Zusammenhang die Ermittlung und Besteuerung eines Übernahmeergebnisses bei Verschmelzungen nach § 12 Umwandlungssteuergesetz (UmwStG), die entsprechende Anwendung dieser Vorgaben bei Auf- und Abspaltungen nach § 15 Abs. 1 UmwStG und der Kapitalveränderungen bei Umwandlungen regelnde § 29 KStG anführen.

Anhang

Herleitung der Formel (6.74):

Einsetzen von (6.1) und (6.56) in $Y_\text{v} - \Theta \cdot Y_\text{v}^{nU}$ führt zu

$$
\begin{aligned}
&(W_\text{v} - \Theta \cdot (1-\alpha) \cdot W_\text{v}) \\
&+ \sum_{n}^{N} F_{\text{v},n} - \Theta \cdot \sum_{n}^{N} (1-\beta_n) \cdot F_{\text{v},n} \\
&+ \sum_{\substack{n \\ n \neq \text{e}}}^{N} x_{\text{v},n} \cdot Y_n - \Theta \cdot \sum_{\substack{n \\ n \neq \text{e}}}^{N} (1-\lambda_n) \cdot x_{\text{v},n} \cdot Y_n \\
&+ x_{\text{v,e}} \cdot Y_\text{e} - \Theta \cdot \frac{(1-\lambda_\text{e}) \cdot x_{\text{v,e}} \cdot K_\text{e}^{II}}{K_\text{e}^{II} + \Delta K_\text{e}^{II}} \cdot Y_\text{e}^{nU} \\
&- \left(\sum_{n}^{N} F_{n,\text{v}} - \Theta \cdot \sum_{n}^{N} (1-\gamma_n) \cdot F_{n,\text{v}} \right).
\end{aligned}
$$

Für Y_e^{nU} ist dabei gemäß (6.72) $\left(\left(K_\text{e}^{II} + \Delta K_\text{e}^{II}\right)/K_\text{e}^{II}\right) \cdot Y_\text{e}$ zu verwenden. Damit folgt

$$
\begin{aligned}
&x_{\text{v,e}} \cdot Y_\text{e} - \Theta \cdot \frac{(1-\lambda_\text{e}) \cdot x_{\text{v,e}} \cdot K_\text{e}^{II}}{K_\text{e}^{II} + \Delta K_\text{e}^{II}} \cdot Y_\text{e}^{nU} \\
&= x_{\text{v,e}} \cdot Y_\text{e} - \Theta \cdot \frac{(1-\lambda_\text{e}) \cdot x_{\text{v,e}} \cdot K_\text{e}^{II}}{K_\text{e}^{II} + \Delta K_\text{e}^{II}} \cdot \frac{K_\text{e}^{II} + \Delta K_\text{e}^{II}}{K_\text{e}^{II}} \cdot Y_\text{e}
\end{aligned}
$$

D. Klumpe, *Die Umwandlung von Kapitalgesellschaften*,
https://doi.org/10.1007/978-3-658-51872-1

$$= x_{\text{v,e}} \cdot Y_{\text{e}} - \Theta \cdot (1 - \lambda_{\text{e}}) \cdot x_{\text{v,e}} \cdot Y_{\text{e}}.$$

Es gilt

$$\begin{aligned}
&W_{\text{v}} - ((1-\alpha) \cdot W_{\text{v}}) \cdot \Theta \\
&= (1 - (1-\alpha) \cdot \Theta) \cdot W_{\text{v}} \\
&= (1 - \Theta + \alpha \cdot \Theta) \cdot W_{\text{v}} \\
&= (1 - \Theta + \alpha \cdot \Theta + (\alpha - \alpha)) \cdot W_{\text{v}} \\
&= (\alpha + (1-\alpha) \cdot (1-\Theta)) \cdot W_{\text{v}}.
\end{aligned}$$

Entsprechend ist bei der Berechnung für die Werte aller Bestandteile des Übertragungsgegenstandes vorzugehen.

Damit folgt

$$\begin{aligned}
Y_{\text{v}} - \Theta \cdot Y_{\text{v}}^{nU} = {} & (\alpha + (1-\alpha) \cdot (1-\Theta)) \cdot W_{\text{v}} \\
& + \sum_{n}^{N} (\beta_n + (1-\beta_n) \cdot (1-\Theta)) \cdot F_{\text{v},n} \\
& + \sum_{\substack{n \\ n \neq \text{e}}}^{N} (\lambda_n + (1-\lambda_n) \cdot (1-\Theta)) \cdot x_{\text{v},n} \cdot Y_n \\
& + (\lambda_{\text{e}} + (1-\lambda_{\text{e}}) \cdot (1-\Theta)) \cdot x_{\text{v,e}} \cdot Y_{\text{e}} \\
& - \sum_{n}^{N} (\gamma_n + (1-\gamma_n) \cdot (1-\Theta)) \cdot F_{n,\text{v}}.
\end{aligned}$$

Eingesetzt in (6.73) führt das zu

$$\begin{aligned}
\Delta K_{\text{e}}^{II} = {} & \big(1 - x_{\text{e,v}}\big) \cdot \Big((\alpha + (1-\alpha) \cdot (1-\Theta)) \cdot W_{\text{v}} \\
& + \sum_{n}^{N} (\beta_n + (1-\beta_n) \cdot (1-\Theta)) \cdot F_{\text{v},n} \\
& + \sum_{\substack{n \\ n \neq \text{e}}}^{N} (\lambda_n + (1-\lambda_n) \cdot (1-\Theta)) \cdot x_{\text{v},n} \cdot Y_n
\end{aligned}$$

$$
\begin{aligned}
&+ (\lambda_e + (1-\lambda_e)\cdot(1-\Theta))\cdot x_{v,e}\cdot Y_e \\
&- \sum_n^N (\gamma_n + (1-\gamma_n)\cdot(1-\Theta))\cdot F_{n,v}\Bigg)\cdot\frac{K_e^{II}}{Y_e} \\
&- \lambda_e\cdot x_{v,e}\cdot K_e^{II}.
\end{aligned}
$$

Dabei gilt

$$
\begin{aligned}
&\left(1-x_{e,v}\right)\cdot(\lambda_e + (1-\lambda_e)\cdot(1-\Theta))\cdot x_{v,e}\cdot Y_e\cdot\frac{K_e^{II}}{Y_e} - \lambda_e\cdot x_{v,e}\cdot K_e^{II} \\
&= \left(1-x_{e,v}\right)\cdot(\lambda_e + (1-\lambda_e)\cdot(1-\Theta))\cdot x_{v,e}\cdot K_e^{II} - \lambda_e\cdot x_{v,e}\cdot K_e^{II}.
\end{aligned}
$$

Es folgt abschließend (6.74):

$$
\begin{aligned}
\Delta K_e^{II} = \left(1-x_{e,v}\right)\cdot\Bigg(&(\alpha + (1-\alpha)\cdot(1-\Theta))\cdot W_v \\
&+ \sum_n^N (\beta_n + (1-\beta_n)\cdot(1-\Theta))\cdot F_{v,n} \\
&+ \sum_{\substack{n \\ n\neq e}}^N (\lambda_n + (1-\lambda_n)\cdot(1-\Theta))\cdot x_{v,n}\cdot Y_n \\
&- \sum_n^N (\gamma_n + (1-\gamma_n)\cdot(1-\Theta))\cdot F_{n,v}\Bigg)\cdot\frac{K_e^{II}}{Y_e} \\
&+ \left(1-x_{e,v}\right)\cdot(\lambda_e + (1-\lambda_e)\cdot(1-\Theta))\cdot x_{v,e}\cdot K_e^{II} \\
&- \lambda_e\cdot x_{v,e}\cdot K_e^{II}
\end{aligned}
$$

Literaturverzeichnis

Bayer, Walter; Hommelhoff, Peter; Kleindiek, Detlef (2023): Lutter Hommelhoff, Kommentar GmbH – Gesetz, 21. Auflage, Köln 2023 (zitiert: Bearbeiter in Lutter/Hommelhoff (2023), §, Rn.).

Bayer, Walter; Vetter, Jochen [Hg.] (2024): Lutter Umwandlungsgesetz, systematische Darstellung des Umwandlungsrechts und der Umwandlungsmaßnahmen im Insolvenzplan, Band I, §§ 1–173, 7. Auflage, Köln 2024 (zitiert: Bearbeiter in Lutter (2024), §, Rn.), Band II, §§ 174–355, MgVG, MgFSG, SpruchG, 7. Auflage, Köln 2024 (zitiert: Bearbeiter in Lutter (2024), §, Rn.).

Berger, Lucina; Biller, Sebastian; Blasche, Sebastian u. a. (2024): Umwandlungsgesetz, Verschmelzung, Spaltung und Formwechsel bei Handelsgesellschaften, Kommentar, 8. Auflage, Köln 2024 (zitiert: Bearbeiter in Kallmeyer (2024), §, Rn.).

Bitter, Georg; Bochmann, Christian; Cramer, Carsten u. a. (2022/2024/2025): Kommentar zum GmbH – Gesetz, Band I, §§ 1–34, 13. Auflage, Köln 2022 (zitiert: Bearbeiter in Scholz (2022), §, Rn.), Band III, §§ 53 – 88, 13. Auflage, Köln 2024 (zitiert: Bearbeiter in Scholz (2024), §, Rn.).

Braeß, Paul; Karten, Walter (1967): Kapital- und Gewinnströme bei verflochtenen Kapitalgesellschaften, in: Zeitschrift für die gesamte Versicherungswissenschaft, Band 56 (1967), S. 259–313.

Coase, Ronald H. (1937): The Nature of the Firm, in: Economica, Volume 4, Issue 16 (1937) S. 386–405.

Dauner-Lieb, Barbara; Leuering, Dieter; Wilsing, Hans – Ulrich [Hg.] (2024): Kölner Kommentare zum Umwandlungsgesetz, 2. Auflage, Hürth, 2024 (zitiert: Bearbeiter in Kölner Komm UmwG (2024), §, Rn.).

Deubert, Michael; Förschle, Gerhart; Störk, Ulrich [Hg.] (2021): Sonderbilanzen – Von der Gründungsbilanz bis zur Liquidationsbilanz, 6 Auflage, München 2021 (zitiert: Bearbeiter in Deubert/Förschle/Störk (2021), §, Rn.).

Drukarczyk, Jochen (1980): Finanzierungstheorie, München 1980.

Drukarczyk, Jochen (1993): Theorie und Politik der Finanzierung, 2. Auflage, München 1983.

Drukarczyk, Jochen; Lobe, Sebastian (2014): Finanzierung, 11. Auflage, München 2014.

D. Klumpe, *Die Umwandlung von Kapitalgesellschaften*,
https://doi.org/10.1007/978-3-658-51872-1

Eckbo, B. Espen; Giammarino, Ronald M.; Heinkel, Robert L. (1990): Asymmetric Information and the Medium of Exchange in Takeovers: Theory and Tests in: The Review of Financial Studies, Volume 3, No. 4 (1990), S. 651–675.

Fama, Eugene F. (1970): Efficient Capital Markets: A Review of Theory and Empirical Work, in Journal of Finance, Volume 25, No. 2 (1970), S. 383–417.

Fleischer, Holger; Goette, Wulf [Hg.] (2022/2023/2025): Münchener Kommentar zum Gesetz betreffend die Gesellschaften mit beschränkter Haftung, Band I, §§ 1–34, 4. Auflage, München 2022 (zitiert: Bearbeiter in MüKoGmbHG (2022), §, Rn.), Band III, §§ 53 – 88, 5. Auflage, München 2025 (zitiert: Bearbeiter in MüKoGmbHG (2025), §, Rn.).

Fleischer, Holger; Hüttemann, Rainer [Hg.] (2024): Rechtshandbuch Unternehmensbewertung, 3. Auflage, Köln 2024 (zitiert: Bearbeiter in Fleischer/Hüttemann (2024), Rn.).

Franke, Günter; Hax, Herbert (2009): Finanzwirtschaft des Unternehmens und Kapitalmarkt, 6. Auflage, Berlin 2009.

Goette, Wulf; Habersack, Mathias [Hg.] (2021/2023/2024): Münchener Kommentar zum Aktiengesetz, Band I §§ 1–75, 4. Auflage, München 2024 (zitiert: Bearbeiter in MüKoAktG (2024), §, Rn.), Band II §§ 76 – 117, 6. Auflage, München 2023 (zitiert: Bearbeiter in MüKoAktG (2023), §, Rn.), Band V §§ 278 – 328, 6. Auflage, ÖGesAusG, Österreichisches Konzernrecht, München 2023 (zitiert: Bearbeiter in MüKoAktG (2023), §, Rn.).

Grottel, Bernd; Justenhoven, Petra; Kliem, Bernd u. a. [Hg.] (2024): Beck'scher Bilanz-Kommentar: Handels- und Steuerbilanz, 14. Auflage, München 2024 (zitiert: Bearbeiter in Beck Bil-Komm (2024), §, Rn.).

Habersack, Mathias; Drinhausen, Florian [Hg.] (2022): Beck'sche Kurz-Kommentare, Band 66: SE-Recht mit grenzüberschreitender Verschmelzung, 3. Auflage, München 2022 (zitiert: Bearbeiter in Habersack/Drinhausen (2022), §, Rn.).

Haley, Charles W.; Schall, Lawrence D. (1973): The Theory of Financial Decisions, New York 1973.

Henssler, Martin; Strohn, Lutz [Hg.] (2024): Beck'sche Kurz-Kommentare, Band 62: Gesellschaftsrecht, 6. Auflage, München 2024 (zitiert: Bearbeiter in Henssler/Strohn/Galla/Cé. Müller (2024), §, Rn.).

Henssler, Martin [Gesamt-Hg. für das Handels- und Gesellschaftsrecht] (2025): Beck'scher Online-Großkommentar zum Umwandlungsgesetz (zitiert: Bearbeiter in BeckOGK UmwG (Stand), §, Rn.).

Henssler, Martin [Gesamt-Hg. für das Handels- und Gesellschaftsrecht] (2025): Beck'scher Online-Großkommentar zum Gesetz betreffend die Gesellschaften mit beschränkter Haftung (zitiert: Bearbeiter in BeckOGK GmbHG (Stand), §, Rn.).

Henssler, Martin [Gesamt-Hg. für das Handels- und Gesellschaftsrecht] (2025): Beck'scher Online-Großkommentar zum Aktiengesetz (zitiert: Bearbeiter in BeckOGK AktG (Stand), §, Rn.).

Henssler, Martin [Gesamt-Hg. für das Handels- und Gesellschaftsrecht] (2025): Beck'scher Online-Kommentar zum Handelsgesetzbuch (zitiert: Bearbeiter in BeckOGK HGB (Stand), §, Rn.).

Hillier, David; Clacher, Ian; Ross, Stephan u. a. (2017): Fundamentals of Corporate Finance, Boston 2017.

Homburg, Stefan (2015): Allgemeine Steuerlehre, 7. Auflage, München 2015.

IDW Stellungnahme zur Rechnungslegung: Auswirkungen einer Spaltung auf den handelsrechtlichen Jahresabschluss (IDW RS HFA 43), Stand 06.09.2012, Düsseldorf 2012.

IDW Stellungnahme zur Rechnungslegung: Auswirkungen einer Verschmelzung auf den handelsrechtlichen Jahresabschluss (IDW RS HFA 42), Stand 29.10.2012, Düsseldorf 2012.

Jensen, Michael C.; Meckling, William H. (1976): Theory of the firm: Managerial behavior, agency costs and ownership structure, in: Journal of Finance Economics, Volume 3, Issue 4 (1976), S. 305–360.

Klein, Martin; Stephanblome, Markus (2007): Der Downstream Merger: Aktuelle umwandlungs- und gesellschaftsrechtliche Fragestellungen, in: Zeitschrift für Unternehmens und Gesellschaftsrecht, Band 36, Heft 3 (2007), S. 351–400.

Koch, Jens (2025): Beck'sche Kurz-Kommentare Aktiengesetz, Band 53, 19. Auflage, München 2025.

Koller, Ingo; Kindler, Peter; Drüen, Klaus-Dieter u. a. (2023): Handelsgesetzbuch: Kommentar, 10. Auflage, München 2023 (zitiert: Bearbeiter in Koller/Kindler/Drüen (2023), §, Rn.).

König, Rolf; Wosnitza, Michael (2004): Betriebswirtschaftliche Steuerplanungs- und Steuerwirkungslehre, Heidelberg 2004.

Kruschwitz, Lutz; Husmann, Sven (2012): Finanzierung und Investition, 7. Auflage, München 2012.

Langecker, Alexander (2008): Ökonomische Analyse der Bilanzierung von Kapitalgesellschaftsverschmelzungen nach § 24 UmwG, zugl. Universität Hohenheim, Diss., 2008, Baden-Baden 2009.

Laux, Helmut (2006): Wertorientierte Unternehmenssteuerung und Kapitalmarkt, 2. Auflage, Berlin 2006.

Neus, Werner (2018): Einführung in die Betriebswirtschaftslehre aus institutionenökonomischer Sicht, 10. Auflage, Tübingen 2018.

Nöll, Boris; Wiedemann, Arnd (2008): Investitionsrechnung unter Unsicherheit, München 2008.

Perridon, Louis; Steiner, Manfred; Rathgeber, Andreas (2022): Finanzwirtschaft der Unternehmung, 18. Auflage, München 2022.

Phillip, Moritz (2014): Verschmelzung inländischer Kapitalgesellschaften im Umwandlungssteuerrecht: Schriften im Steuerrecht Band 117, Berlin 2014.

Rudolph, Bernd (2006): Unternehmensfinanzierung und Kapitalmarkt, München 2006.

Sagasser, Bernd; Bula, Thomas [Hg.] (2024): Umwandlungen: Verschmelzung, Spaltung, Formwechsel, Vermögensübertragung, 6. Auflage, München 2024 (zitiert: Bearbeiter in Sagasser/Bula (2024), §. Rn.).

Schmidt, Karsten; Bayer, Walter; Vetter, Jochen [Hg.] (2024): Aktiengesetz Kommentar, Band I, §§ 1–132 AktG, 5. Auflage, Köln 2024 (zitiert: Bearbeiter in Schmidt/Lutter (2024), §, Rn.), Band II, §§ 133–410 AktG, SpruchG, 5. Auflage, Köln 2024 (zitiert: Bearbeiter in Schmidt/Lutter (2024), §, Rn.).

Schmidt, Reinhard H.; Terberger, Eva (1997): Grundzüge der Investitions- und Finanzierungstheorie, 4. Auflage, Wiesbaden 1997.

Schmitt, Joachim; Hörtnagl, Robert [Hg.] (2024): Kommentar: Umwandlungsgesetz, Umwandlungssteuergesetz, 10. Auflage, München 2024 (zitiert: Bearbeiter in Schmitt/Hörtnagl (2024), §, Rn.).

Schneider, Dieter (1995): Betriebswirtschaftslehre, Band 1, Grundlagen, 2. Auflage, München 1995.
Schneider, Dieter (1997): Betriebswirtschaftslehre, Band 3, Theorie der Unternehmung, München 1997.
Schreiber, Ulrich (2017): Besteuerung der Unternehmen – Eine Einführung in Steuerrecht und Steuerwirkung, Wiesbaden 2017.
Stengel, Arnd; Leonard, Nina [Hg.] (2021): Beck'sche Kurz-Kommentare Umwandlungsgesetz, 5. Auflage, München 2021 (zitiert: Bearbeiter in Semler/Stengel/Leonard (2021), §, Rn.).
Widmann, Siegfried; Mayer, Dieter [Hg.] (2025): Umwandlungsrecht – Kommentar zum Umwandlungsgesetz, Umwandlungssteuergesetz, Bonn 2024 (zitiert: Bearbeiter in Widmann/Mayer (2025), §, Rn.).

Rechtsquellenverzeichnis

Aktiengesetz (AktG) in der Fassung der Bekanntmachung vom 6. September 1965, BGBI. I S. 1089; zuletzt geändert durch das Gesetz vom 23. Oktober 2024 BGBI. 2024 I Nr. 323.
Bürgerliches Gesetzbuch (BGB) in der Fassung der Bekanntmachung vom 2. Januar 2002 (BGBI. I. S. 42, 2909; 2003 I S. 738), zuletzt geändert durch Artikel 14 des Gesetzes vom 23.Oktober 2024 (BGBI. 2024 I Nr. 323).
Deutscher Bundestag, Drucksache 20/3822: Gesetzentwurf der Bundesregierung zur Umsetzung der Umwandlungsrichtlinie, vom 5. Oktober 2022, Berlin.
GmbHG: Gesetz betreffend die Gesellschaften mit beschränkter Haftung in der im Bundesgesetzblatt Teil III, Gliederungsnummer 4123–1, veröffentlichten bereinigten Fassung, zuletzt geändert durch Artikel 21 des Gesetzes vom 23. Oktober 2024 (BGBl. 2024 I Nr. 323).
Handelsgesetzbuch (HGB) in der im Bundesgesetzblatt Teil III, Gliederungsnummer 4100–1, veröffentlichten bereinigten Fassung, zuletzt geändert durch Artikel 1 des Gesetzes vom 28. Februar 2025 (BGBl. 2025 I Nr. 69).
Körperschaftsteuergesetz (KStG) in der Fassung der Bekanntmachung vom 15. Oktober 2002 (BGBl. I S. 4144), zuletzt geändert durch Artikel 3 des Gesetzes vom 28. Februar 2025 (BGBl. 2025 I Nr. 69).
Umwandlungsgesetz (UmwG) in der Fassung der Bekanntmachung vom 28. Oktober 1994, BGBI. I S. 3210; 1995 I A. 428, zuletzt geändert durch das Gesetz vom 23. Oktober 2024 (BGBI. 2024 I Nr. 323).
Umwandlungssteuergesetz (UmwStG) vom 7. Dezember 2006 (BGBl. I S. 2782, 2791), zuletzt geändert durch Artikel 13 des Gesetzes vom 2. Dezember 2024 (BGBl. 2024 I Nr. 387).
Verordnung (EG) Nr. 2157/2001 des Rates vom 8. Oktober 2001 über das Statut der Europäischen Gesellschaft (SE) (Abl. EG 2001 Nr. L 294, S. 1).
Versicherungsaufsichtsgesetz (VAG) vom 1. April 2015 (BGBl. I S. 434), zuletzt geändert durch Artikel 11 des Gesetzes vom 27. Dezember 2024 (BGBl. 2024 I Nr. 438).
Wertpapierhandelsgesetz (WPHG) in der Fassung der Bekanntmachung vom 9. September 1998 (BGBl. I S. 2708), zuletzt geändert durch Artikel 2 des Gesetzes vom 28. Februar 2025 (BGBl. 2025 I Nr. 69).